管理者·经理人·操作者

快速成就自我经典

牛士红 著

天津科学技术出版社

图书在版编目(CIP)数据

快速成就自我经典/牛士红著.—天津:天津科学技术出版社,2010.8
ISBN 978-7-5308-5847-9

Ⅰ.①快… Ⅱ.①牛… Ⅲ.①成功心理学—通俗读物
Ⅳ.①B848.4-49

中国版本图书馆CIP数据核字(2010)第138704号

责任编辑:郑　新
责任印制:王　莹

天津科学技术出版社出版
出版人:蔡　颢
天津市西康路35号　邮编:300051
电话(022)23332674(编辑室)　23332393(发行部)
网址:www.tjkjcbs.com.cn
新华书店经销
北京建泰印刷有限公司印刷

开本787×1092　1/16　印张19.75　　插页1　字数302 000
2010年8月第1版第1次印刷
定价:38.00元

序

去年我刚看过由中国经济出版社出版的牛士红新书《企业文化建设操作宝典》，今年春节刚过，他又让我为他的这一本新书写序。我知道他是一个写作快手，几乎是两年一本书，可这次又有什么研究成果？我怀着好奇之心又读了他的这本书。合上书稿，我突然发现，他的这本《快速成就自我经典》其实就是上一本《企业文化建设操作宝典》的姊妹篇，《企业文化建设操作宝典》说的是一个组织的企业文化应该怎么做，如：一个组织的创新文化怎么做，一个组织的诚信文化怎么做，一个组织的高绩效文化怎么培育，一个组织的安全文化怎么培育，一个组织的亲情文化怎么培育等等，但《快速成就自我经典》这本书中说得更加具体，他说到了一个人、一件事应该怎么做。如：一个人在市场经济社会中怎么实现自己的目标，想挣钱的人应该怎么才能挣到你理想的数额，一个人在不同的岗位上应该怎么对待自己的位置，怎么对待你的上司，怎么使用你的属下，最后怎么实现你的人生价值并成就你自己。他从上一本书谈组织到这一本书谈个体，谈个案，这是更进一步、更深一层、更具体的研究。以前也读过一些这方面的书，不过都是单方面从培育员工的角度去阐述的，而在这本书里作者明确提出了管理者更需要培训，更需要加快培训，第一次把"管理者""职业经理人""操作者"从不同的角度归类后，提出分层次培训计划，这还是管理科学中一个新的命题。这本书还不同于我国以往理论研究的表现形式，他用随笔的方式从头到尾，像讲故事一样把每个道理都深入浅出地展现给读者，形象而丰富，带着趣味性，使读者容易记忆，更容易理解。作家们看了这部书稿认为是文学，而理论家们又认为这是活生生的案例，而社会学家则认为是一部对现代人管理的社会科学。一百多个案例，作者用讲故事的方法讲给你听，每一个道理都让人感到亲切而有趣，可贵而可用，好像那些事就天天发生在我们身边，可是我们又从来也没有坐下来好好思考过这个问题，为此，读起这本书就觉得特别亲切，好像就是在述说我们昨天的生活片段，但却又是在归纳总结着新时期我们应该遵循的优秀文化。所以说，这本书用另一种表达方式展现了企业中的文化现象，尝试了文化管理与分析研究的一个新角度。

牛士红同志撰写的这本《快速成就自我经典》还是一本多角度的教科书，正像简介中所描述的那样：对于管理者来说，这是一本科学管理的应用书；对于职业经理人来说，这是一部帮助你快速健康成长的教科书；对于具体的操作者来说，这又是一部让你学会如何用智慧来创造、如何用智慧来挣钱的实用书。我还要说，这还是一部教你学会在纷繁复杂的社会中怎么做人做事的社会科学读物，无论你处在什么阶层，无论你在哪个行业，无论你在什么岗位，都对你的人生有很强的现实指导意义。他几乎是在手把手教你怎么用你的智慧去发现你自己、去发展你自己、去成就你自己。不但从思想上告诉你应该怎么想，从心理上告诉你应该怎么对待，从发展的态势上告诉你怎么把握，还从方法上揭示了使用你的智慧挣钱的秘密，以及快速成就你自己的方法。作者之所以能将事物把握得这么好，是因为他本人并非为自己安身立命立志，而是他愿意为一个组织的强盛立志，为一个民族的强盛立志。

作者之所以能写出这样一本好书，是因为他长期处在基层，有着极丰富的生活阅历，他与管理者、职业经理人和从业员工之间有着最为密切的接触，有着最为频繁的往来，有着极好的人缘，加上他对工作、对生活有着敏锐的观察与系统的思考习惯，使他能在细微中发现人生的真谛与真情。生活给了他滋养，他也极勤奋地把握住了生活。可以说，该书中每个可操作性的案例都是他反反复复的工作实践，也都是他成功运用后的精辟总结。我读此书是在感动中撷英，在轻松中获益。这部书不仅可以立人之志，也是强企之力。

中国企业文化研究会秘书长、教授　孟凡驰

第1章 管理者篇

第一节 管理者的思想源 ··· 2

企业主管必做的三件事——理念、战略和调研 ························ 2
领导的责任：点燃属下生命的激情 ····································· 6
领导不能少说多干 ·· 9
决策者不可以失误 ··· 11
权力不可独揽（一） ··· 13
权力不可独揽（二） ··· 16
权力不可独揽（三） ··· 18
君明而臣直 ·· 20
高学历与多实践 ··· 23
财富就在你身边 ··· 26
发现人才的关键在于使用 ·· 28

"太精明"的人不能当主管 ………………………………… 31
疑心重的人不适宜搞管理 ………………………………… 34
人要多一些换位思考 ……………………………………… 37
让员工站到全局想问题 …………………………………… 39
关于"木桶理论"的新说 …………………………………… 41
培育习惯从制度开始 ……………………………………… 44
提防在你面前只说好话的人 ……………………………… 46
用好人的私心也出效益 …………………………………… 49
管理者,如何保护好你自己? ……………………………… 51
心中的格局 ………………………………………………… 54

第二节 管理者的真情源 …………………………………… 57

大政在民,小政在朝 ……………………………………… 57
你觉得员工是人才,员工就会证明给你看 ……………… 61
让人忠诚需要投入 ………………………………………… 64
马要常喂,兵要常养 ……………………………………… 68
兵无常势 水无常形 ……………………………………… 70
让参与者共同定规则 ……………………………………… 73
让员工成才,是管理者的责任 …………………………… 76
学会思考对员工的回报 …………………………………… 78
领导就要为群众办事 ……………………………………… 80
信任属下,是领导者的一种能力 ………………………… 83
信任是一种力量 …………………………………………… 85
倾听,也是一种能力 ……………………………………… 87
防止走入威严的孤独 ……………………………………… 89
别到走时才挽留 …………………………………………… 92

第2章 职业经理人篇

第一节 职业经理人的智慧源 …………………………… 96
- 行贤而无自贤之心者赢 …………………………… 96
- 跟对人才能做成事 ………………………………… 99
- 要想做好自己的工作,必须先求得上级的支持 …… 101
- 要想获得上级的赏识 必须走在上级的前面 …… 103
- 弄懂你的职责 ……………………………………… 105
- 责任是一种坚守 …………………………………… 108
- 放弃需要一种勇气 ………………………………… 110
- 放弃也是一种选择 ………………………………… 114
- 放弃需要"常思既往" ……………………………… 117
- 宽容是一种品格 …………………………………… 120
- 宽容是一种福气 …………………………………… 122
- 宽容也是一种教育 ………………………………… 125
- 快乐是他人对你付出后的认可 …………………… 128
- 否定前人就一定是进步? ………………………… 131
- 该做的就不要问怎么办 …………………………… 134
- 面对上级的"疾病" ………………………………… 136
- 人,要学会不断总结自己的工作 ………………… 139
- 成功需要表达 ……………………………………… 143

第二节 职业经理人的执行源 …………………………… 146
- 用人的智慧 ………………………………………… 146
- 团队管理者必备的素质 …………………………… 149

管理现代人，不能忽视情感因素 ········· 151
学会欣赏他人的优点 ········· 155
让员工说出真心话 ········· 157
授权，让你的下属有责任感 ········· 160
激情源于自我 ········· 163
激励比批评更有效 ········· 165
上级，应学会用赞扬的方式批评员工 ········· 167
培训态度比培训技能更重要 ········· 170
让人尽力靠权力，让人尽心靠人格 ········· 173
不让其知情就是不让其创造 ········· 176
老好人不能当领导 ········· 178
面对财富的选择 ········· 180
难时别想太远，顺时别想眼前 ········· 183
积极参与改革，人人分享成果 ········· 186

第3章 操作者篇

第一节 操作者的创造源 ········· 190

人品的样子 ········· 190
人生征途无弱者 ········· 193
用心工作是智慧 ········· 196
优秀的人不抱怨 ········· 199
没有人会将就你 ········· 202
拨亮你心中那盏灯 ········· 204
堕落也是痛苦的 ········· 206
走捷径与过坎坷 ········· 208

试着走条新路 ·················· 210
　　自信,是一种力量 ················ 212
　　你的工资从哪里来? ··············· 215
　　老师就在你身边 ················· 217
　　机会,就在你的不断追求中 ············ 219
　　做好小事就是做大事 ··············· 222
　　帮助别人就是成就自己 ·············· 224
　　相信自己,你就成功了一半 ············ 227
　　学会把握自己的命运 ··············· 230
　　找舒服与找发展 ················· 231
　　凝神静气待秋至 ················· 233

第二节　操作者的能力源 ············ 236

　　生命的高度 ··················· 236
　　内圣方能外王 ·················· 239
　　选择关乎命运 ·················· 241
　　把握现有的就是美好的 ·············· 243
　　不做"不该做的事" ················ 245
　　优秀:需要放眼明天 ················ 247
　　优秀,是一种良好的习惯 ·············· 250
　　企业靠什么打动市场? ·············· 253
　　相信自己就是对自身能力的培养 ·········· 255
　　企业的事就是我的事 ··············· 257
　　揭秘挣钱的方法 ················· 260
　　在磨砺中丰富 ·················· 263
　　给个平台就成才 ················· 266
　　用好你的本事才是财富 ·············· 269
　　只为成功找方法,不为困难找理由 ········· 272
　　生死隔离线 ··················· 274
　　在你的圈子里做一面旗帜 ············· 276
　　低调做人,高调做事 ················ 279
　　怎样做新时代的好员工 ·············· 285
　　关于管理的简短论述 ··············· 303

第1章

管理者篇

第一节　管理者的思想源

管人就是管思想，管住了人的思想就管住了人行为，因为，思想是人的灵魂。但是，管理者首先要有思想，而且要有不同于常人的思想。当然，管理者的思想首先应该是先进的，正确的，那么，你才有资格去教育他人，引导他人。否则，你将凭什么去管理他人？本节告诉你管理者应该有的思想。

企业主管必做的三件事——理念、战略和调研

在企业里做老总，一定要有自己的经营理念，如果连自己的理念都没有，只是上级怎么说，自己就带领着大家怎么做，那最好是去做个车间的工人。

记得有一家中型企业的老总就不提倡自己企业再出新理念，他认为，上级的理念就非常好，你只要认真按照上级的要求去做，就一定很好了。如果企业里再出新理念，和上级的理念不同，最后万一没有做出成绩，还会受到上级的批评，与其将来可能要受批评，不如不出新理念。所以，几年下来，市场物价年年往上涨，而大家的工资从来也不涨。有报纸撰文说：《只长产值，不长工资，这样的企业有什么用？》，而这家企业就如同报纸所述，大家都跟着这样一个老总受穷，但还说不出来，因为现行的国企老总是由上级任命的，而不是由下属决定的。面对这样一个结局，上级还有人认为这样一个老总是一个听话的好带兵人，实在是难为了他自己，也苦了他忠实的属下。这样的结局让多少人哭笑不得。

如果一个企业想要发展，总要根据自己企业的实际情况出台一些适合自己的经营理念。这是一个最基本的常识。而这一经营理念就是企业的核心企业文化。记得有一次在太原召开中国企业文化峰会时，蒙牛集团的总经理助理在会上介绍说，他们的老总一年只做三件事：研究企业发展战略（确定一

种正确的发展思路，并提出相应的经营与管理理念）——将这一战略思想和经营理念贯彻下去（达到全员的认知——认同——并共同实践）——到基层调研（发现在贯彻这一战略中有什么问题，哪些东西需要改进，哪些东西需要完善），然后第二年再继续修订战略——理念文化贯彻——调查研究，如此循环。故而蒙牛这家公司的发展是健康的，良性的。可是，有的企业到现在还不明白什么是企业文化，还不明白什么叫文化管理，还不明白领导者应该做哪些事情。我们在此讲个故事大家就明白了。有人把《水浒》与现实结合起来，讲了以下故事：说梁山上当年聚集了许多好汉（人才），但因为没有理念，充其量不过是一群土匪。但当宋江上山之后，只把这一群"抢劫团伙"提炼为"替天行道"，水泊梁山这家企业马上就发生了翻天覆地的变化。我们试看，"抢劫团伙"不过就是人人痛恨的一群社会渣滓。他们在人前也不过就是个不受人欢迎的街匪路霸形象。可是，理念一改，他们的行为马上就发生了变化，抢富人而不抢穷人，抢坏人而不抢好人。这一下他们不但成了人民群众心目中的英雄，而且他们也在自己的工作中找到了自身的人生价值，充分感受到了自己这份工作深刻的社会意义。假如说水泊梁山是一个企业，那这个企业目标使得梁山迅速成为同行业的一面旗帜。在"替天行道"这面大旗的激励下，各路英雄好汉（人才）纷纷涌来，为了同一个理想，他们宁愿薪水少一点也要跟着宋江这个总经理去干一番事业。

我们还可以试想一下，"替天行道"这个理念确实不错：在百姓看来，他们是一群"劫富济贫"的英雄；在当地政府看来，他们留有供奉天子的余地；在他们个人心目中，找到了打家劫舍的理论依据。看来，水泊梁山"企业老总"的一个理念让多少人心安理得，让多少人回归到企业中来，不但壮大了其在社会上的竞争力，而且也让一群人才安心在这里奉献热血与青春。假如没有这一理念，那宋江、李逵、吴用等人就永远也只是一些江湖草寇而已，他们这一生只能躲藏在大山深处糊口罢了，不可能写进中国的历史。这就是理念的作用。

第二点，企业老总要不断地研究战略和调整战略。我们还以《水浒》为例：当宋江带领员工在正确的理念指导下，企业业绩保持高速增长。"梁山公司"成立之初，与其他兄弟企业一样，专门打劫路过的商贾富客。时间一长，商人绕道，导致梁山财源枯竭。此时担任梁山二把手的宋江及时调整经营战略：主动出击，不能坐以待毙。这是一个与时俱进的战略思想和新理念，他们组织优势兵力主动出击，攻打富贾之地，比如三打祝家庄，就是一场以营救同伴为名，以"筹措三五年粮草"为实的战役。这一理念让他们实现了由坐商到行商的转变。在宋江担任 CEO 之后，"梁山公司"不断扩大自己的规模，不久就已经达到了相当的规模，最后就成了那一地区同行业中的老大。

这时，宋总又在想：这样工作太辛苦，弟兄们又累，又有危险性，怎么才能更轻松，又没有危险地挣到钱？这就进入了大量的调查研究阶段。

宋总经过大量的调查研究发现，让人人都有饭吃才是保证自己不断发展的前提。于是，他又提炼了："方便别人就是方便自己"，"先让别人赢，自己才能赢"的经营理念。于是，他马上调整经营战略，不但不再去打劫路过的商团，反而主动为他们提供保护，当然，前提是上缴一定的费用。这样一来，冷清的商道重新繁忙起来，梁山好汉从"无照经营"变成了师出有名的"城管总队"或者说是"公路管理局"。

当宋总带领企业再一次迅速发展起来时，人们口袋的钱多了，思想也变得越来越复杂。面对企业的新情况，他通过大量的内部调查发现，如果人心散了，眼下多好的企业终将不会维持太久。于是，他开始考虑企业的内部稳定，首先提炼出："财聚人散，财散人聚"的理念，并积极贯彻到每一个员工的心灵深处，全面下大力抓团队建设，他带头以"仗义疏财、乐善好施"博得"及时雨"的美名，给全员做了榜样。在这样一个环境下，为了稳定队伍，发展队伍，他又促使梁山的队伍与梁山旧部的人马实行并购。当真正并购成功之后，企业壮大了，员工的要求也高了，仅是自己口袋里的钱已不能满足人们内心的需求时，将领们的排位十分微妙，也十分棘手，用旧部的人还是用新部的人？搞得不好就会形成内部分裂。这时，老总宋江又开始经营人的心灵了。

在经营人的心灵过程中，宋总表现出极大的宽容，他是想通过他的行为来表达一种新的理念："低调做人，高调做事"。在经营人的心灵过程中，他刻意低调做人，处处树立老领导、老同事的威信。他婉言而又明确地拒绝了晁盖要让出第一把交椅的想法，并将这一实施过程暴露全体员工之中。这一推让让老领导感受到他的境界，更加珍爱，也更让老领导的部下暗自松了一口气。虽然他没有坐上正中的交椅，但他一样实施着CEO的权力。

由此可见，企业老总只要做好上述三件事，企业的大局就不会乱，企业就永远会朝着你所指引的方向前进，而且你的属下也会心甘情愿地跟着你走。面对当时的形势，宋总自有他的难处，由于国际形势发生了变化，随着经济全球化的到来，市场上许多东西和原来都不一样了，首先是生产标准不一样了，消费者服务要求也出现了多元化。作为梁山CEO的宋江，开始有一种忧虑：这支队伍到底走向何方。他面临三种选择：其一，吞并其他企业，让梁山标准成为市场唯一标准；其二，坚守目前市场，维持自成一体的局面；其三，主动放弃自己的标准，执行国际标准。思前想后，他还是愿意放弃老总的地位，把队伍带入市场。只是，在他刚刚从山里走出来，一到大市场后对市场的迅速变化把握有失，又没有根据市场的变化及时提炼出新的经营理念，不能马上适应企业在新市场经济条件下的发展,他的这一思想没有及时贯彻到员工中去,也就是说没有在员工中真正达成认知、认同,所有的梁山员工在市场经济形势的逼迫下,也没有时间来很好地接受他的观念,加上梁山员工的思想素质也难以一下转变,尽管宋总想得很好,在没有正确的理念引导下,失败也就是自然了。

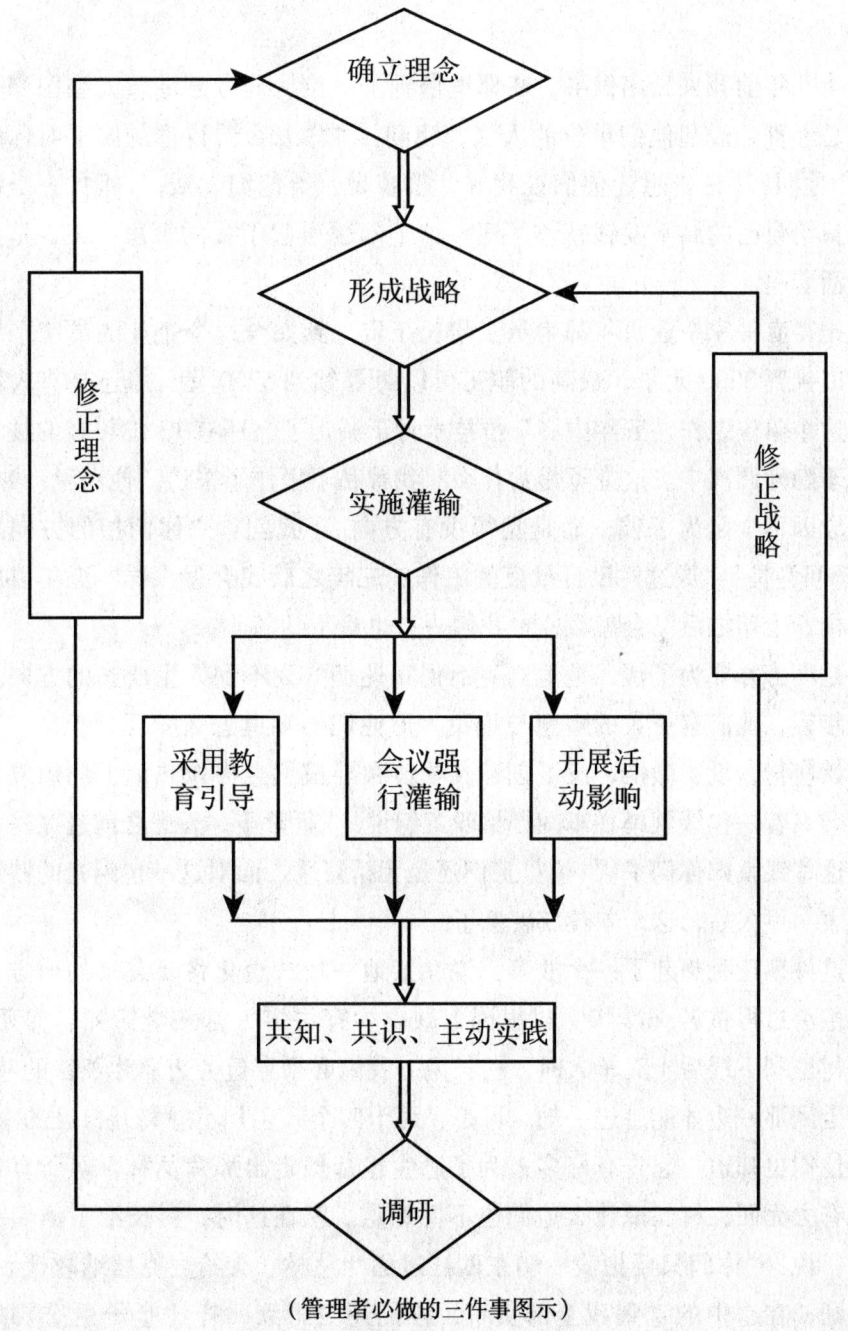

(管理者必做的三件事图示)

领导的责任：点燃属下生命的激情

十几年前我去云南做事，在那里遇到了一位从北方某港口大型国有企业去的总经理，说起他们单位的人气，我问："你怎么看待你的属下对你的评价？"他回答说："想让他们说我好，很容易，给他们发钱。"哦！一个领导者，只给自己的属下发钱就够了吗？这个问题引起了我的深思：人，是只为钱而活着吗？

记得有一家企业每年都为员工增长工资，到如今这个企业的员工平均每月可以领到3000元了，最高的职工可以每月领到5700元，但还是有人不安心在这个单位工作，五年中有7位技术骨干调走了，还有13位年轻的技术人员处于隐性调离中。这究竟是为什么？我曾私下里作了采访。他们说："想调走的原因不全是为了钱，而是觉得没有方向。"我问："你们指的方向是什么？"回答是："像这样没日没夜的工作，三年之后我会怎么样？五年以后会怎么样？十年之后又会怎么样？我们一点也看不到。"

是啊，并非为了钱，是他们生活得很迷惘，找不到人生成长的方向。他们还年轻，他们有更大的理想与抱负，但他们不知道怎么实现，于是，工作上开始应付，没了激情，没了创造。单位领导虽然急得像热锅上的蚂蚁，偶尔也会夹着一包钱就蹲在车间，给职工们说："赶紧干，天黑之前赶完这一批活，这些钱就归你们了。"可员工们还是无精打采，面对这一包闪光的钞票无动于衷。不久后，这个单位就解散了。

这件事让我想起了一个故事：说在某地一片沙漠化将要袭来的地方，人们的生活过得贫苦而凄惨，村里因为缺吃少穿许多人都相继饿死、冻死了，直到村里剩下最后十五个人时，村长说，我们必须穿过旁边那片茂密的丛林，只有走到那一边才能逃过一劫。可是，那十四个人还是不想离开自己的家乡，因为他们也知道，起先有好多人为了逃生也都想走出那片丛林，但所有探险者都有去无回，村长说什么他们也不愿意走。就在这时，村长给了他们一个承诺，说："你们只要把我一箱东西扛过那片丛林，交给麦克唐纳教授手里，我保证，在途中的吃喝我全部负责，你们还会得到一样比金子更重要的东西。"这十四个人就在想,路上的吃喝不用愁了,那边还有比金子更重的东西,那会是什么?一定是人世间最美好的东西。于是他们答应了。村长让他们集中了全村可以带走的粮食,做好路上所需的干粮,把一个封存好的箱子交给他们,这群骨瘦如柴的人们抬着那只箱子起程了。可是他们万万没有想到,村长由于过度劳累,竟然在没有走出那片丛林之前就病逝了。十四个村民简单埋葬了村长,继续往前走,但他们越走越艰难,踩着泥泞,冒着大雨,有时还要小心遭受野兽的突然袭击。他们感到这个箱子越来越沉,但他们谁也不敢扔掉这个箱子,因为那是他们要做的使命,当然也不允许谁乱动这个箱子。他们想得并非是这个箱子里所装有多少金子,而是他们想得到比这些个金子更可贵的东西和更美好的生活。终于有一天他们在历经千辛万苦后走出了那片茂密的丛林后,把箱子交给麦克唐纳教授,并向教授索要应得的回报时,却让麦克唐纳教授目瞪口呆,教授根本听不懂他们在说什么,他是一个穷书生,除了书和他的研究成果,他再也没有别的多余东西。这些从丛林里走过来的人感到被骗的侮辱,大喊着要砸开那个由他们扛出来的箱子,教授同意后,他们当面把箱子打开,结果里面什么值钱的东西也没有,只有一堆烂木头,旧砖块。面对这一场景,全场人都傻了,半晌说不出一个字来。过了好久,人们才从惊诧中醒过来,有的人说:村长真是一个大骗子。有的人说:这简直就是在开玩笑。还有的人说:早知这样,我们就不该跟着他来,这一路吃了多少苦,一辈子都忘不了……这时,有一个叫吉姆的人他突然想起了他们走过密林时,到处都是一片片探险者的白骨,他想,如果没有村长交给他们的这一个箱子当使命,如果没有村长承诺的到了这边后会得到比金子更加贵的东西,也许他们都走不出这片丛林,会和那些白骨一样,把生命丢在密林深处。他马上站起来说:"都别吵了,我们已经得到了比金子更可贵的东西了,那就是我们的生命!你们看,这边的土地多肥沃。"直到这时,那些人好像才从梦中醒来。

这个故事告诉我们,一个领导者的职责和价值绝不仅仅是给你的属下发工资和发奖金,而重要的是给他们一个愿景,让他们看到希望,树立正确的信念,激发起他们对生活的激情。如果你只在完成给属下发工资和奖金,那会让他们觉得那是他们应得的,是他们挣来的,只有愿景和信念这样的东西是属下自己不能自给的,而只能由领导者给予。

1927年中国大革命失败后,中国共产党所领导的革命力量大为削弱。若依当时现象来看,发生悲观的念头也是很自然的。毛泽东却以领袖的眼光预言了革命胜利的愿景。在回答这类悲观动摇情绪的《星星之火，可以燎原》一文中，他说："现在虽只有一点小小的力量，但是它的发展会是很快的。它在中国的环境里不仅是具备了发展的可能性，简直是具备了发展的必然性。"毛泽东的《星星之火，可以燎原》安定了人心，提出了未来的发展愿景，使大家看到了希望。他最后以生动形象的比喻向大家描绘了未来美好的愿景："它是站在海岸遥望海中已经看得见桅杆尖头了的一只航船，它是立于高山之巅远看东方已见光芒四射喷薄欲出的一轮朝日，它是躁动于母腹中的快要成熟了的一个婴儿。"

由此可见，领导者给予属下描绘一幅愿景，让属下看到希望，才能激发人的斗志，点燃人的激情，这是一个优秀领导者必须具有的责任。

领导不能少说多干

有一次，有家报社的编辑来电话，向我约一篇春节送温暖的稿子，要求有新意，不俗套，还说好几年了，你也不给我来稿，看不上我了，这次我向你约稿你一定要给我搞好，不能应付。

对于一个作者来说，有编辑向你约稿这应该说是一件好事，怎么会应付呢。我自然竭尽全力。思索良久，我找到了一个好角度。以往，每年春节领导给员工去送温暖，都认为钱最实在，根据所走访家庭的困难程度，红包里面装着数额不等的钱，各家各户走一遍，几句寒暄过后，留下红包走人。今年送这几家，明年还送这几家。穷人年年穷，难道这就是古人说的命理？于是我想，今年能不能改个方法：给困难员工家里送点钱，再送点培训费，在这个红包里打印一份提高员工技能的信息。比如，当地有哪一家培训机构，联系电话，有什么培训项目，比如，电工、焊工、线路工、架子工、钢筋工和厨师等等，培训费分别是多少钱，在送温暖的时候告诉他们，这里有一部分钱是让你们过年的，有一部分钱是让你在今年自己找个比较合适的时间到外面去培训的，通过培训提高自己的生存技能，以后也许就可以不再受穷了。

记得小时候，我的老人常常给我讲一个懒人和一个勤劳人的故事：说有两个受苦人因天灾人祸，长年受穷，仙人不忍，就每人送了他们一担谷子。其中一个懒人认为这下可以安安稳稳过一年了，就天天躺在西墙根晒太阳，着实过了一个幸福的冬天。春来了，勤劳的人把仙人送给他的一担谷子选出一半来做种子忙着播种，留一半节省着吃，并不断在地里挖些野菜来填补粮食的不足；而懒人坐在西墙根笑话勤劳的人：真是个傻瓜，没粮食吃的时候看见他天天到地里挖野菜，现在有粮食吃了他还天天下地挖野菜，天生的穷命哟。勤劳的人没把懒人说的话当回事，继续实现着自己的想法。结果，第二年冬天来到了，勤劳的人家里屯满了粮食，而懒人又开始了他饥寒交迫的日子。我们现在的企业员工有的受穷，有的就不受穷。问题出在哪里呢？很显然，没有技能的人到哪里人家也不要，而有技能的人到处都有人请。他们有岗位做事就有钱拿。所以，我建议企业过年送技能培训费，这才是解决员工长期受穷的好方法。

　　但是，有位领导说：我们的工作理念是：多做少说，不要搞什么报道。我们又不要出名，出这样的名也没什么好处。再说，我们有必要你去说这些事吗？我们把事做了，好不好，让别人去说，自己不要说。一句话说得我无言以对。

　　事后，我就在想：这位企业领导说的话听上去他很谦虚，其实他很不称职。不信，我们来分析一下领导是什么？领——字典解释为，领，是脖子；一件上衣最上面的部分叫领子。导——引导，传导，开导。而领导——就是率领并引导朝一定方向前进。在企业里做一个领导，你只做不说，一个人往前走，而不是引导大家朝着同一个方向前走，那还叫什么领导？如果说你又在领导的位置上，又自己只管自己往前走，那叫"单溜"，单溜的人不足以做大事，也就不能成其为领导。如果一定要让他做领导，那他只会把企业员工带到死胡同里去。要做领导，就要在做之前就说，在不同的场合，用不同的方式说，通过一遍遍地说，让大家达成一个共同的认识；而后你去带头做，让大家在你带头做的同时看到这件事的正确；然后你还要边做边说，从而来坚定大家的信心，引导大家参与进来同你一块做。只有这样，一件事才有可能做成功。这叫领导。毛泽东曾说过这样一句话：无限风光在险峰，只有敢于攀登的人，才有可能到达光辉的顶点。就是说，即使你攀登了，也并不一定就能到达顶峰，如果你连攀登都不攀登，那你就肯定不会达到达光辉的顶点。如果一个企业领导人光做不说，那这个人最好是当个工人，而绝不能让他去当领导。因为他没有引导大众的思想观念，也不具备引导别人的能力，更担负不起引导大家的责任，他只能管好自己，而不懂得引导群众。

决策者不可以失误

我常常听到一些管理者说："这是一个决策失误，怎么办呢？全当花钱买学费了。""这是我们的错，我们应该检讨，不就是用错人了嘛。""这是我们想得不够周全，让员工付出了血的代价，以后注意就是了。"……看看，犯了这么大的错误，只是这样一句轻描淡写的话就过去了，对部下何来说服力？

那年，我们家孩子高考，考了519分，那年高考的一本录取线是505分，按理说，这样的分数上个好一点的大学不行，比如，清华、北大、天大、南开之类，但是上个一般的"一本"应该没有问题，比如中国石油、中国地质、中国海洋、中国药科大学等。在这样的关键时刻，父母对儿子专业选择决策显得极为重要。当时，我们建议放弃填报一本志愿，直接填一个好二本，这样更有把握。于是，孩子采用了我们的意见，放弃一本，直接填二本志愿。结果，那年我们报的那个二本志愿大学录取分数格外高，它的录取分数几乎和南开大学一样了。所以，孩子二本的第一志愿落空了，各个大学录取一批批过去，到了这时，孩子几乎就没有学上了。孩子高考这么大的事，你说"是我选错了"就完了？选错了就没法弥补了，孩子上的大学必须再降一格。这就是代价。

我们常常听到一些管理者说：就这么干，错了我负责！现在错了，你负得了这个责吗？我为此后悔了整整两年时间，人们都说想开点吧，事情已经发生了，以后再想办法吧。想什么办法？错了，就一错到底，损失的就已损失了，无论你采取什么措施，那是下一步的事，这一步已经无法补救了。这就是事实。

有一家企业老总在选择财务主管时，选择了一个他认为很可靠的人。当时有人提出过不同意见，但老总坚持说："没事，这个人我了解，出了事我负责。"没想到这个人在那里工作了几年，便私自决定投资500万元给一家个体户做生意，当时他们私下的合同是半年回本，一年回报翻番。没想到，这钱一投进去就成了"肉包子打狗，有去无回了。"直到这时，东窗事发，人们才知道这位财务人员私自动用公款，投资了500万元。经过打官司、找关系、花路费等等，直接经济损失达到了近千万元，钱也没有要回来。那个个体老板说："要钱没有，要命有一条。"企业追款的希望一下就破灭了。企业老总后来在一次机关大会上讲话时说到这件事，顺便带了一句，"像这样的失误，我们也是有责任的，但是，我们的责任不就是用错人了吗？"用错人了，这是多大的失误？你说你负这个责，现在怎么来负？只一句这样的检讨就算过关了？说服力在哪里？

还有一家企业在某地担负了一座铁路隧道施工任务，当时为了赶进度，他们抓紧往前掘进，速度的确很快，也受到了上司的表扬。这时有人提出："应该把掘进速度放慢，加快二次衬砌速度，石头在外面暴露的时间太长，会出问题。"可是，负责这个隧道掘进的行政领导听不进去，他说："没事，我看这石质不错，不会塌方。"后来有技术人员也提这样的建议，并执意要项目管理者改变施工方法。管理者不耐烦地说："别说了，我知道，就这么干，出了事我负责。"他是领导，他负责，别人还说什么？结果没过几天，隧道真的发生了大塌方，一塌就是100多米，有三位员工没有来得及躲避被掩埋在乱石下，短短几秒钟就结束了他们年轻的生命。

事情发生了，这是用生命来唤醒这位项目管理者的管理思路，付出的代价太大了，太沉重了。这时候，你说你负责，你怎么来负？你用什么能负起这个责任，用你的生命？还是用你一生的经济收入？你一生能有多少经济收入，你的这一点收入够哪一个亡灵使用，够哪一个失去儿子母亲心灵的抚慰？无论你用什么都无法挽回三位工友的生命，你又怎么能负得起这个责任？除了三个工友的生命，还有在处理塌方时整整用了半年的时间，在这半年的时间里，所有使用的机械、车辆、人力、时间上的损失，你能补得回来吗？隧道里造成这么大的塌方，同行业谁都知道，由此次塌方说明了这个企业里的技术力量低下，管理素质不高，给这个企业造成了极大的影响。这不是你一个人的事，这是整个企业的名声，这企业的形象损失，你用什么来补偿？

以上三个真实的故事告诉我们，决策者，不可以失误！哪怕是一点点。决策者的失误比一般的犯罪更可怕。决策者的失误是最大的犯罪。

权力不可独揽（一）

随着中国的改革开放，20世纪80年代末有了"厂长经理负责制"的提法，随之出台了公司法。这一变革使诸多敏感的企业党政领导之间产生了新的矛盾。按照新中国成立以来的传统习惯，一直就是党委支部领导，现在提出"厂长经理负责制"，有人就觉得这明显是让厂长经理从党委书记手中分权，再严肃一点说，那就是一个谁做老大的问题。于是，在一些企业中经理与书记的明争暗斗就在所难免了。

我曾在这一时期到过许多工程项目采访，在那里我看到不少项目都实行了项目经理负责制，在项目上，强调一支笔签字消费，一个人说了算，为了强调项目经理的责任，创造更大利润，项目经理有了一种特权：想调谁就调谁，想开谁就开谁，想给谁发多少奖就发多少，这一批人充分感受到了"人生潇洒"。但是，随之而来的是过于集中的权力无法监督，腐败随之而生：购买材料——回扣，使用包工队——礼金，安排人员——吃请……一个企业一年干几亿、几十亿到几百亿的投资，项目经理忙得不可开交。我去采访过数位项目经理，坐下不到三分钟，工地准有电话来，不是这事就是那事，电话铃声不断，吵得根本无法正常采访，他刚接完电话坐下来，"我刚才说哪了？"该经理用事实叫诉我："你看到了吧，一年365天，工地就是这么忙。"那时，我还真被他们的行为感动，甚至有了肃然起敬之感。但无论怎么辛苦，企业还是没有钱或者叫资金紧张，这到底是怎么回事？

2007年我偶然到迁安——曹妃甸铁路工地采访，那里的一个项目经理和我们坐了两个多小时，工地上竟然没有一个电话找他。这时，我对这一问题产生了极大的兴趣，马上扭转采访主题："你们一年完成2亿元，工地这么忙，为什么这么长时间没有一个电话找你？"项目工地在我的印象里经理应该是一个坐不下来的人，可他怎么就能如此稳坐不扰呢？

他说："工地这么大，任务那么多，工期那么紧，靠我一个人怎么能干得过来，得靠大家，安排好了，程序对了，责任心强一点，个干个的，没什么大事。"他说这话时显得很轻松、很惬意。而我却觉得他说的太空太大，还是听不懂。

他又说："这个项目虽然是我负责，但所有的事不是我一个人说了算，而是该谁说的谁说，该谁签字的谁签，该谁干的谁干。我不独揽权力。我把权力分给大家，就是把责任分解给了大家，也就是把压力分解给了大家。有权共享，自然有责共担，有压力共扛。在这里，每个主要负责人在他的职权范围内都有奖励和处罚权，只是职务不同，所行使的奖励与处罚的额度不同。由于人人都有监督权，工作矛盾自然就解决在最基层。大家都替我分担责任，我自然就可以安心地坐下想大事了。"这一番话让我顿悟：一年365天，有的领导为什么那么忙——原来是紧紧抓住权力不放所致。不知道他们是想从中捞些什么？还是他们从来就没有信任过他们的属下？

这时候让我想起了老子的"道法自然"。老子认为："人法地，地法天，天法道，道法自然。他说的意思是人的活动要符合自然规律，这是它的第一个特征。人都有权力欲，都有表现欲，都有私欲，都有虚荣心。你让他在某个部门当部长、当科长，你不仅要给他在这个岗位的责任，还要给他在这个岗位权力。如果你又提他在这个岗位，又不给他在这个岗位的权力，你就会失掉这个部门的全部工作。"道法自然"的另一个特点强调"治大国若烹小鲜"，其核心是管理要像烹小鱼那样不可以随意搅动，一般微火慢炖，不到火候不乱动，不强动，不妄动，适当的时间，适当的地点，以适当的方法使其规律性地变化为最恰当。如果一个企业里动不动就改革裁员，这个企业的员工整天人心惶惶，就像烹小鱼而乱动，肯定搞不好。

这时候还让我想起托马斯·杰弗逊的一句话："管得最少的政府是最好的政府"。管得少不是不管，而是要抓住管理的关键环节，这个关键就是管理者的角色定位，它要求每个管理者都要管好自己职责范围内的事，而不是越权越级，"事事欲有为，事事不可为"。当然，管得少又管得好，就要建章建制，把复杂问题简单化，把简单问题标准化，把标准的东西程序化，把程序中的东西数量化，把有数量的东西定格化（即细化给某个岗位或员工），减少例外事件。只有这样，我们的领导才能做到"闲"而有效。才能有人来采访时他安静地坐下来接受采访。

中科院研究生院教授龚其国曾撰文说，《中国人为何这么忙》，是中国人工作时间长但效率低。有统计数字表明，中国是世界上人均工作时间最长的国家之一。

中国的劳动生产率这些年来虽然提高速度很快，几乎是1980年的8倍，但人均创造的价值却不到挪威人的1/6。中国人为什么这么忙呢？TCL收购法国汤姆逊后，发现法国人根本不加班，下班后手机关机都找不到人，上班时间则准时上班。TCL的中国管理人员很不理解，因为他们已经习惯了24小时开机，习惯了半夜被人从梦中叫醒。难道只有我们中华民族才具有勤劳的优良传统？笔者以为，非也。是一些企业的领导人太珍爱他手中的权力，把权力私有化，独揽其权，结果造成他一人负责而人人不负责，他一人着急而人人不着急，他一人敬业而人人无法敬业，因为人人想做的事可能无法做或不知道该怎么做。这是不是也叫内耗。

工作时间比较表

国家	每年人均工作时间
中国	2200 小时
巴西	1841 小时
阿根廷	1903 小时
日本	1758 小时
美国	1610 小时
英国	1489 小时
荷兰	1389 小时

每小时创造财富比较表

国家	劳动力个体每小时平均创造财富
挪威名列第一	37.99 美元
美国名列第二	35.63 美元
法国名列第三	35.08 美元
中国不排名	5.75 美元

权力不可独揽（二）

在我们的生活中常有人为了几许权力争得面红耳赤，也常有人为了自己所拥有一定的权力而沾沾自喜，为所欲为，甚至有人凭借党和人民给他的权力满足私欲，最终走上了犯罪的道路。权力是什么？辞海中解释为，权力是指职责范围内的领导和支配力量。人们往往把权力中"力量"理解得很透彻，但又往往忽视了权力中"职责"，认为自己有了"力量"想做什么就做什么，想怎么做就怎么做，这就是为什么许多人用不好权力的地方。

其实，权力的"力量"是群众给的，但群众也需要你用这个"力量"来为群众办事，而不是自己独揽其权。所以，手握重权的人一定要想到，有权不可独揽，而要与他人分享，分享权力其实就是分担工作，也是正确使用权力，只有这样权力才能用久、用好。否则，无论多大的权力都只能是过眼云烟，短暂而缥缈。

有这样一个故事：东海岛，是一个美丽而又神秘的岛屿，它是海鸥祖祖辈辈的栖身之地，也正是由于这些数不胜数的海鸥，为这个异常美丽的小岛增加了一层神秘的面纱，吸引了众多来参观的人。所以东海岛一年四季都是富庶祥和。但是，有一天，东海岛国王对人们络绎不绝来看海鸥感到好奇，就突发奇想，想尝一尝海鸥的味道是什么样的。于是，他下令捉一只海鸥。岛上的人们劝其不可以随便捕杀海鸥，但是，他说他是国王，谁要是不听他的，他就杀了谁。岛上的人们为了救生，便不得不去为国王捕捉海鸥，可是，海鸥会飞，会跳，还可以入水，非常不容易被捉住，士兵们费了九牛二虎之力，赶得海鸥满岛上乱飞，最后，总算捉到了一只，送进了王宫。厨师将这只海鸥做成了三鲜汤，国王喝了以后赞不绝口，于是他下令明天继续捕捉，让自己的大臣们也尝尝海鸥的味道，可是，到了第二天，士兵们到岛上一看，哪里还有海鸥的影子，只留下了一座光秃秃的岛屿。从此，东海岛不再神秘了，也不再美丽了，自然也没有人光顾了，变得不再富庶了。这时在岛上祖祖辈辈生活的人们不得不背井离乡，就连士兵们的吃喝费用都成了问题。最后不得不裁军再裁军，不过几日，岛上便空空如也，直到剩下国王一个人。

这时，国王身边已经再也没有可支配的人，思虑再三，国王说，明天他也要移居岛外了。

一个好好的国王就因为要独揽权力，结果短短数日，不但没能长久地享受权利，反而成了岛外一个普通百姓。这让我想起了身边曾发生的一件事：有位设备部的负责人，每次外出购买设备都是他亲自去谈，从来不带其他人，等他与卖主谈好价格后，隔日再让部门的其他人员去签订合同。起先还有人去与生产厂家签订合同，后来时间一长就没有人去了，凡遇到同类事情大家就推说有事，或者是有病，总要找个理由推脱。正巧有一次，他十天前与别人谈好并签订了一份购买压路机合同，等货到达后发现该机械不是厂家新出的产品，而是老式产品，与合同条款不符。本部门管理员就将此事在群众中到处传播，两天之后就传到了领导耳朵里，为此领导查下来，该部门负责人有回扣现金之过，当即做出了处理，并撤职罚款。其实这位企业领导对机械并不是十分精通，如果没有本部门的人说这是老式产品，可能这件事还不会败露。

这让我想起了孔子的一句话："夫仁者，己欲立而立人，己欲达而达人。"此句犹言自己想要站得住也要使他人站得住，自己欲事事行得通也应使他人事事行得通。推己及人，察己知人，亦即承认他人之价值，关心他人之生存与发展。不管他人心情，而只凭借自己是负责人的手中权力，"不义而富贵"，并乐亦在其中，也只能"于我如浮云"了。"富与贵是人之所欲也，不以其道得之"，都是短暂的。如果购买设备的事让大家去做，你只在监督做事的人，不但让每一个人都有了做事的权力，也都负起了做事的责任，其权力就会长久得多，其事也能做得好了。

权力不可独揽（三）

毛泽东认为，领导干部的主要任务是决策、用人。某件事要不要做，让谁去做，这是领导要做的事。至于已经开始做这件事了，怎么做才能做得更快、更好，那应该是企业操作层思考的事，而无需领导事必躬亲。

在生活中发生了这样一件小事：有一天，一位企业管理者准备对属下进行一次全培训，头天先为全公司的员工每人发了一顶帽子，发了一双鞋，然后问大家，当你们领到这两件东西时会想到什么？回答是：明天肯定去旅游、去登山。管理者说：如果我明天再给你们每人发一个背心，发一个裤衩，你们又会怎么想？回答是："别别别，发那玩意，我们觉得怪怪的，那会让我们感觉不舒服。"企业管理者说：这就对了，你们不想要，我也不该给。员工一下丈二和尚摸不着头脑。管理者说：我就只应该管住你们的头和脚，中间的由你们自己去选，自己去买，这样才能五光十色，五彩缤纷，突现出你们每个人的个性。

其实，管理者说到这里并没有说完，他真正要说的话是：管理者在对待工作时也需要这样只管头——做什么；再管脚——谁去做。至于怎么做才能更好、更快，那应该是员工们自己去想。如果管理者把中间的事都想好了，就束缚住了员工手脚，也束缚住了员工创造性工作的空间。

记的20世纪90年代我在京九铁路工地体验生活时，发现有两个紧邻的标段，工作性质基本相同（都是桥梁、路基），但工作效果截然相反，工作表现都很积极，但质量进度明显有差距。有事例为证。上级来检查时，A标段的负责人总不在位，他干什么了？现场的员工不知道，但你所要检查的项目他都完成得非常好，进度快、质量好，几乎让人挑不出什么大的毛病。而B标段的负责人每次检查都能看到他在现场与职工一齐汗流浃背运土、运梁、压路基、修边坡。他常常被上司颂扬为身先士卒、身体力行的典型。可是每次检查他所负责的那个标段都能找出一大堆需要整改的质量问题，而且工程进度严重滞后。现场员工给我介绍B标段负责人的事迹时说："他对待工作十分认真，非常负责，比如他让人去往墙上钉个钉子，即使你钉上了，他也要亲自用手去摇一摇，看你是否真的钉牢了。"他的这种工作精神让现场员工都甚为感动。逢人就夸，"我们的领导真能吃苦，是我们学习的好榜样"。但是，每次检查完开会总结时，A 标段的领导总是受表扬、领奖金，B 标段的领导总是因为质量欠优、工程滞后受批评、受处罚。每次开会上司都要求 B 标段的负责人当场表态今后的工作怎么赶上来，有什么措施。我曾经很长一段时间在思考：如此工作态度，如此工作差距，如此敬业精神，为什么会有这么大的差别呢？忽然间，我想起古人说的一句话："君逸臣劳国必兴，君劳臣逸国必衰"。

　　君子用臣首先是识臣，对于贤臣就要赋予高度信任，充分授权，给他留下宽松的工作空间，让他有发挥创造性的机会，不要一包到底，事无巨细。管理者要学会运用"无为而无不为"的管理艺术，老子曾说："以其不争，故天下莫能与之争。"该企业员工们做的事，你非要与其争，这样的人不但不能称为好领导，应该说，他不该"为之"。如果等这件事做完了，他能听到属下们说："这事是我们做的"。那才是好的管理者。因为企业员工也有智慧需要表现，也有心理需求需要满足，给员工一个思考工作的空间就是给员工搭建了一个创造性工作的平台。B 标段的负责人之所以吃了不少苦，还老是挨批评，也是因为权力独揽所导致的后果。他不会分配权力和责任，也不相信属下的能力，于是，什么责任都是他自己担，什么功过都是他自己扛，一个人扛着数百人的担子，他总有扛不动的时候，待到那时，一切问题都会成为他肩上的压力。也许这时他会为此而感到有苦无处说，但他却不能醒悟，这份凄苦是他自找的。这才是管理者最大的悲苦。

君明而臣直

看《贞观长歌》电视剧，发现有一个很有教育意义的故事，说的是李世民做了唐朝皇帝后，励精图治。他唯恐自己做得不好，常常虚怀若谷地跟大臣们说："我有什么不对的地方，你们一定要提出来，要直言己见。"并且专门设置了谏议大夫之职，而魏征就担任了谏议之职，并且尽职尽责。皇上欲娶已定娃娃亲的郑丽婉，魏征为了皇室的尊严，严正指出不可；太宗想让魏王李泰在弘文殿读书兼议朝政，魏征认为已立储君，这样可能引起诸皇子争斗，动摇社稷根本，故犯颜直谏；诸臣朝议认为太宗李世民开创了贞观盛世，可大张旗鼓在泰山封禅，可他义正词言地反对说，不封禅也不会辱没皇上的文治武功，何必劳民伤财……无论是皇室私事，还是相关影响朝廷社稷的事，魏征都挺身而出，忠言直谏，有时一点面子都不给皇上。魏征认为，给皇上李世民提意见是他的职责，所以说话时直截了当，为此，经常让唐太宗下不来台。有一天在殿廷上，他终于把唐太宗惹恼了。唐太宗回到后宫后怒气难平，越想越气，觉得自己颜面尽失，自言自语道："会当杀此田舍翁！"就是说，我一定要把这个乡巴佬给收拾掉！长孙皇后听到这句话之后，不言不语，派了下人去打探情况，结果被唐太宗打了出来，在情急之下，长孙皇后做了饭菜，穿着厚重的朝服娉娉婷婷提篮而入，对着唐太宗行跪拜之礼。那朝服可是皇后在重大场合才穿的大礼服啊。唐太宗吓了一跳，忙问："皇后为什么要对我行此大礼呢？"长孙皇后说："妾闻君明则臣直。如今魏征敢于直言进谏，说明您是个非常英明的皇帝啊，所以我特意向您表示祝贺！"唐太宗听了龙颜大悦，同时也明白了皇后的用心：皇后这是在劝谏自己，做皇帝要有气度，胸怀要像大海一样，容纳百川，哪能为了一点小事就要杀人呢？

电视剧看到这里，让我想起了一件已过去很久的事：那是多年前的一天，我去兰州体验生活，有幸与一位局级领导相遇，并一同就餐，当有人向这位局长介绍我时，他惊喜地表示友好，并说："听说你可是个作家，我可看过你不少文章哟。你们这些文人都是酒后出大作，来，我们干一杯！"我忙推辞，不会大口饮酒。他不信，"人家李白就是酒后才出不朽之作，你肯定行！"我端杯相碰，但没有一饮而尽。这时，他向我提出了一个问题："哎，说起李白了，他是哪里人呀？"我稍停片刻，没有作答，我不知道领导是在考我，还是真的在讨教。说实在，我当时也真的说不准确。局长大人又说："我好像记的李白是南方什么地方的……"他沉思片刻，又接着说："好像是广东的吧。"他这话让我答也不是，不答也不是，我只好说："我还真一时说不好。看来我也是孤陋寡闻呀。"这时，突然有另外一个同志站起来说："对，说的对，李白就是广东人。来，局长，我敬你一杯。"此人与局长碰杯后一饮而尽。局长向这位同志伸出大拇指："好样的，年轻人行！"这时，我坐在一旁就有无地自容之感。

回来后，我马上去查看资料，看看李白到底是哪里人，结果资料显示李白（七零一——七六二），字太白，号青莲居士。祖籍陇西成纪（今甘肃天水附近），先世于隋末流徙西域，李白即生于中亚碎叶。（今巴尔喀什湖南面的楚河流域，唐时属安西都户府管辖）。幼时随父亲迁居绵州昌隆（今四川江油）青莲乡。一生绝大部分时间在漫游中度过。这时，我在想，也许那个年轻人本来就知道李白是陇西人，他说了瞎话，只是为讨局长心欢；也许他真的不知道，但不管他是否真的知道，他当时的这个回答让局长很是高兴，于是他给局长留下了很深刻的印象。现在且不说他是不是知道李白是什么地方人，他当时的行为就有拍马溜须，阿谀奉承之嫌。他为什么知道不说？怕说了局长大人不高兴。他为什么不知道还说？不顺着领导说，领导会显得很尴尬。他为什么要这样？一定是他知道这个领导喜欢这样。故而演之。

可见，有什么样的领导就有什么样的下级，下级有过，并非都是下级的错，应该说，首先是领导的错。由于上级对下级的工作安排、收入分配、效果评价等都具有决定权和认定权，所以，许多人为了生存，为了讨好上级，是不得已而为之。

有这样一个故事：唐太宗即位之初，尝试整治官吏。因为忧虑很多官吏接受贿赂，又缺乏惩治的真凭实据，就秘密派亲信试探着进行贿赂。果然有一个司门官吏就接受了一匹绢。太宗大怒，欲杀之。民部尚书裴矩进谏说："做官受贿，按其罪过确实该判死刑。不过这是陛下派人给他才受贿的，却因此把人家推向犯罪，恐怕不符合孔子所说的用道德来引导人，用礼法来约束人的原则"。唐太宗听了认为很有道理，不但撤回前议，而且招来五品以上文武官员说："裴矩居官任职，能够据理力争，不搞当面顺从那一套。倘若每件大事都能这样，还忧虑什么治理不好国家呢！"

关于裴矩，《资治通鉴·唐纪八》有不少关于裴矩的记载。说裴矩在归唐之前，曾任隋朝的吏部侍郎，在他担任这职务之间，并非是个好人。记载说：隋炀帝杨广在中国历史上以极端荒淫残暴而著名。他三游江都，三侵高丽，给国家和人民造成巨大的灾难。隋炀帝又常以才情自负，公开宣布最不喜欢听批评意见，甚至杀掉好几个敢于当面提意见的大臣。而裴矩则刻意投其所好，是隋炀帝最赏识的逢迎谄媚的佞臣。他迎合炀帝好大喜功之心，助炀帝经略西域，"糜费以万万计，卒令中国疲敝以至于亡，皆矩之倡导也。"而炀帝对裴矩极为赏识，对群臣说："裴矩大识朕意，凡所陈奏，皆朕之成算，未发之顷，矩辄以闻。"可见裴矩是极善于阿谀奉承的。

为什么隋朝的佞臣裴矩在唐朝却成了忠臣呢？《资治通鉴》的作者司马光对此也有一段评论。司马光说："古人有言，君明臣直。裴矩佞于隋而忠于唐，非其性之有变也；君恶闻其过，则忠化为佞；君乐闻直言，则佞化为忠。"也就是说，不能只责备溜须奉承的部下，关键还要看领导者对待批评的态度如何。由裴矩这个人物在隋唐前后两朝的变化可以清楚地看到这一点。当然，唐太宗和隋炀帝对待批评的态度不同，所带来的结果也大不相同。一是唐朝"贞观之治"的强盛局面，一是隋朝迅速走向崩溃灭亡的结局。历史的教训不可或忘呀。

现在是社会主义新时代，没有高高在上的"君"，也没有诚惶诚恐的"臣"，上下级之间应是融洽的同志关系。但是，我们也应该看到，上自党和国家领导人下至一村之长，作为"一把手"手握决策权，其一言一行的分量还是相当重的，有时甚至是一言九鼎。如果没有"兼听则明"的理念，如果没有"虚怀若谷"的胸怀，如果没有"从善如流"的态度，其下级或下属就不敢摆出自己的见解，就算有正确的见解，也不可能被采纳。所以，我们现在的每一位管理者都应以争做"明君"的思想来真正当好人民公仆，牢记"夫以铜为镜，可以正衣冠；以史为镜，可以知兴替；以人为镜，可以知得失。吾常保此三镜，以防己过。"多听听来自各方面不同的声音，而且在听取这些意见时，还要怀着真心去听，不要让下属一看你的眼就知道你是在应付他的谈话，下属通过察言观色一旦发现你的表情不对头，马上就会改变态度，封锁真情，从此不敢在你面前多说一句真话。可见，只有做一个"明君"，才能营造一片"直臣"生长的沃土。这对于一个企业家或任何一个管理者都具有很强的现实意义。

高学历与多实践

　　我们的生活里有这样两种人：一种是高学历，喜欢埋头读书，通过一次次考试，最后拿到了一个高文凭。一种是通过动手、动脑，不断思考，在深入实践中掌握了大量实际经验的人。这两种人在一起时，看问题多有不同的观点，谁是谁非，常有争论。

　　记得在十年前，我到宁夏某项目去采访，在那里发现了一个优秀的年轻人，回来后向董事长推荐，说某某同志不错，在现场采取"样板引路、过程监控"如此简单的方法，最后使整个浆砌水渠工程干成了全县的样板地段，获得了国家水利局的大禹奖。我个人认为，这个青年人担当技术部的部长或副部长一职都没有问题。董事长一听非常高兴，马上拿出花名册来看这个人的简单情况。结果一看说："不行。"我问：为什么？回答是，他是大专毕业，现在要提技术部长必须是本科生才行。听完此话，我一头雾水：在我们的生活里，到底是高文凭重要，还是具有厚重的实践经验重要？（几年后，我听说该同志被当地水利部门以引进优秀人才为名，将其调走了，待遇是三居一室的房子一套，妻子和孩子的户口转往省会城市。）

　　同是一个人，为什么他在社会上被人看做是人才，而在企业里却因为文凭低，只能在一线工作，而不可能成为技术负责人呢？这大约是走入了用人观念的误区，是一种用人理念的错误。《用人》中言："夫人主不塞隙而劳力于赭垩，暴雨疾风必坏。"意思是说君主不去堵塞墙上的缝隙洞穴而在粉刷墙壁上花费力气，那么暴雨狂风一定会毁坏墙壁。如果企业里有经验丰富的人才不用，而只看中那些看上去很好看的高学历的人，市场竞争中争夺人才的暴雨狂风来临时，你手中有实践经验的人才就必然会被他人挖走，而你的结果就不言而喻了。

　　一般地说，会做的人做，会说的人说，会写的人写，但前提必须先是一个"会"字。如果光会说不会做，而你却要去指挥会做的人就有可能与实际相脱离；如果是先学会了做，而后又会表达了，这就是人们常说有经验的人才了。对于这样的人才不管他文凭多低，那经验就是宝贵的知识！

我们来看这样一个故事：有一次，一家国际贸易公司高薪招聘业务主管，应征者众。人群中有一位年轻人看上去条件最好，他名牌大学毕业，学历高，又有三年工作经验，而与他抽中同一批进门面试的是一个学历不高，又非名牌毕业大学毕业，工作也只是三年，谁看上去，他都与这位高学历的年轻人没什么可比性。于是，前者与其他人坐在一起显得特别自信。面试开始了，主考官问："你们以前是做什么工作的？"

高学历的年轻人抢先回答"做蔬菜。"学历低的年轻才说："我也是。"

"既然你们都是做蔬菜生意的，请你们讲一讲，对于我们业务人员来说，是产品重要，还是客户重要？"

学历高的年轻人又抢先说："当然是客户重要。"学历低的年轻人回答说："产品是基础，我认为基础最重要。"

主考官接着问："你们既然是做蔬菜生意，你们一定知道在新鲜蔬菜中，菠菜出口主要是对日本，以前销路非常好，日本人是有多少收多少，可是近几年国外客商却不要了，这是为什么？"

高学历的年轻人回答："把客户得罪了。"低学历的年轻人回答："我们的产品在加工过程中出了问题，影响了蔬菜的质量。"

主考官又问高学历的年轻人："怎么把客户得罪了？"

他思考了两分钟，没有回答，看上去显得有些为难。

主考官又问低学历的年轻人："我们的产品出了什么问题？"

"采集菠菜的最佳时间很短，只有10—15天，早了数量上不去，晚了会变老。这些种菜人都能把握好时间，但是采好后，应该摊放在地里晾一天，第二天翻过来再晾一天，让水分适量蒸发，然后捆把装箱。等食用的时候往水里一泡，叶子就会绽放，如新鲜的一样，好吃也好看。可是，我们当地农民为了赶时间，多采多卖，把菜采到家，来不及放在地上晾，就摊到热炕上暖，两个小时就烘卷叶子了。这样处理过的菠菜，看上去都一样，但吃起来就像老了一样。而我们去农村收菜的收购员又不懂得怎么来辨别这两种不同的处理方法，于是统统收购上来，整箱出售。外国客商发现后，提出过警告，但我们没有及时采取措施，所以被外商封杀，从此不再进口了。"

主考官面对高学历的年轻人说："看来你没有到过蔬菜基地实际采菜，你虽有三年工作经验，但你不懂菜的质量什么是好，什么是坏。"高学历的年轻人被主考官说得脸上一阵发红。而主考官欣喜地看着低学历的年轻人说："你虽然也只有三年工作经验，但你的知识很丰富，你被我们录取了。"

一家如此大公司，他们宁愿录取一个低学历的人而不录取高学历的人，是因为他们不愿意要一个为了经营客户，整天陪着客户吃饭喝酒而没有工作经验的人。

　　以上故事让我们清楚地看到，光有理论知识往往是远远不够的，具体的工作还是需要有丰富的实践经验，而这个经验就是知识，从不断变化的社会中获得的新经验，那就是新知识，而这种新知识往往又是书本上找不到的，却又是工作中尤为需要的。

财富就在你身边

财富，无处不在，无时不有，人人都希望得到更多的财富，却有时候，人们往往看不到自己身边的财富。于是就有了舍近求远，四处奔波，日出日落，身心疲惫，为了挣钱甚至不惜牺牲亲人的利益、朋友的利益，弄的人心戒备，防不胜防，人间生活却是地狱环境，这不能不说是一种悲哀。

我亲身经历过这样一个故事：那年七月回乡探亲，早上起来沿着乡间小路跑步时，发现庄稼地边长满了灰灰菜、西方谷（山西晋东南方言），记的我小时候因为家里粮食不够吃，就经常从地里拔这些野菜回来充饥。离开家乡二十多年了，又见这些野菜，有一种亲切之感。我便顺手拔起了路边的野菜。这时，我惶惑感觉到有人在看我，我心想是不是有人感到我在偷他们地里的东西？现在这地里的庄稼都正在生长期，还远没有到成熟的时候，我能偷什么？我心无愧，也就没当回事，我只在掐头摘叶。等我拔的占满两手准备往家走时，路边一些陌生人眼里传递着疑惑：这个人不像是个吃不上饭的人呀？为什么他还拔这些野菜？他这是要干什么？当我走到他们面前时，他们面对我微笑，并有意地搭讪：回来了？我虽然感到莫名其妙，但还是答道：回来了。再往前走，人们好像盯着我手里的野菜问：回来了？我就说：回来了。这些人是谁我并不知道，但我敢肯定，他们是没有恶意的，也许他们认识我，是我不认识他们，我对他们也只是一问一答而已。走过路边的人们，我感觉到他们用他们目光在我身后追赶着我的脚步，看看我究竟会走进哪个门洞。这时候，我敢断定，这些人其实并不认识我，可能是出于邻居间的礼貌吧。

回到姐姐家后，我把那些新鲜的野菜洗净，用开水一烫，倒上几瓣生蒜，用火辣辣的热油一浇，适量放些盐和醋一拌，吃起来真香。那天早上我一个人就吃了半盘。没想到饭后姐姐出门散步，竟有许多村上的邻居问：你们家来人了？是你们小孩的什么人？姐姐告诉他们我是她弟弟。那些人长叹一声。

姐姐不解。回来问我："你今天早上出去碰到谁了？"

"不知道。有几个人和我打招呼，但我不知道他们是谁。"

姐姐就说:"可能是人家看到你在地边拔野菜了,不理解。现在生活好了,多少年以来村里的人都不吃这些野菜了,忽然看到一个从城里来的人在地边拔野菜,好奇。"

哦——这时我回忆起早上人们看我时那疑惑的目光,才懂得了人们那探寻的眼神。

这件事过去很久了,但让我总也不能忘怀。我在想:什么是财富?这些野菜不就是我们身边的财富吗?当我们吃不饱饭的时候,它让我们填饱了肚子。如今人们的生活好了,就有一些人把它们忘记了。而城里人却把它们收进了高级宾馆饭店,端上了餐桌。这让我想到了我们许多企业里的管理者总是说:企业没人才呀,让他们干什么都干不好,真急人。

应该说,企业不是没人才,而是你会不会发现你身边的人才,能不能挖掘出你身边的人才。古人曰:"三人行,必有我师焉。"何况一个企业里几百人几千人甚至上万人,怎么会没有人才呢。有的农民把这些野菜当草,嫌它们与庄稼同抢大地的营养,把它们锄掉了,而却花着钱到街上去买菜。其实,野菜品种之多,营养各异,本不失为一道佳肴。我们的一些企业管理者看不到自己本企业的人才,却花大价钱到外面去聘请人来企业里工作。这种观念我们是不是应该再好好商榷一下呢?

发现人才的关键在于使用

当今这个竞争的市场，说白了，就是"人的竞争"。谁争得了有才能的人，谁就是这个市场的赢家。而我们许多企业的CEO并非懂得这个道理。当你要给他讲这个道理的时候，他常常会说，我懂！可是，每每办起事来，他总是表现出盲目，把听话的人安排到重要的位置，把面子上抹不开的人安排到轻松的位置，把有才能的人往往搁置在一边。

不信，就看看我们现在许多企业里更多事是什么做的吧？生产产品的企业里，头等大事是抓营销；建筑施工企业里，头等大事是抓工程任务承揽；十分紧缺的煤炭、石油等能源行业，头等大事是抓生产……凡是管理者的嫡系肯定都在这些要害部门里，为什么这些大事能排得上是头等大事？就是因为这些方面的工作上不去，又不肯把这些重要的工作交给领导不相信的、虽是人才但却不是领导们嫡系的人去做，所以，越是抓不上去的工作，就越成了重要工作。为此，企业领导们天天讲管理，抓管理，管理几乎成了领导们口中最时髦的词，但是，他们所说的管理，更多强调的都是制度管理，经济管理，很少谈起思想管理，即使还保留着思想管理一词，也基本上弱化到有名无实的地步了（其实，管思想就是管人）。即使把思想管理这一词抬出来，也不过是一个讲话写稿的格式，并非真正提升到用人的高度。而往往是这些人看起来很忙，为了企业呕心沥血，死而不眠。对于一个为企业累死后都闭不上眼的人，其家人要求给他评个烈士什么的，谁还能有意见呢？却不知，这个人活着的时候，作为企业的一个带头人，不是抓好事把大家带上富裕路，而是把大家带进了一个市场的死胡同。

如有不信者请看这样一个故事吧，近来有不少人们都说：假如汉武帝刘彻是国有企业的老总，他就懂得：发现人才的关键在于使用。这是"得人在于察人，察人是为用人"的道理。汉武帝刘彻当年就发现：企业成功与失败的关键，并不在于营销（军事），也不在于管理（内政），更不在于财政。企业成败的关键在于人事。当刘彻还是太子的时候，他就开始思考这些问题。毕竟汉朝是一家大企业，作为总裁的未来继承人，刘彻在大管理培训师卫绾所开的总裁培训班时便向其师请教这些问题，以求在未来的企业管理历史上留下自己的名字。卫绾说，得道多助失道寡助；天时不如地利，地利不如人和，太子要想有所作为，关键在于得人。太子又问，北方匈奴气焰嚣张，如何是好？卫绾答，得人。太子再问，晁错七国之乱后，国家仍有内忧，又当如何？卫绾再答，得人。太子复问，民生凋零，怎求殷实富裕？卫绾还是说：得人。于是太子不再问，卫绾说，得太子之资质而教之，我今生无憾矣。但太子刘彻登基成为汉室的总经理，也就是皇帝后，大权还是在当时的总裁窦太后手上。雄心壮志的刘彻没有看出来，结果给了野心家伺机而动的机会，于是淮南王出现了，这是一种必然。刘彻仿佛没有意识到自己这个总经理的位置已经开始摇晃，潜流总是在暗中涌动。卫绾再次出现，他教了处于权力斗争核心的总经理刘彻一个字"退"。一时的退是为了以后更强劲的进，刘彻立即大彻大悟，他终于明白进退有道，动静依理的大道。于是他忍痛杀死了两位辅佐他的儒生，和自己厌恶的女人缠绕在一起。待窦太后百年之后，刘彻化解了社会危机，这得意于卫绾的能力和见识，卫绾给予他诸多辅助。如果刘彻当年认为自己什么都懂，狂傲、自负，不听其劝，卫绾恐怕也只好告老还乡，不再插手"企业"是非。这是刘彻察之卫绾，得到了卫绾，而重要的是他又重用了卫绾这个人才。虽然卫绾不是他的什么亲信，不是他们的什么叔叔舅舅，但他依然重用了他。

要想得到人才，首先要学会发现人才。下面我们讲一个寓言故事：说有一只兔子准备请朋友来家为自己庆祝生日，它想准备一顿丰盛的晚宴来招待大家，于是一大早它就上山采食了。山上的好东西多极了，有蘑菇、萝卜，还有好多不知名的好吃的东西，兔子开心极了。走到半山的时候，它的篮子已经快装满了。这时，它发现了一棵千年人参。当然兔子根本就不知道这是人参，只是觉得自己从来没见过这样的苗子，于是就动手挖了起来。兔子费了很大的力气才把这棵人参挖了出来。挖出来一看，兔子很失望，觉得用这么瘦还带着很多须子的"萝卜"招待客人不太合适，于是随手就把那棵人参扔掉了。然后它又采了些蘑菇和又大又嫩的萝卜装满篮子回家了。

一棵千年的人参在兔子眼里比不上一个又大又嫩的萝卜，这是因为兔子不能察之。在它眼里那棵千年人参只是一个劣质的萝卜。古人说：千里马常有，而伯乐不常有。假如没有伯乐，千里马很可能摆脱不了拉磨、耕田的境地。因此，企业老总的管理工作说白了，就是察人、用人、留住人，使真正的人参从大堆的萝卜中脱颖而出，充分体现其价值。今天陷入困局的企业家，有的或许还在继续研究营销，有的还在寻找企业经营中的短板，有的在反省自己性格上的缺陷，还有的在不停责怪属下，却很少有人思考自己是否经营了人的心灵，给予了人怎样的精神福利，是否得到了人。

其实，在企业家的周围，聚集了怎样一批人，怎样的幕僚和怎样的下属，这也影响着该企业家开拓局面和应付困境的能力。大企业家刘彻周围假如没有卫绾这样的人，他也难有那样敏于察人的思路。总经理刘彻在韬光养晦中博得了总裁窦太后的安慰，同时在御林苑的玩耍中掺入了军事训练的因素。这时候他又察之，卫青身上反射着军事领袖的光芒。卫青不过一介马夫。在我们现在的许多企业家眼里，一介马夫何以当大任？即使看到他是人才，也得问一句：是什么毕业？大本以下不考虑。是硕士？还是博士？这样一纸证明就能把一个人才拒之门外，人才岂能不寒心？人才又岂能留住？可惜现在还有一些企业家在选人论才时，先看其背景，察其父亲做什么，他舅他姨他姑做什么，职位有多高？再查其专业，还要看他有没有社会经验和已有的成就。一个年轻人，或者是大学刚毕业，让他上哪里去有经验、有成就？一个年轻人如果有了很大的成绩，谁还来人才市场求职？得人在于察人，可惜许多企业家在察人这一关键问题上就出现了问题，又何谈再用人呢。总经理刘彻抛弃一切成见，不以文凭高低为条件，大胆使用人才。卫青很快成长为一位杰出的军事家，并在抗击匈奴的战役中立下了赫赫战功，他的功劳不但成就了他自己，同时也成就了总经理刘彻的事业。后来刘彻以军事战略的光辉记入史册，我们却有多少人知道他的军事功勋就开始在他看到一介马夫的那一瞬间。自然，这时刘彻总经理的事业成就了，他下属的那些年轻人的事业也就都成就了。具有成就的人才在这家企业里找到了发挥才能的平台，体现出了自身的价值，这就是总经理刘彻给予他们最大的心灵福利，这些人才自会死心踏地留在他的身边，忠实地服务于大汉这个企业。大汉这个企业集团从此走上了辉煌的发展道路。

有人说过这样一句话："下等的企业家只能用才能不如自己的人，因为他总担心属下会动摇他的总经理地位，担心自己无法驾驭，这是心胸问题。中等的企业家只能用才华和自己差不多的人，事业可以做成，但绝做不大，做不久，企业无论做好或是遇到困难，肯定完蛋。因为做好了大家会在分配不公上产生矛盾；如果遇到困难，谁都不想承担责任，互相推卸责任的结果是导致企业死亡。上等的企业家具有察人的敏锐眼光和不拘一格用人才的气魄，是他的这种品格吸引着比自己强或强过几倍的人，来和自己一块做事。所以他的事业没有终点，会健康发展"。

"太精明"的人不能当主管

有这样一个人：他年轻时参加工作，从车间班组到车间主任，从队长到工区长，从片长到工段长，从基层到机关，从办事员到职业经理人，最后又升为企业的 CEO。他认为他的人生脚踏实地，从基层一路走来，一片火红，很少失误，对于企业的一切工作，他太熟悉了，谁也别想骗过他。

真的，当有人向他建议某项目工作应该怎么做时，如果是他想到的，他会说，这事我早想到了，你别再说了，我知道；如果是他没想到的，他会说，不行！这事不能那么做，还按我们原来说的方法去做。如果是他还没想好的，他会说：不可能，你的想法不见得合理，以后再说吧。似乎来建议的人总没有他精明。

有一次，有个工程项目部打来电话，说当地群众认为在征地拆迁中的补偿不够，扬言，今晚不解决，明天就要来堵路。我们的想法是今晚与当地派出所和 110 联系一下，如果、堵路，就请公安、武警出面干预。而这位 CEO 马上反对，你们可不能这么干，你们应该向当地政府部门反映，求得他们的支持，让他们来帮助解决。但现场人员说，已经多次找过这个政府机关里的几个分管的人了，都没有结果，而且群众来堵路都是周六周日，政府人员不上班，不开机，你找不到人，堵我们两天路，我们进不了材料，没法施工，工期耽误不起，业主也不满意。再说，这两天误工费从哪儿出？CEO 说：这样的事我见多了，别说了，就按我说的办吧。结果是群众来现场堵了两天，什么也干不成，地方政府分管这项工作的人员也找不着，和群众谈也谈不成。企业认为给农民的补偿金已经给了地方政府，由地方政府逐级发给；但农民认为，政府给的补偿金不够。企业认为那你们应该去找政府，但农民们认为，我们找政府一是找不着人，二是找着了也没用，你们占了我们的地，我们就找你。最后不了了之。一天天过去了，企业的工期严重受损，业主排名严重滞后，大会小会挨批评，使这个项目负责人在全线多家施工企业中抬不起头来。不但损害了企业的声誉与信誉，而且给现场施工人员增加了很大压力。

对于这个问题我在想，CEO 曾有过成功，就是因为他那时对于处理这类事故成功过，就以为过去的做法同样适用于现在与未来，这其实是成功的副作用。今天现场出的事，你又不在现场，你又不了解具体的细节，你又不允许他们按照他们的思路去工作，非要按照你以往的做法来对待今天的事情，如果他们处理不好，你还要批评他们工作能力差，这本身就是一种错误。

还有一次，我对该CEO说我认为现代诸多人的头脑中更多的是只认钱，而过去的那种奉献精神淡化了，计较多了；一个团队里相互埋怨的多了，主动配合的少了。我们应该在这方面做些教育。教育引导这种工作不是一日之功，它需要长期投入人力与财力。CEO的回答是：下面的人我知道，你给他钱，什么都好说，不用教育，叫他干什么他干什么；你不给他钱，光说没用。再说，现在工作这么忙，哪有时间坐下来学习。算了，以后再说吧。

还有人建议：现在副职好干，主官难当，是因为副职各管一摊，没有把自己放在全局的角度去考虑问题，应该加强主管与副职之间的沟通，让副职更多地站在全局的角度来思考问题。CEO的回答是：人，都是自私的，这是人的本性。你让他分管什么，他做好了分管的工作就算是成绩，你让他站在全局的角度来思考问题，那是不可能的，除非你让他来当主管。我们只有靠制度来约束，下年制度定狠点。

在与这位企业领导人的长期接触中，我发现，谁来给他提建议，好像都没有他对这一事物认识的更透彻。后来，建议的人越来越少，最后干脆就没有人再来建议了。

这时，我在想，时代变了，社会发展了，你在基层的时候是那样，现在还一定是那样吗？现在处理问题还能用你以前处理的方法来套用吗？一个企业里几百人、几千人、或者几万人，他们每个人有每个人的头脑，每个人有每个人的想法，你要允许他们把自己的想法说出来，并给他们实施的机会。因为，无论你的头脑多么精明，你总不如几百人、几千人、甚至几万人头脑加起来那么聪明。你放手让他们按照他们的想法做几次，给他们一个创造性工作的空间，他们肯定比你一个人想问题要全面得多。你认为你什么都懂，其实你有可能什么都不如他们精通。因为你是全面考虑问题，而业务人员是专业考虑问题，他们在业务上就是专家，你应该多听听他们的建议，不要一说，就是"别说了，我知道"。当你说这句话的时候就证明了你恰巧是不知道的。如果你真知道，你就不会和专门从事这项工作的人员思路大相径庭。

所以，"过于精明"的领导，往往会觉得自己什么都比别人强，其实，这正是他的缺陷。看上去很精明的人，往往只是小精明，而真正精明的人，也许你会误认为他傻,而他却会调动精明人的积极性。以为自己什么知道的人,多数情况下又恰恰是刚愎自用的人。

有这样一句话:"把自己看得太重,自己就会失重。"看重自己是一种自信,太看重自己则是一种自负。自信能给人带来激情,自负则只能给人带来自满和失重。而上述这位企业管理者就太过于自负了。

有这样一个笑话:说几人个晚上在一起聚会,火箭专家向大家透露:"最近,我们要把几只老鼠送到火星上去。"话音未落,一个企业管理者插嘴说:"这样灭鼠,成本太高啦。不行!"他这一句话把一个科学家十几年来积累的全部想法否定了。这位企业管理者仅凭直觉说话、办事,他不调查研究,不进行理性思考。看上去他很果断,很聪明,其实不然。

看上去诸葛亮比刘备精明,但刘备可以做大事,当主管,而诸葛亮只能辅助刘备而不能当主管。但在我们现实生活中偏偏有这样的用人习惯:某个人在某个岗位上工作干得出色,就提拔他当领导,不管他是不是领导的材料,就给他个领导的职位,结果是领导没当好,自己也受累,企业又受损失,跟着这个人干的员工还受牵连。真是得不偿失。

疑心重的人不适宜搞管理

中国在研究管理者用人方面有句古话："用人不疑，疑人不用。"无论属下怎么做事，上司总是胡乱猜疑，下属办起事来就会缩手缩脚，不利于主动性发挥，更不利于创造性工作。

记得1999年我到西北某地采访，办公室主任接待我时总显得很难为情，吃饭不知道点什么菜，买烟不知道买什么牌子，喝茶不知道该放哪个盒里的茶……事后我问他怎么变成了这样？这可不是你以前的作风呀。他说："跟这样的领导在一起工作难呀。"为什么呢？他告诉我：有一次上司派他去地方派出所联系星期天出警15人，帮助维持一下道路交通和施工现场秩序，省人大、省政协有关领导要到这里来检查工作。他去了，心想让人家星期天出勤，给两位领导买两条烟吧，没想到一进门，熟悉他的人就开起玩笑来了，"哎呀，常主任，好久不见，今天来是要请我们吃饭了？"人家这么说不知是真是假，他心里就嘀咕了。说完事也真的就快中午了，也就请他们一次吧。没想到吃饭一喝酒，派出所的人就提出来要去唱歌，他只有陪着。一天下来折腾得他是精疲力竭。没想到第二天让上司为此事签字报销时，上司极不高兴地说，怎么买了烟还要吃饭？怎么吃了饭了还要唱歌？让你办这么个小事，为什么要花这么多钱？不会是你想去唱歌吧？不会是你没有烟抽了吧？常主任听完此话，心中憋气，又委屈，拿起贴好的发票转身走了。他在心里默念，今后再也不到外面去办事了。这位上司不是对一个人这样，是对所有手下的人都这样，别人办事，他总是以为别人会从中间克扣点什么。所以，每个人办事回来找他签字报销时都有同样的感觉。后来他再派人出去办事，人人都推说有事去不了，他一生气就骂一顿：你们都有事，就我没事？难道这样的事还非要我亲自出去办吗？然而，别人去了，他又不放心。每个被他派出去办事的人都战战兢兢，而他这个不去办事的人又疑神疑鬼。半年之后，这个组织中就产生了许多矛盾，上司推一推，下面动一动，上面不推，下面就不动。没过一年，这个组织班子就被重新调整了。

这让我联想到了从前：明太祖朱元璋戎马征战十几年，建立了大明政权，但是，他总是担心与他一起开创事业的大臣们会造反，就是眼下不造反，谁敢保证以后他们不造反？与其他们迟早都要造反，何不今天就杀了他们？于是，朱元璋设立了"锦衣卫"。"锦衣卫"原本在宫中是属于皇帝的护卫，如今却成了情报与特务机构。朱元璋给他们特权，侦查大臣们的一举一动，包括在家里吃什么，说什么，一旦发现问题，可以随时抓人，审讯，甚至杀头，弄得全朝上下人心慌慌，但朱元璋却高枕无忧了。

到了明成祖朱棣年间，（朱棣为1360年-1424年，是明朝第三代皇帝。明太祖朱元璋第四子，生于应天，今江苏南京，时事征伐，并受封为燕王，后发动靖难之变，起事攻打侄儿建文帝，夺位登基。死后原庙号为"太宗"，百多年后改为"成祖"，明成祖的统治时期被称为"永乐盛世"。年号永乐。）朱棣虽然为一代英雄，但他当皇帝时，连一个大臣都不敢相信，就只好用身边的太监为提督，建立了一个新的情报、特务机构，叫东厂。这个机构不但负责检查百官，甚至还要监视一般贫民的家长里短。这就更加让人们说话做事小心翼翼，不知道什么时候你被别人抓起来了你还不知道是怎么回事。于是，当时的官吏是人人胆战心惊。

而到了明宪宗朱见深时期，（朱见深1447年-1487年，或作成化帝，为明英宗的长子，明朝第八代皇帝。英宗被瓦剌掳去。景泰三年即1452年明代宗即位后，被废为沂王，天顺元年即1457年英宗复辟，又被立为皇太子，改名朱见深。宪宗于天顺八年即1464年登基，初年为于谦平冤昭雪，恢复景帝帝号。有历史学家说他能体谅民情，励精图治，俨然为一代明君。琉球、哈密、暹罗、吐鲁番、撒马儿罕等国纷纷入贡。成化二十三年即1487年，万贵妃去世，八月，宪宗过于悲痛而驾崩，时年41岁。葬于北京昌平明茂陵。由他的三子明孝宗继位。但也有历史学家孟森所言，成化时期朝政极其秽乱，只是因为祖宗积下的财富甚多，还不至于扰民，所以尚能称作太平。）朱见深在位时候设立了西厂，人数比东厂多过一倍，他们的侦察范围，除京师之外，更是扩展到了全国各地，甚至是民间小事。本来这三个机构互相牵制，互相制约，就过复杂的了，但皇帝为了更加稳妥，又专门设立了一个内厂，也由皇帝身边的亲信太监直接指挥，除了监视臣民，还监视锦衣卫、东厂、西厂的一切活动。

所以，锦衣卫、东厂、西厂、内厂组成了明代的四大情报特务机构体系，成为皇帝控制、镇压臣民的工具，随着时间推移，厂卫权力扩大，特务情报人员多如牛毛，遍布大街小巷，人们对这些人防不胜防，提心吊胆，别说人们创新型工作，就连正常的工作都缩手缩脚了。比如，有一次，有一个大臣叫钱宰，在家闲来无事，就自吟诗作乐："四鼓咚咚起着衣，午门朝见尚嫌迟。何时得遂田园乐，睡到人间饭熟时。"主要是在描写早上起得太早，要去上早朝很辛苦。结果第二天在朝上见到朱元璋，皇帝直接问他说："你昨天吟的那首诗我觉得有个字可以改一下，把，'嫌'改成'忧'如何呀？"钱宰一听吓出一身冷汗，连忙跪下请罪。幸好那天皇帝心情不错，要不然就要因此而杀头了。还有一次，朱元璋在早朝时忽然问一位大臣，"你昨天在家为什么生气呀？"该大臣觉得很莫名其妙，但是皇帝说出来了，他必须得好好想想，然后想起一件事来，说"哦，想起来了。是昨天仆人打碎了我的一件心爱的茶具，我把他臭骂了一顿。"而后，他问皇帝是怎么知道这事的。朱元璋没有正面回答，而是拿出一张画，他接过来一看，正是他昨天发怒的样子，让他大吃一惊。早朝结束回到家里，他才发现自己的衣服早就被冷汗湿透了。

由此，让笔者想到，一个管理者没有耳目，信息不畅，也难以实现有序管理，但是疑心太重，对谁都不放心，更难发挥人的主观能动性，也难以激发人的创新热情。

人要多一些换位思考

　　一个人，不管处在什么位置上，要经常多一些换位思考，工作和生活的环境就会多一份和谐。然而，我们的生活和工作中往往缺少人们主动的换位思考，于是就出现了许多本不该有的矛盾。

　　在这儿给大家讲个故事：说有一个女孩儿在外面恋爱了，与一个小伙子情投意合，但她母亲死活不同意。有一天女儿回来告诉妈妈，因为妈妈反对她和男朋友恋爱，她的男朋友服安眠药自杀了。母亲一惊："自杀啦？"女儿说："还好，他吃错了药，没死。"母亲说："我早就说过，他这个人马马虎虎，大大咧咧，成不了大事。怎么样，连这点小事都搞错，还怎么能托付终身呢？"母亲就是这个家的管理者，她即使是错了，也不会认错，因为她要顾及一个领导者的面子。然而就是这个面子，害苦了多少人？即使这个企业里的管理者知道自己错了，他也要找一个理由为自己开脱。因为他坚信站在他的立场上看问题，他不会错，错的总是别人。

　　还有这样一个故事：说有一只小猪，一只小羊，一头乳牛，每天被人关在同一个畜栏里，有一次，饲养它们的主人捉住小猪，小猪就号啕大哭，猛烈抗拒。小羊和乳牛就讨厌地说："你号叫什么，主人常常捉住我们，我们并不大呼小叫。你这样叫，都让我们快烦死了"。小猪听了回答说："捉住你们和我完全不同，主人捉你们只是要你们身上的毛和乳汁，但是捉住我，却是要我的命"。小羊和乳牛这时才感到了一丝忧伤。

　　在我们的企业中，常常有这样的时候，管理者总是在批评员工，总认为这么简单的事，怎么总也搞不好呢？比如说安全生产吧，天天说要注意安全，你们怎么在工作中还是造成了许多不安全的事故。有一次隧道塌方死了三个人，有一次出车撞死五个人。那么宽的马路，你怎么就偏往人身上撞呢？是啊，从本质上说他肯定不愿意往人身上撞，可是他怎么就撞上了呢？这个说起来容易，做起来难。我国每年的交通事故死亡人数是 10 万人左右，谁愿意撞上人？出问题了，自有出问题的原因。应该去找一找是车辆质量问题，还是人的思想问题；是工作过于疲劳，还是操作者的技术不熟练所致。一味地批评员工会伤了许多人的心。

　　有一次交通事故后，一位司机吓得几天吃不下饭。后来那位管理者说，别害怕，我们这两天工作太紧张，你也确实太累了，如果头天晚上不让你连续跑长途，那天你可能就不会出事。这都怪我考虑不周。一句简单的话，只是一个换位思考，人的关系轻松了，工作氛围和谐了。打那以后，这位小车司机开车二十八年再也没出过事。因为，每每再有这样的时候，他就会提醒自己注意安全，或者他就会提醒他的上司：我太累了。他的上司这时候就会重新安排。遇事换位思考，这是一种极可贵的品质。

　　在某家企业里有一个人人都羡慕的工作岗位——办公室秘书。可是正在这个岗位上工作的同志却强烈要求调走，该企业的 CEO 大为不解，因为这是一个培养领导的地方，怎么可以轻易放弃呢？太可惜了。企业领导人很想留住这个秘书，可他执意要走。

　　有这样一句话：发现人才是能力，善用人才是本领。一个企业领导人发现了人才却迟迟不用，或者说领导人认为这个秘书还年轻，以后有的是机会，再等等不晚。可他知道这个秘书在想什么吗？白居易有诗曰："试玉要烧三日满，辨材须待七年期。"在识人选人上，七年则太久。一下子考验人家七年，再好的人才恐怕也给耽误了。所以，人才应不分年老年少。老将出马，一个顶俩；新秀上阵，同样能担重任。论资排辈，只讲资格，不讲本领，又让多少人才从少年"排队"排到了中年，多少人才从青丝"排队"排到了白发！站在秘书的角度想一想，给他一个更能发挥他才能的位置，他也许就不会走了。

让员工站到全局想问题

就管理者而言，谁能让他的属下都站在企业全局的高度想问题，谁的员工就能在企业里找到主人翁的感觉，这些员工就必定是热爱企业的人，企业员工的思想就容易被统一起来，企业管理就会轻松得多。试想在这样的企业中，员工何愁没有凝聚力？企业发展何愁无特色？问题是怎样来培育员工能自觉地站在全局的高度思考问题呢？

这里先给读者讲一个三个老汉聊皇帝的故事吧：说有三个老汉一天碰到一起了，于是就聊天，聊着聊着就聊到了皇帝身上。第一个老汉是个拾粪的。他说："如果我当了皇帝，就下令这整条街的粪全部归我；谁去拾就有公差来抓他，如果真是那样儿，我就美了"。？第二个老汉是个砍柴的，他瞪了一眼第一个老汉说："你就知道拾粪，皇帝拾粪干啥？如果我当了皇帝，我就打一把金斧头；天天用金斧头去砍柴，一下准能砍倒一棵树，那会儿我就不这么累了"。第三个老汉是个讨饭的，他听完前两个老汉说的话后哈哈大笑，眼泪都笑出来了；他说："你们两个真有意思，都当了皇帝了，还用得着干活吗？要是我当了皇帝呀，我就天天坐在火炉边吃烤红薯。"哈哈哈哈……，三个老汉都笑了。

从古至今这个笑话一直能流传到现在，是因为它对现实太有讽刺意义了。我们不难从这个笑话里看到，这三个老汉为什么只想眼前的事？是因为他们的眼光只有这么远。再远的事情，就是打死他，他也想不到了。我们企业里不也是有许多这样的"老汉"吗？他们只知道自己岗位的工作，只知道自己身边的事情，谁让他们知道了企业的其他事情？有的企业管理者认为企业里的大事由领导者去想，员工嘛，干好自己的活儿就行了。于是，就把员工的思维圈成了上述的三个老汉。

管理的对象是什么？谁都知道，是人。可是在管理的过程中，有的管理者往往就把他要管理的对象给忘了，而是下大力去制订各种各样的制度，试图通过制度来约束人的行为。那么，每一个员工应该怎么想、怎么做才更好呢？员工不得而知。这，就把员工变成了生产的工具，员工只能站在自己的岗位上想问题，而无法站到企业全局的高度。所以，企业里总需要一个调度员来协调各方面的工作，总需要一个协调员来协调各方面人的思想。而且这两个角色是最累的，也是最不讨好的。虽然干了许多工作，还是难以让人看到他们所干的事情。

　　企业中的管理者应该首先认识到，管理的第一个内容是人文科学，其主体对象应该是对"人"；管理的第二个内容才是按战略设计目标、用制度保证实施的方案；管理的第三个内容才是把人的行为与战略设计目标结合起来实施的过程。由此我们可以得知，企业中的战略思想，目标计划，制度范围，工作方法，这些大事如果只是企业管理者自己知道，或者是管理层的人们知道，那么，企业里的事就应该只由这些人来做；而员工只不过是这些人手中的一些工具而已，你让他们怎么做，就去按什么按钮就可以了。然而，我们的许多管理者却常常批评我们的员工，你怎么不动动脑子？你怎么这么笨？在这样的环境中，在这样的思考范围里，你让这些"老汉们"能想出什么好点子？

　　于是，笔者认为，如果想让员工站在全局的高度思考企业里的问题，就必须把员工看做是一个活生生的人，是一个社会人，是一个文化人，让他们知道企业为什么要制订这样的战略思想，为什么要确立这样的目标计划，为什么要制订这样的规章制度，为什么要用这样的操作方法。把这些东西的来龙去脉都让员工弄明白了，员工自会站在企业全局的高度思考他们手中的工作，定会有出奇的创造力，也必定会形成全员管理的新模式。如此一来，我们将会降低多少管理成本？孙子兵法上说："不谋万事者，不足以谋一事；不谋全局者，不足以谋一域。"说的就是这个道理。

关于"木桶理论"的新说

传统的木桶理论认为：一只木桶能够装多少水，取决于最短的一块木板的长度。近年来这一理论在企业管理中不断影响着管理者的思维定式。随着社会的发展和创新观念的提出，我个人认为，一个企业能否获得更好更快的发展，木桶上的长板起着关键的作用，而不取决于短板。如果一个企业的领导者只把目光盯在短板上，只会影响这个企业的快速发展。因为长板在企业中起着引领的作用，而短板在长板的引领中也不过就是个弥补。传统木桶理论的意义在于，它使人认识到，组织、个人的某项能力不足，使企业开始检讨企业的薄弱环节，从而指导企业应从那里纠正自己的战略、行为和制度。但如果一个企业花大量精力只在纠正自己的不足，而不去更多想一想自己应从哪些方面创造，就无法获得更好更快的发展。

长期以来民间一直流传着这样一个故事：说古时候有一个秀才偶尔得到一副象牙筷子，他觉得这筷子很高档，应该配一个适合这双筷子的碗，于是，他扔掉瓷碗花大钱让人做了一个玉碗。当他端着玉碗，拿着象牙筷子吃饭的时候心里特别满意。但时过不久，他又发现家中的木饭桌配不上这个玉碗和这双象牙筷子，把这样的碗筷摆在桌子上进食有失体面，于是他借钱来制作了一个银桌子；再往后，他又觉得还有不足，就又花钱做了一把金椅子。这下他想完美无缺了，可没想到该吃饭的时候，他连买米的钱都没有，只能白天拿着玉碗、象牙筷子沿街乞讨，夜晚头枕着金椅子睡在那张银桌子上，穷困潦倒的日子使他百思不得其解，蒙眬之中他在问自己，我怎么会走到这一步？我在不断地完善自己，难道这错了吗？我还有哪些不足？

哦，可悲就可悲在他连自己是怎么走到这一步的都不知道，直到现在，他还在想他有哪里不足，他还在什么方存在着短板。这是一个极其荒唐的故事，但现实中却仍有不少企业依旧在做着此类荒唐的事情。他们只看重自己的短处，却看不到自己的长处，更谈不上发展自己的长处，实在是令人哭笑不得。其实，放弃或忽视自己的长板，着力去补足自己的短板，这恰是风险的开始。

一个企业真的想回避风险，更应该看重自己的长处，发展自己的长处，让自己的长处引领自己的短处。长处会更长，短处会跟着加长。这才是创造性的企业，这才是创新型的企业，这也才是具有竞争力的企业。还有一个老故事：从前有两只羊，一个聪明好学，多才多艺，除了吃草，他经常给主人唱歌、跳舞，时不时还翻个跟头让主人开心，于是，主人总是把它放在自己身边，好草选给他吃，也同时看它逗乐。于是这只羊嘲笑另一只羊：怎么样？我在平地吃草，你却要如此辛苦地跑到山头上去找草。另一只羊说：你别忘了，平地的草是会吃完的，而山上的草是吃不完的。要想活到老，吃得好，就得有能力跑到各个山头去。善跑是我的长项。你要是想到山顶上去看看那山的风光，你还得跟着我练跑。那只羊说，我的长项是艺术，我无论怎么跑也跑不过你，我干脆不跑了。于是它天天早上练嗓子、练舞步，真就练成了专家。而另一只羊天天为了寻找新鲜的草，到处奔跑，真就练成了长跑短跑的冠军。有一天动物园的人听说有这样两只不同的羊，就到草原上来找它们。正好碰上一群狼正在围攻这两只羊。爱艺术的羊在给狼唱歌、跳舞，拖延时间，以寻求人的帮助；另一只羊见势不好，撒腿就跑，一个山头，又一个山头，让狼感到很无奈。这一只羊说：你们看看，我给你们唱歌、跳舞你们还要吃我，跑了的不就跑了吗，你们能有什么奈何？早知你们不吃跑的，我早就不给你们唱歌了。狼听来也是，于是分了两组去追赶另一只羊。这时动物园的人来，不但赶走了看守它的狼，还把它带进了动物园。它这一下像进了天堂。没过几天，它在动物园里也见到了它的另一个同伴。这是它们各自拉长自己长板的结果。

据说1992年格兰仕集团从创建之初，最大的优势是它的成本优势。格兰仕不但利用日本东芝搬来的设备大批量生产，而且使用低劳动成本的人，材料采购实行垄断。这些低成本使格兰仕在市场上获得了很大的利润。格兰仕抓住自己的长板，通过价格战迅速占领市场。谁敢与它拼战，它就杀个30%给你看，谁顶不住谁退场，把你杀出了市场，它再改进，再升级，再涨价。就凭这一点，格兰仕占有了全球微波炉市场份额的35%。这就是它的长项。

再看看某一家建筑企业，由于企业中人才匮乏，许多人总是埋怨活儿干不好是工人的素质不高。上级强调，那对员工进行培训呀。还是那些人又说，人到中年了，教他们学什么也学不进去。似乎他们发现了自己企业中的短板，但却不愿意去补短板。其实，作者认为，他们不但没有找准自己的短板，更没有发现自己的长板。后来这家企业来了另一个CEO，他强调，先不管素质不高的员工,而是加速引进人才,让企业中原有的人才感到危机;另一方面,在企业中培训人才,让有上进心的人有获得学习的机会;然后再在企业中大张旗鼓地重奖人才,让后进者看到人才的回报。早在1990年企业就敢奖给一个能人50万元。从那时起,企业中的创新成果不断涌现,企业成本不断降低,企业年利润不断上升。这时候人们才发现,原本没有学历的人都去夜大、职校上学去了,还有的人参加了自学高考。这时候人们再也没人说中年人学不进去了,每每下班之后,人们总能在图书室里看到许多中年人的身影。通过学习,员工们思想上受到了启发,在一次铁路既有线施工中(既有线指——该铁路线上跑着火车,在火车不停的运输空间施工或在这条铁路线旁边重新定条新线的施工都叫既有线施工),为了加大原有铁路的运载量和运载速度,需要对这条原有铁路进行加固,必须在原有的铁路线上打无数个挤密桩。5公里铁路需要打一万多个两米深的水泥桩,但时间只有三个月。三个月的工期如果按照常规施工法,三个人一天只能打3个眼,用人工如推磨似的钻眼,无论如何也打不完,最少需要八个月时间。但是,业主只给了三个月。如果三个月打不完,不但违背了企业合同,也会使施工企业信誉受到损害。施工企业一旦没有了信誉,也就再也承揽不到任务,结果就是关门倒闭。为了企业信誉和利益,一位中年员工在手扶拖拉机倒退时受到启发,运用自己所学知识,改装了一台挤密桩钻孔机,每三分钟打一个两米深的孔,比原来的工效一下子提高了50倍。不但减轻了员工的劳动强度,而且大大提高了速度。

由此可见,企业在社会大潮中的竞争都说是人才的竞争,其实,人才是从学习力开始的。你只要敢于并善于拉长你的长板,短板自然会跟着长板长起来。如果你的长板长得越快,短板同样跟着长得也越快。所以,决定一个企业发展的快慢,不是取决于它的短板,而是取决于它的长板拉长的速度。长板就是特色,特色就是旗帜,旗帜可以引领他人,突显发展。

培育习惯从制度开始

无论是生活还是工作，习惯了就成了自然，成为自然就认为是正确的了。然而，随着社会的不断发展，有时候形成习惯的东西也未必就是正确的，但要改变这种习惯就很困难。在这种情况下，必须改变这样的习惯时，就需要采取强硬的制度，而制度先行往往行之有效。

以前，中铁十六局集团二公司天津地铁项目部每月发工资的时候，对于一些在施工过程中不遵守安全规章制度而进行处罚，总附有一张图片作为证据，领工资人在证据面前不得不接受罚款处理。后来，这样的罚款证据在月底发工资时悄然消失了，这是为什么呢？

该单位在修建天津地铁时，项目部同时承担着两个标段，于2008年初同时开工，开工之初就制订了详尽的安全管理规定，3亿多元的投资工期只有两年，在城市施工干扰大，误工期长，一旦开工，工期就特别紧张，尽管带班人一再强调安全，但员工在施工过程中为了方便总是忽视安全。有一次有位工班长在组织开挖深基坑时（按规定不许站在基坑边一米的地方），他为了指挥方便就站到了基坑边上。安全员当时指出了他的违规行为，并通知他罚款10元，因为他是工班长，如果不罚他，不但不能引起他的注意，他今后也不好管理他工班的员工。可是到月底领工资时，他并不承认自己违章。他说："凭什么说我违规？"安全员拿不出罚款的证据，也找不出证明人。其实，他当时纠正这位工班长的行为时，现场明明有好几个人在场，但这些人这时都不出面作证。所以就因为这10元钱大家搞得面红耳赤。官司打到了项目长办公室，一个说有违章，一个说没有违章，各说各有理，最后只好不了了之。后来，项目部给每个安全员配备了一台小型数码照相机，当在现场发现有人违规时，先把违规情景照下来，月底在发工资时作为罚款证据附在罚款单上。这样，就没有任何可争议的了。

有一次，小林在脚手架旁搞电焊，嫌低头工作戴着安全帽不方便，就把帽子摘下来放到一边继续工作。安全员把这种情况拍入镜头，然后告诫他："你上面有脚手架，还有人员在上面施工，万一有什么东西掉下来，你就不安全了。请你马上戴好安全帽并接受罚款。"

小林知道他刚才的行为已经被照相机拍了下来，也没法再抵赖，就立即纠正自己的过失，并向安全员说情："对不起，我错了，下次不会再犯了，这次就别罚了。"

"不是我想罚你，而是为你的安全负责，这是我的责任。如果像这样的情况被领导看见了，而我却不罚你，领导就要处罚我了。"

"这不刚才没有领导看见嘛。"

这位安全员心想：是啊，小林已经有决心改正了，也没有领导看见，不罚也是可以的，只要他把相机里的这个镜头删除就可以。然而，他思虑再三，为了维护规章制度的严肃性，为了引起员工对安全操作规程的自觉遵守，月底发工资时还是让小林拿到了那张附有证据的罚款单。尽管小林心里对安全员有怨，但还是签字接受了处罚。

那年是企业的安全年，项目部对员工实施了各种安全教育，起初，人们都是左耳朵听右耳朵冒，谁该怎么干还怎么干，以前怎么干现在还怎么干；自从项目上采取这种取证处罚方法后，连续几个月，安全员在现场拍下了一些员工高空作业不系安全带的，不戴安全帽的，翻越栏杆的，在深基坑边缘观望的等等，说到做到，月底发工资就处罚，在证据面前，人人无话可辩驳。

其实，该项目部还有许多安全规定：比如，项目部每人每月交一百元安全风险金，月底不出事双倍返还，如果当月出现事故，就没收风险金。还有安全质量部门的人员每人每月交风险金二百元，每月对三个不同的现场进行评比，用这样的资金作为评比奖励与处罚的资金，也大大地促进了业务人员大胆负责、认真工作的热情与态度。一开始这样做时，被罚者心中还有点怨气，现在人们把自觉遵守安全规程当成了一种习惯，安全员尽管天天在现场纠察，月底发工资时也看不到被罚款的了。项目长胡昌玉感慨地说："因为大家都按规范操作，不仅是安全上不出事，我们工作中的矛盾少了，进度也加快了，现场布置、材料堆放都整整齐齐。天津市地铁总公司来检查我们的工作，在看了我们的现场和资料后说，我们的文明施工程度在全线是最好的，并提醒我们申报天津市的文明工地样板。这是业主第一次要求施工单位向他们申报奖励。真的，心中有一种说不出的自豪。"

由此，笔者深深地体会到，培育人们的一种习惯有两种方式，一是培育新人由引导切入，二是培育成年人从制度开始。

提防在你面前只说好话的人

从古至今，好像谁都爱听好听话，不管别人说的这种好听话是不是真实的，起码让听者当时感到舒服，也就不再多想。也许被夸奖的人知道别人夸他的是假话，但这假话也让他在人前装足了面子，也就认可了别人说假话。说假话的人以为别人信他的假话都是真话，往后也就更多地把奉承话当成真话说。听假话的人听多了，也就把假话当成真话听了。并把说假话的人当成了亲信或朋友。什么好事都让这些"亲信或朋友"享有着，于是，官场上一些"老道"的"能人"在总结人生的经验时就推崇了"尽拣好听的说，老佛爷准喜欢"的经验之谈。可是，时下，人们好像进入了一个以经济收入的多少来衡量一个人成功标准的年代，恐怕在你面前只说好听话的人，你就该十分高度地警觉起来。否则，你明天丢掉的就不仅仅是你手中的权力，恐怕还会断送你的政治生涯以及你的全部自信。

记得有一次企业里刚刚开完年度工作会。会上的内容大约有这样几句话：去年的成绩很辉煌，今年的任务压力大，需要大家齐奋斗，拼搏时注意安全，市场发展需要质量。其实，会议中心内容就这么几句话，反过来调过去，你说一遍，他再说一遍，别的人再强调一遍，后面的人再要求一遍，最后还有人再指示一遍……有几个同事正在我办公室里感叹这会没什么意义，年年都是这两句，年年都还是这些人，一次会开了三四天，大家坐都坐烦了。正在这个时候，有位领导正从此走过，听到这里面很热闹，便走进来。却不知他一来，大家正说的热闹劲儿戛然而止。领导便问："你们正在谈论什么？"

大家面面相觑，半晌无语，虽然也只有几分钟的冷场，但那凝聚的空气让人觉得窒息而又漫长。还是有位同事打破了僵局，"我们正在说今年开会的事。"

领导接着就问："你们觉得今年的会开得怎么样呀？"

同事们几乎同时回答：很好，会议充满激情；今年的会议秩序也比往年都好。会上真实地总结了去年的成绩，也指出了今年的问题，看得出来领导们都充满信心。

不知道这位领导能不能听出音来，我一听这话就是假话。因为他们和刚才说的完全是两个调子。后来领导直接问我:"你觉得今年的会开的如何?"

由于受同事们的影响,我觉得自己还是转个弯再说:"会议应该说开的还行,只是我觉得还缺点东西。"

"缺点什么?"

我说:"缺点让大家能够看得见摸得着的东西,比如,企业的共同愿景,让大家能够感受到在这个企业里工作的希望。"

这位领导马上就说:"你不知道,有的话是能做不能说,有的话是能说不能做。说过了做不到,年底难看;说不到位对大家没有吸引力。"

"对对对!"有两个同事马上附和着领导的话说,"这事不是领导一个人说了算,那首先得统一整个班子的思想,现在的人各想各的事,你让领导在会上把这话说出去,年底万一实现不了,那不是自己打自己的脸嘛。再说,那也会给一些存心不良的人留下钻空子的空间。"这时候,我看得出来,他们在说这话时,那位领导却向他们投去了一种赞许的目光。真的,两年之后,那两位同事在这位领导的"培养"下都有了不同程度的进步,而我依然是原来的我。又过了一年,这样的企业管理者就是在这样的声音包围中沾沾自喜,而他们的上层领导却认为他们业绩连年下滑而将他们集体更换了。这事儿只是在数年后的一次聚会中偶尔谈起,也勾起我对一个寓言故事的回想。

我很小的时候就听过这样一个故事:一个饥饿的狮子在森林里觅食时发现了一头壮实的公牛在地上吃草。它正想扑上去饱餐一顿,突然发现公牛有两只坚硬的牛角。它自言自语地说:"要是公牛没有那两只角该多好呀。我如果不把它那两只角搞掉,它也许会把我扔到月亮上去。"于是,它想了一个好主意。狮子鬼鬼祟祟地侧着身子走到公牛身边,用极友好地语气说:"公牛先生,你的头可真漂亮呀,要是没有那两只支起的角,会更显得平整光滑而又圆润,希望你不要介意,我也只是随便说说。"狮子停了一会,看公牛没有什么反应,也没有要伤害它的意思,就又接着说:"你看看,你的肩膀多么宽阔,你的身体多么结实,你的腿和你的蹄子多么有力量呀,你全身上下都是让我们羡慕的地方,不过,如果我可以这样说的话,我就不明白你怎么能够受得了这两只角呢。这两只角一定叫你十分头痛,而且也使你的外貌受到了严重的损害,不是吗?假如你没有这两只角,也许我和其他许多同类都会喜欢你的。"

"你认为是这样吗?"公牛说,"我可从来没有想过这一点。不过,经你这么一提,我的心里开始动摇了,也许这两只角着实让我感到有时候它是碍事的。它真的会有损我的外貌吗?哞——"

狮子说："对不起，我只是想为了你更加美丽，多嘴多舌地指出了你不完美的地方，你可千万别怪罪我哟。其实，世界上本就没有完美的事情存在。"狮子说完悄悄溜走了。它躲藏在大树后面偷偷地窥探着公牛的一举一动。

当狮子在它眼前的时候，公牛没有显现出什么特别的举动；当狮子走后，公牛的心里翻腾起来：我去了这两只角就会更好看吗？一会儿，它把自己的脑袋使劲儿往石头上撞，一只角撞碎了，另一只角也撞碎了，公牛的头一会儿就变得平整光秃了。它想，下一次再见到狮子，也许它们就会爱上我了。

"哈哈哈哈……"狮子这时大笑着从大树后面走出来，大吼一声："现在我可逮住你了，多谢你把两只角都碰坏了！我从前没有攻击你，正是这两只角妨碍了我啊。"这时候公牛想用两只角来攻击对方，可已经不可能了。

公牛不对自己生长的特点进行深入分析，胡乱听信了别人的赞美，以为这就是事实，结果使自己断送了生命。当狮子咬住它的脖子，它开始清醒的时候已经来不及了。所以，一个人在管理者位置上坐久了，对许多只是赞美你的话就该深入地想一想。尤其是当你的属下只在赞美你而又从来也不提出反对意见的时候，你就该思考一下你是什么地方引导人们只来讨好于你。否则，你的生命受到不同程度的损害就为时不远了。

为此，管理者必须时刻保持头脑清醒，不要被一时的花言巧语眯住了眼睛。有一个寓言故事叫《小偷与狗》，这个故事中说一个小偷想到一户人家去偷东西，但它知道这户人家有一只凶猛的狗，于是他带了一口袋肉，到那里后狗一叫，他就给它扔一块肉，他以为这样就可以堵住狗的嘴，可他没想到，这个狗比他还聪明：狗一看到小偷就认为他是一个可疑的家伙，而这个人又对它格外大方，如此大方的举动让狗产生了"这人一定居心不良"，于是，它大喊着，"你快滚吧，要不然我就把你撕碎。"

狗，忠诚的名声保住了，主人也更加喜欢它，并不断地奖励它，逢人便夸，"它真是我的好伙伴。"

我们不难想象，一条狗都可以这样，况乎人呢。

我在日常生活中也常常听到一些人们在他们的上司面前夸赞他们的上司：你说得太对了，你真不愧为我们的领导，一眼就看出了这个问题的实质，要是我呀，还真看不出来。你就是比我们站得高，你就是比我们看得远，你就是比我们想得细，你就是比我们聪明得多……

如果这时，这个管理者是清醒的，他就该调整他的工作方法，就该对这个人的赞美多一些防犯；如果这时，这个管理者是糊涂的，他就会觉得他是这个人群里最聪明的人，他说的话别人就该听，他做的事别人就该夸。

用好人的私心也出效益

在市场经济条件下讲无私奉献，许多时候都显得苍白无力。你让员工去加班却不给他加班费，下次再叫他就不去了；你让他无私捐出钱财，却不对他的捐献给予大力表彰，他下次就不捐了。你这时批评他没有把组织的利益放在第一位，没有把组织的荣誉放在第一位，有时候，连自己都张不开这个口，即使是逼着自己把这话说了，但都觉得特没有味道。问题就出在人的自私性是一种本能。让别人无私奉献的时候，自己并不一定愿意奉献；强调别人对自己宽容的时候，自己并不一定愿意对别人宽容。这是人固有的自利性。如果能认识到人的这种本性，并用好人的自利性，有时候也会产生好的效果。

春秋时期，楚国让孙叔敖到苟陂县一带去修建一条南北水渠。这是一条又宽又长的水渠，可以灌溉沿线的所有万亩农田，可是一到天旱时节，农民就在渠水退去的堤岸边上种植庄稼，还有的人甚至就把农作物种到了堤中央。等到雨水再多起来时，这些农民为了保住庄稼，便偷偷在堤坝上挖口子放水，这样的情况越来越严重，一条辛辛苦苦挖成的水渠被弄得遍体鳞伤，面目全非，因为决口而经常在下游发生水灾，下游群众苦不堪言。为了解决这个问题，历代官员都感到十分无奈。每当渠水暴涨成灾时，当地行政官员便调动大量军队去抢修堤坝，堵塞漏洞。后来宋代李若谷出任该县知县后，也碰到了决堤修坝这个难题，他便贴出告示：从今年开始，凡是堤坝决口，不再调动军队修堤，而只抽调沿渠百姓义务劳动，堵塞决口修堤坝，直到修好。这个布告公布以后，再也没有发生过人们偷偷去挖堤放水的事了。可见，人的自私不全是坏事，只要你用好了，一样可以成为好事，问题在于我们怎么根据人的自私性来出台政策，根据人的利己性来实施管理。

我们再来看一个寓言故事《农夫和他的孩子》：有一农夫在临死之前，把所有的儿子都叫到床前宣布他的最后遗言。他说："孩子们，你们都是我的好孩子。我就要离开人世了，但我也没有什么像样的东西送给你们，我相信，你们将来会在我们家的葡萄园里找到我埋的财宝。"说完后，老人便闭住眼睛死了。

农夫死后，几个儿子先是安葬了老人，而后悄悄拿着铁锹、锄头以及他们能够找到的工具，在葡萄园里挖掘起来。他们把土翻了一遍又一遍，一直挖到黑色的肥沃土壤，还把大土块都敲碎，心里想着，万一在土块里藏着一袋硬币呢。结果他们却没有发现藏在土地里的财宝，但土地经过他们的彻底深翻之后，对葡萄的生长大有好处，那年，他们生产的葡萄比往年都多。兄弟们除卖了大量的葡萄，还酿了大量的葡萄酒。在当年葡萄生长的过程中，当地人看得出他们家的葡萄长得最好，所以，都认为他们家的酒也是用最好的葡萄酿成的，也都愿意买他们家的酒。那年，他们兄弟几个发了一笔财。到年底时，兄弟们才闲下来想：今年怎么这么"火"？他们想起父亲临终前说的话，才理解了父亲用心良苦。

这些故事都充分说明，私心并不完全是坏事，这要看我们的管理者在出台一些政策的时候，是不是想到了人的利己性，从人的利己性一面制定政策，从人的利己性一面给予一些激励，也同样会产生很好的效果，并能从一定程度上培育人的成长。

管理者，如何保护好你自己？

中国有个文化：不想当将军的兵，不是好兵。于是，市场经济条件下这样的文化就引导众人都朝着"官"的方向奔来，大多数人不为别的，只为了两样，一样是管别人，一样是多拿钱。这个"官"一旦当上了，多数人就再也不想失去这个地位。那么，怎么来保护自己的这个地位呢？

在我们的工作与生活习惯里，一般都是谁和管理者说得来，表现出对管理者的话唯命是从，愿意鞍前马后跟着管理者走的人，管理者往往把他当成最可靠的人，自然这人在后来就会在工作上得到提拔、重用，在生活上得到格外的照顾。然而，却不知许多高官倒台的最终原因都是最了解他的人出卖了他。

某省一国税局局长，从小家境贫寒，上大学时家里卖掉一口锅、卖了四只鸭，给他凑了17元钱。当他得知这钱是这样来的时候，泪如雨下。他那时就立志一定要好好学习，努力工作，正正派派做人，将来报答自己的亲人。于是，他一步步走到了省国税局局长这个位置上。但当他手中有了权力的时候，谁在他面前表现得"听话"，就认为这是好人；谁在他面前表现得观点相同，就认为这是"一路人"。他们外出时经常同行，办事时经常同办，吃饭时经常同吃，后来就将此人提拔到了副局长的位置上，再后来提拔人员时经常同收他人钱财。尽管他认为他是局长，应该收得比副局长多点，这是常理，他们两个人就是一根绳上的蚂蚱，谁也跑不了，谁也不会举报谁。可是他万万没想到，有一次这个副局长被一个包工头举报了。说副局长答应给他一段高速公路工程干，但他必须给他现金100万，他给了，但这位副局长没有兑现。事发之后检察院查下来，当让副局长检举立功减轻罪行时，他就把局长以前所做的事儿都说出来了。检察院直奔局长家，在他家搜出2000多万元，局长面对他的"一路人"朋友，真的不知道说什么好。他朝副局长吐了一口，说："我恨不能咬死你。"再后来他又说："我错把坏人当好人了。"再后来记者在监狱采访他时，他又说："我悔恨自己走上了这条路。"

这个故事说明，了解你的越多，检举的时候就越一针见血。为什么会出现这样的结局呢？其实，中国还有个文化：能同苦，但不能同甘。我们来看个寓言故事吧。《过路的人和金子》说的是两个人在一起走，突然有一个人看见地上有个装满钱的钱包，他急步窜上去拣起来，看到里面有厚厚一叠钱，说：我拣到一个钱包。说完就马上掖在自己的腰里。

而另一个人说：别说"我"，说"我们"，是我们俩同时看到的。

不，是我先看到的，也是我拣起来的。

不管谁先看到，中国有句古话：见一面分一半。见者有份。

就在他们俩争执之时，失者回来找钱包了，正好听到他们两个人在说话，也看到前者掖在腰里的钱，就大喊："小偷，这个人偷了我的钱包。"这人一嗓子，喊来了好多人，就有人要上去拧他的胳膊。

在这种紧急情况下，拿着钱的这个人说：我们怎么办呢，这下搞不好我们会遇到很多麻烦。

那个同伴说：别说"我们"呀，你不分金子给我，我也不和你分担麻烦。

从这个故事里我们不难看出，在没有出事的时候什么都好说，一旦出事之后，大多数人还是各保各的命。那么，我们今天的管理者究竟应该怎样来保护自己呢？我在网上看了这样一个案例：《我讨厌你，但我提拔你》。有一次，和一位老总聊天，他跟我讲了一个真实的故事。他说：我们公司有一位财务处长，业务上应该说还算过硬，就是爱抖个机灵、喜欢算计别人，很多人都不太喜欢他。一年前，他还是财务副处长时，发生了一次违规的事，气得我几乎把他给开了：我们的一家大客户，要对一笔数额很大的业务付款方式做大的改变，他竟在我和有关负责人都不知的情况下，答应并办理了相关手续。要知道那笔业务的回款对我们公司的资金周转影响很大。他这么做给公司的经营带来了很大的麻烦。当时我很生气，就找到他并勒令他限期把这个问题给解决了，否则，他将会受到严厉的惩罚。他也算有种，竟在限期内解决了。打这以后，这家伙做事规矩多了，但却从此心怀不满，竟把我像贼一样地盯着。

我很恼火，烦透了，就想把他给开了。但多年的领导工作经验告诉我：不能把在气头上、冲动时的决定马上付诸实施，那很危险。于是，这件事在我心里转了足有一个星期。一个星期之后，我改变了主意：任命他为财务处处长。

你一定以为我是疯了。不，我经过深思熟虑的。我承认我没有宰相肚里能撑船的涵养；我也不想去笼络他，为我一己服务。我考虑更多的是我的前程。我看到了太多的老总因私欲的膨胀和一言堂的组织氛围，滑向了深渊。我先后担任过几家国企的厂长，现在又成功地领导了企业改制，我自己感觉很好，周围的人都对我唯命是从。我知道一个领导在这个时候是很容易忘形的，我的朋友也这样提醒过我。但直到遇到这位财务副处长的问题，并经过了一个星期的思考后，我才真正意识到，我需要有一双眼睛盯着我，当我走偏时，喊上一嗓子，即使那一嗓子是恶狠狠的。

于是，我找到这位财务处副处长，认真地告诉他："我很烦你，甚至是讨厌你，但我将马上任命你为财务处处长。有你的存在，我不会也不敢胡作非为。但同时我也要告诉你：不要让我抓着你半点不规矩的事，否则，你死定了！"

从那以后，他的工作很认真、也很规范。而我呢，虽然感到不那么方便，但心里却很踏实。

这个故事告诉我们：让反对我们的人提醒我们哪里没有做好，是最准确的；如果我们肯吸收他们的意见，就是对我们最好的保护。

心中的格局

有人说，一个人心有多大，事儿就能做多大。有人信，有人不信，于是就有了话题。

我曾有一个朋友的朋友做了一家企业的董事长，在这个到处充满实惠的经济然年代，董事长可为极度风光。有一天，朋友请这位董事长聚会，我也被邀为其中。在餐桌上他向大家表述了一个观点：当官就要说了算！看得出来，他说这话时心中那份自豪溢于言表。

我不解，"请问，你想要说了什么算？"

"什么都要说了算。"

哇——我心中既无限羡慕又充满担忧，我希望他能讲个例子来说明。

他就讲了个故事给我们听。说有一天他和班子中成员正在谈论别的事时谈起前几天有两个车间为了争夺一车材料，两个班长打起架来了，后来形成两军对垒，并且气势磅礴，幸亏有班子成员及时赶到，才制止了一场本不该发生的群体打斗。由于他们打架的原因都是为了争材料，赶工作，有班子成员出面在中间和解一下，二位握手言欢了。

他一听这个事，马上说："这么大的事，我怎么不知道？你们为什么不向我汇报？动手打人这是一个极为恶劣的行为，在我们的企业里怎么能让这样的事情发生？应该狠狠地处罚这两个打架的人。以后再有这样的事儿，你们都要及时向我汇报。"

他说，他之所以这样做，就是因为他刚上任，别人不把他当回事，有什么事也不请示，也不报告，自己想怎么做就怎么做，他要收回这个权力，改变以往的"坏毛病"。

当他说这番话的时候我能感受到他收回权力后的自豪与快感。

而此后，我在这个企业里了解到，也就是从那时起，在这家企业里，人们有什么事都主动向他汇报，等待他决策后再去做。如果他不表态，人们就等着。他先是觉得当董事长真好，什么都说了算，别人都听他的，都是他的属下，都听他支配。他有一种人生成就的快感。可是，好景不长，一个单位里的大事小事太多了，向他汇报工作的人开始排着长队，基层单位也到处"着火"，任何地方"着火"之后都需要他亲自去"救火"。如果他不到，别人就"扑不灭这火"。渐渐地他开始产生了烦恼，开大会小会时总要把一些人批一通：我让你们在这个岗位上干什么？在这个岗位上却负不起这个岗位上的责任，你凭什么在这个岗位上当经理？

是啊，他批是批了，可以后还是有什么事都得向他汇报。还是要他去"救火"。他实在是太累了，太辛苦了。有一天他在开会时说：现在的企业领导难呀，就像一头驴，拉车拉累了，趴在地上不起来了，主人说前面有一片青草，驴不理；你再不起来我杀了你，驴还不理；主人又说：你再不起来，我就让你到企业里去当董事长，那驴忽一下站起来撒腿就跑。为什么呀？董事长什么心都要操，如此艰辛的工作，谁受得了？

当他在会上说这番话时，下面有人议论：既然这么不好干，为什么还有那么多人想当董事长呢？

这让我想起了一个禅宗的故事。弟子问师父"都说人心有大有小，心到底有多大，到底有多小？"

师父说："你把眼睛闭起来，用心来造一座城池，看看你能造多大。"

弟子于是闭上眼睛开始想象宫墙万仞，深深的护城河以及其中的亭台楼阁，花草树木……他越想越觉得他建造的这座城池才是一座最美的城池。这时，师父又对他说："你再闭上眼，用心造一根毫毛。"弟子又遵照师父说的去想象。过了一会儿，师父问他："你刚才想象的大城池与小毫毛都是用心去做的吗？"

他回答说："是的，即使是一根小毫毛我心也不能同时再想别的事情，因为我想把它做好。"

师父说："如果真是这样，你就该体会到心有大有小了吧。这个世界可以无限辽阔，人心无疆，当你有了这种辽阔的使命，就能够穿越沧桑，造一座城池，你就不会被眼前的小事困扰，你会朝着一个明确的目标一生奋勇向前。但是，在我们的生活里也有许多像毫毛一样的小事有时也会影响你的精力，比如和同事拌嘴，比如提升你的职务，比如你的心中烦恼等等，哪怕是很小的一件事也有可能牵涉你很大的精力，或者说陪伴你一生。"

是的，这件事让我们想到了人生的格局，无论你是管理者，还是一名普通员工，都应该在自己的心中建立一种格局，想做大事就建大格局，建立天格、地格、人格的大格局。我们常说某某看问题有局限性，局限就是小格局，由于你总是处在小格局中，被一些事务局限了你的思维，牵涉了你的精力，把许多小事当成大事。这个小格局不是别人给你制造的，而是你自己给自己设置的障碍。这就是说的人们心中的格局。

  其实，企业的领导与管理有着天然的联系，但也存在着本质的区别，领导的主要任务是把握企业向什么方向发展，是个决策人，是制定目标的人，重在管人，重在推动变革和创新；其目标是做正确的事，任务是做人的工作，更多关注的事应该是人的精神和思想。而管理者重在管事，其行为方式主要是计划、控制、监督，主要任务是按照既定的目标完成规定的任务，把事情做正确。一个企业的领导与管理者从理论上弄懂了这个联系与区别，也好在自己的心中设立一个适合自己工作的格局，来指导自己的行为，做好自己的工作。

第二节　管理者的真情源

要想管理好一个组织，管理者必须付出真情，真心为你团队中的每一个人着想，与他们的心灵沟通，让他们心中温暖，使他们看到希望，就像让幼小的树苗得到阳光，让干旱的土地得到雨露。虚情假意地对待你组织中的人，只能是在伤害别人的同时也伤害你自己。付诸真情，其实就是培育员工自觉创造性工作的力量之源。本节将告诉你如何真情相对自己的下属。

大政在民，小政在朝

人人都想做大事，但许多人却不知道怎么做大事。多数人把每天处理身边的麻烦事当做大事，好像不马上处理这些事就会阻挡他的前程，耽误他的大事，或者是影响他的情绪，或者是使他无法安心继续做其他事情等等，但古人早就告诫我们，"大政在民，小政在朝"。然而，又有多少人在实际工作中又真正领悟到了它的深刻意义呢？

有一家企业年年都要召开职工代表大会，而在这个特殊的会上，规定企业领导班子成员要向职工代表述职，而后请职工代表给每个领导者打分，分值为、合格、基本合格、不合格。如果基本合格率达不到60%以上，被视为不称职领导，会被严重警告，如果第二年职工代表的打分率仍然低于60%，将被降级处理并调离原岗位。所以，每逢到了召开职工代表大会的时候，领导们面对职工，一改往日满脸严肃，脸上推起的笑容格外灿烂。有一位企业领导平时对职工总以批评为主，好像每一个职工都不称职，工作都不努力，如果有谁找到他提出个人困难，他不是想办法帮助解决，而是以不顾大局、不思进取、平时不努力等借口，把职工教训一顿，无论走到哪里，似乎是人没到，挺着的大肚子先到，马列主义总是对着别人，而从不对着自己，被职工视为夸夸其谈的人。像这样一个人竟然还能被提拔到企业的领导岗位上来，群众不服，每到年底召开职工代表大会时，这位领导就如坐针毡。他常常在这之前要请一些在他看来是朋友的人吃饭，而这些朋友中多是职工代表，他虽不直接说让大家投他一票，但他会让其中的某一位同志给大家传个话，表明他对朋友们的关怀，表明他很重视朋友们的情分之类，提醒那些曾为他们"办过事"的人今后还想请他为他们办事，就必须得投一票。尽管如此，他的最后得票率，基本称职分也能达到60%——70%，按照企业规定，这个分数虽然很低，但也足以在这个位置上维持。代表打分一旦公布，他达到了（哪怕是最低的）这个线，他也会如释重负，长出一口气，虽然当时有一点脸红（排名最后），但毕竟还是如愿以偿了。这样的会议一结束，他便又开始耀武扬威，处处摆起架子，当众指责某个人的过错，显得天下只有他才是最聪明、最完美、最优秀的人。但是他却在一些人眼里是个很讨厌的人。虽然人们讨厌，但由于他"朝里"有人，品质不好也可当官，私心太重还可当官，当官不为民办事，只为对他有用的人办事，依然可以做官，可他做这种官，做得实在太累了。

而另一位与他"同朝为官"的人平时看不到他为某个人办什么私事，也看不到这个人私下与哪些人亲近，也从来看不到会前他为了拉几张选票到处请客，但每次票数统计，他几乎都是满票，连续数年，他的职工信任票就从来也没有低于过98%。其实在这个班子里，有人都想让他让出位子，可每次考评完都让上级领导下不了决心，找不到要调整他的理由。于是他"江山"稳固。他究竟做了什么，会让自己如此稳定？在采访中，几位职工代表给我讲了同一个答案：这位企业领导在位期间职工收入年年有增加，企业订单和年完成产值年年提升，在当今社会子女就业困难时，他在大会上鼓励职工子女考大学时多报与企业所需人才相同的专业，毕业后优先择优录取职工子女，并适时在职工子女中招收因成绩低而没有考上大学的青年到企业中充实一线工作，解决了职工子女就业难的问题，从根本上解决了职工的后顾之忧。该企业领导看上去从不为某一个人办什么事，但他光明磊落，对人公平，不偏不向，为解决职工困难积极倡导出台有利于职工发展的政策，而不是特批照顾某个人。所以，大家都愿意投他的票。这让我想到这样一句话，大爱不言爱，是真爱。几年后，这位同志，从企业中的一个副职上任为总经理、董事长，而且地位巩固。在他领导下，这个企业获得了长足的发展，群众生活也得到了极大的改善。他从不在班子中考虑拉帮结派，但他总是得到上级的表扬与下级的称颂，每次调整班子人员，许多同志人心惶惶，他从不为此而多虑，上级让他在这个位置上做，他就尽心竭力，如果上级让他换位，他也无怨无悔。平静的心态，超然的业绩，却恰恰得到了多数人们的一致认可。

这让我又想到一句话，最大的政治在百姓中体现。一个为民做官的人，只要你心中时刻想着人民群众的利益，一切为了人民群众，尽职尽责努力工作，群众会给你一个最公平的评判，就算班子中有一些人想让你退位恐怕都是枉然。

其实，这不仅仅是今人如此，古人早有定论："大政在民，小政在朝"。春秋战国时期秦穆公称霸之后，四代国君昏庸，朝廷内部钩心斗角，个个私欲膨胀，历公、躁公、简公、出子四君不贤，四世政昏、内乱频出，外患交迫，河西尽失，函关易手，秦始由大国而僻处一隅。其后献公即位欲图振兴，连年苦战，饮恨身亡。当此之时国弱民穷。列国卑秦，不与会盟，且欲分秦灭秦而后快。秦国国力逐渐衰弱，时常遭受霸主国魏国的欺凌。秦国虽然素来尚武，而忽略治国之道，然周边诸侯强国林立，秦国危机四伏。就在这时，秦国新君嬴渠梁（秦孝公）开始意识到：穷兵黩武，无疑会断送国家前途，遂颁布招贤令以中兴秦国霸业，嬴渠梁明告天下："但有能出长策、奇计而使秦国恢复穆公霸业者，居高官，领国政，与本公共治秦国、分享秦国！"于是各国士子纷纷入秦，其中法家士子卫鞅正式登上强秦变法的历史舞台。

在变法前期，卫鞅用三个月时间考察秦国，然后拿出方案，不是提出怎么维护王权，而是提出强秦九论，让农人力耕，百工勤奋，商市通达，民风日新，人人踊跃参军，准备杀敌立功，授官封爵。又提出变法三要：第一，竭诚拥戴变法的新锐骨干，居于枢要职位；第二，法制不避权贵，宫室宗亲违法与庶民同罪；第三，国君须对变法大臣坚信不疑，不受挑拨，不中离间。这三点处处都在节骨眼上，如果嬴渠梁不能答应支持，变法就是一句空话，但嬴渠梁面对这三要却向商鞅对天发誓："信君如信我，终我一生，绝不负君。"商鞅大为感动："公如青山，我如松柏，粉身碎骨，永不相负。"古人曰："上下同欲者，胜。"国乃如此，企业也同。一个企业如果上可以支持，下可以尽心竭力，上下同心，还有何困难不可战胜？他们排除一切阻力，高唱着"赳赳老秦，复我河山，血不流干，死不休战！西有大秦，如日方升，百年国恨，沧海难平！天下纷扰，何得康宁，秦有锐士，谁与争雄！"的秦国国歌，无论是在最艰辛的时刻，还是在最激励人心的时刻，无论是在血与火的战场上,还是在荒芜的原野,每次唱响这首歌,都会让人充满豪情,令人振奋,他们在这样公平、公正的政策下,唱着这首歌投入自己的战斗与生活。

有人说"造人先造魂,团队必须有灵魂,"秦人老歌就是秦人的魂。他们把这个魂深深植根于所有秦人心中,秦人就成了战无不胜的将军。我们现在也有不少企业都有自己的口号,如果把这些口号打造成了一种魂,达到如同秦人之境界,而且这个魂不是单纯是个人梦想,而是全员共同的梦想,形成自己独特的文化,就有了战无不胜的资本。

由此,我们不难看出,一代君王也好,一个企业的管理者也好,只要在位时把政绩做到民众之间,下大力让企业获得发展,让国家强,让人民富,尽管班子之中有一些不和谐的音符,掌权者什么时候都会稳固如山。

你觉得员工是人才，员工就会证明给你看

古人云：士为知己者死，女为悦己者容。一个企业管理者能视你的属下为人才，他们就一定会用行动证明给你看。

有家计量测试中心肩负着该公司的测量、检测、试验及管理工作，自负盈亏、独立经营。从小到大，21名员工，奋斗十年，固定资产达到了200多万元，年产值100万元，企业所有需要的培训都实行企业负担制，把员工外送学习当成一种奖励或福利，致使每个员工都具有三项以上试验技能，实际工作能力都达到了大专水平。全体员工工作安心，热爱企业。一种团队的凝聚力让人羡慕。

该计量测试中心何以产生如此的凝聚力？笔者带着疑问作了采访。计量测试中心主任姜金起说，他眼里，所有员工都是最优秀的人才。

在姜主任看来，企业员工个个都是顶梁柱，每个员工可亲可爱又可敬。就说副主任邓红吧，给她安排什么工作她都给你完成好，所有的抗压试件、土工、化学、配合比、密实度、回弹、钢筋、水泥试验，她没有不会的，即使迎来送往、外出收款，她也能有理有据让人如愿。有人说她是大学生，有文化，素质高，她本该具备这样的素质。可在20世纪90年代初从老家调来的张春荣只是一个普通的家属员工，但她好学上进，不懂就问，学化学、学计算机。姜金起说：不怕不会，就怕不学。只要她肯学，一准是个难得的人才。现在的社会不是看谁参加工作时的学历高，而是看谁在工作岗位中肯学习、会学习，看谁学得快、学得好。张春荣现在担负着钢筋、水泥、石灰试验，她常常是先称石灰用化学水泡上，再去把粉煤灰烘上，然后再去拉钢筋，做完试验，自己从微机上出报告，一个人干三个人的活，忙而不乱。如今已经成为企业中的一个支柱力量，那年一年一个人就做了近4000组钢筋物理试验。她累，但她不觉得累。对于刚刚从大学分配来的新员工，姜金起主任一样把他们看做是人才。他说：新员工知识新，接受新事物快，是难得的好人才。果不出料，顾伟是2001年才从武汉科技大学毕业的新员工，她刚来第一年，正赶上企业试验量大，由于工点分散，许多员工都去了一线，家里人手

少，她一个人顶上去，什么试验都搞，混凝土试件堆成了山，她都要一块块搬来搬去。但那时，她不觉得累，她觉得这正好是一个理论联系实际的好机会，她抓住机会正好检验一下自己的能力，体现一下自己的价值。这是一个她值得珍惜的发展空间。果真，一年多过去了，她就成了企业的中坚力量。

正是因为姜金起能从内心把每一个员工都当成人才来对待，每个员工也都觉得他们是领导的心腹，用不着多说，人人都会努力工作。有一天，他们干了一整天，刚要准备下班，滨海大道工地送来一大块石头要做强度检测，邓红与其他两个同志二话不说，干！把一大块石头切成若干个小块进行试验，一直干到夜里12点。人家第二天早上一上班就要带走，他们不得不加班干。其实邓红家里还有一个刚满6岁的孩子，还有一个多病的婆婆，都需要人来照顾。可她为了工作丝毫也不耽误工地需要。不但如此，她们在做每一项试验时都时时想到为施工人怎么在保证质量的前提下省时省料。不久前，天津宾水西道工地送来沙石料做试验，邓红完全可以凭经验做一份试验，出一个报告，但她没有。她知道这个项目是最低价中标，施工企业利润率低，为了试验成功一个最佳配合比，她和其他同事一道查阅资料，确定了几种方案，一项项试验，先后做了14次，最后确定了一项用最少的水泥量满足C50梁的强度要求和易性要求。如此在应用科技的过程中实现材料节约是一项不可估量的效益。也同在那年，他们在新疆某一水利工地上就试验了一个比甲方指定的配合比更好、更经济的混凝土配合比，通过不同的水泥和使用不同的外加剂，一下就为施工企业节约材料费100万元。当时的项目长一高兴就奖励了这个试验员5000元。

管理者把每个员工都看成是人才，不但换来了企业极大的凝聚力，也换来了每个员工的自觉性和主动性，更换来了企业对外的良好声誉和良好的经济效益。企业员工的努力工作也使他们自己有了极大的成就感：虽然那一座座大桥不是他们亲手建起来的，但那些大桥中也同样注入了他们的智慧；虽然那一座座楼房和一条条隧道不是他们亲自建设的，但那些建筑中也有他们的汗水和智慧。该试验中心每年最少要为40多个工程项目做试验，他们的智慧和汗水无不凝结在这些工程的钢筋混凝土里。他们就像为歌唱家伴奏的乐队，也许更多的人不知道他们，但没有他们的劳动，绝没有眼前这一座座耸立的丰碑。

所以，管理者眼中看到的是什么，也是一面照自己的镜子。传说，有一次苏东坡与佛印禅师一起打坐，苏东坡自觉修行甚高，坐姿优美，便问佛印：

"你看我像什么?"佛印回答:"像尊佛。"苏东坡很高兴。佛印也好奇地问苏东坡:"你看我像什么?"苏东坡看他白白胖胖的,坐在那里一堆肉,不慌不忙的,像是与世无争的样子好是自在,便开玩笑说:"你像头猪。"佛印笑笑,摇摇头,什么也没说。苏东坡以为占了便宜,回家后把这个经过告诉了苏小妹,小妹一阵好笑,"这回你可输惨了。"苏东坡忙问:"怎么说?"苏小妹说:"佛印心中有佛,所以,看到你也像佛;你心中有猪,所以看到佛印也像猪!"

这个故事虽为虚构,但说明了一个道理,那就是,在一个人的眼里,别人的样子,往往就是自己的样子。这在一个人的心中是一套现成的自检系统。管理者如果能用好这套自检系统,对企业的发展大有宜处。

让人忠诚需要投入

一个人需要朋友对自己忠诚，一个企业需要员工对组织忠诚，而维护一个国家的政权则需要全体人民忠诚，但是，在以市场经济发展为主线的今天，好像谁拥有的金钱越多越能体现这个人价值的时候，以美国为代表的一些专家开始争议，并宣称："忠诚"在今天已经寿终正寝了。不信你看看：据资料显示，"美国各企业平均每五年失去一半顾客，每四年走掉一半雇员，而不用一年就会丧失一半的投资者。"而我们中国又何尝不是如此呢。我所了解的一个企业，一年就会失去技术员工20%，而有资料说，"在辽宁的国有企业，技术人员流失为25.7%，比以往增加了1.3倍。"随着市场经济社会的进一步发展，这个数字还会继续增加。人们为什么会抛弃培育自己并使自己在人生中得到一定成长的组织？是因为这个组织不能满足他们日渐追求物质增长与心理追求的需要。故而，"忠诚"这种现象在市场经济这样的社会只能是提倡，实难再形成规模。所以，各个地方，各个国家的企业组织就开始强调"忠诚"的重要，总结"基于忠诚的管理"方法与经验，研究基于顾客、雇员、投资者三者之间的密切关系等等。但是，无论怎么研究，笔者认为，要想让员工对组织忠诚，管理者必须向员工付出与社会发展等量的投入。

一、物质上投入，让员工拿到应得的回报。

有一个农村青年，上有二老，下有一双儿女，靠他一家五亩山地怎么也不能满足一家人的生存需要，于是他走出大山，来到城市，先是在建筑工地打工，结果一年到头不但挣不到几个钱，还有相当一部分钱在包工头手里拿不到。于是，第二年他又换了一座城市，仍然在做建筑工，虽然通过国家政策，能保证他每月拿到一定数量的工资，但这些工资并不能让他感到满足。第三年，他把妻子一齐带出来打工，如果能挣到他认为还可以的工资，他就在当地干，如果他认为这样的收入太低，就会马上换地方。这就是中国的民工潮，哪里给的收入高，他们就一股脑涌向哪里。他们干活儿目的很明确，就是为了挣钱。这也就是中国农村留守儿童形成的根源。民工尚且如此，年轻的大学生又何尝不是这样呢。他们发奋读书多年，好不容易考上了大学，又要花掉父母多年的积蓄；好不容易毕业，走向社会后却拿不到他们认为应该拿到的回报，于是，心里一下就凉了半截。这时，虽然他们想得还太单纯，他们认为他们是人才，结果在实践中一做，才发现他们什么也不懂，什么都得从头学起。但他们学也没钱，还要找对象，买房子，养孩子，这些都需要雄厚的物质做基础。于是，没有钱，他们做什么也不安，他们有热情，但他们也有生存需要。为此，任何一个管理者，这时候首先要想到让员工生存，并不断改善他们的生存环境。只有这样，员工才可以感到这个组织的温暖，才会对这个组织产生感恩心，而这样的感恩心让他们留下来，为这个企业或为这个组织效力。

二、学习上投入，让员工实现快速成长。

一个青年人，从他走出校门，或者是走向社会，他所掌握的生存技能远远不够他在这个复杂的社会中竞争，他需要快速成长，掌握大量的生存技能，投入社会参与竞争，在竞争中获得社会承认，才可以立足。这几乎是每个青年人同样的心态，可他们在学校学到的知识许多都已经过时了，在科学发展如此之快的今天，有的学校所学的知识，在他们还没走有出校门之前就已经过时了，到了单位以后，他们发现在大学那四年把许多时光都浪费了，一切都得从头再来。这就是现在人说的，在科学知识飞速发展的今天，知识也有保质期了。面对这样的现实，员工的个人成长显得尤为重要，员工的求知欲望也显得十分迫切。如果在这个时候组织能给他们再学习的机会，让他们能快速掌握技能，有了参与社会竞争的本钱，他们会对这个组织产生感恩，进而表现出自己对企业或组织的忠诚。我了解到一家企业，全公司不过三千人，但每年预算培训费是260万元，如果还有预想不到的学习，再另外增加费用，而且每年的培训费必须花完，如果没有完成培训计划，年底这个培训处的处长就要换位。在这个企业里，青年人占了多数，从与他们的谈话中不难发现，员工都热爱这个企业，并感恩这个企业对他们人生成长的栽培，愿意在这个企业里成就企业的同时也成就自己。

三、精神上投入，让员工感觉到他在你心中的存在。

一个人除了物质上需要，还有精神上的需要，当物质需要达到一定水平线后，对精神的需求就会超过对物质的追求。这时，如果一个管理者能够准确把握员工的需要，并及时投资，员工就会感觉到他在这个组织中的不可或缺，感受到他在这个组织中的价值存在，并从中得到心灵上的满足，而产生对这个组织的忠诚。小黄大学毕业三年，一直在某个项目上工作，三年来，他没有回过一次机关，没有见过一次董事长，他不知道他这样的默默工作还要多少年，什么时候是他工作的出头之日，他也不知道，在这里工作他几乎忘了外面的世界。有一天，他忽然想到了一个问题，他问自己：我这一辈子就永远是这个样了吗？于是，他萌生了要求调走的念头。是这个念头让他开始对这个组织不再忠诚了。在另外一个地方，有一个年轻人在偏远的山区施工，有一天公司董事长、书记到那里去检查工作，该单位的人说，他们那里有个小伙子，工作如何如何之好，他们马上叫来这个小伙子与董事长书记见面，上司对下属立即肯定，并鼓励他好好工作。结果这个小伙子，第二年就又有了新的发明创造，提高工效十三倍。后来我在采访他的时候问，你哪里来的这么大的工作激情？回答说："领导都知道我。去年领导来此检查工作时，还专门和我握过手，今年领导来检查工作还专门敬过我一杯酒。"是啊，上级对下属工作要及时认可，及时表扬，那是对员工的一种安慰和奖励，员工由此知道他在领导心目中的位置和在这个组织中存在的价值，由此会得到一种满足，并对这个组织产生忠诚。

四、感情上投入，让员工感受到组织的温暖。

没有哪个人敢说他这一辈子就不会有什么事让他过不去，也没有人会说他这一辈子肯定不会遇到坎坷。人生几十年，谁也预料不到自己的一生会遇到什么事，也许平平安安，也许就有太多让人过不去的坎，或许是生活上的，或许是感情上的，或许是心灵深处的某个结，总之，当一个人有困难的时候，或有心灵上处于惊恐不安的时候，如果组织上能出面来安慰，并想办法帮助解决，这会让一个人对这个组织产生感恩，继而表现出忠诚。我在一个单位中发现了这样一件事，有一位工程师高岩，在外地执行任务，他的妻子在家检查出患有腰脊劳损，常常躺在床上起不来，每当孩子放学回来需要妈妈给做饭时，她总是不能按时给孩子做好饭。当上级领导知道这件事后，马上到家中慰问，并派去专人操持家务。这让在外地工作的高岩十分感动，他本想听到这个消息后马上回来的，可一听说领导对家庭那么关心，他就一直坚持到工程结束才回家，在外地工作期间还常常打电话给妻子说："有组织照顾你，你坚持着，顶住！"后来有单位知道高岩是个人才，想出高价"挖"走，可他说什么也不肯走，许多人不理解，人家给你那么高的工资，条件那么好，你为什么不去呀？是啊，在他心里，那个地方固然好，可那个地方的人有这里这么好吗？在这个组织中，他曾不止一次感受过组织的温暖，感受过大家庭的互相帮助，他不知道他到了一个新的地方，除了钱，他还能得到什么。

所以，他放弃了高薪聘请。上级得知他的这一行为后马上派人将此事整理成材料，在全企业中宣传，让他成为忠诚于企业的模范。像这样的做法，谁人能不为有这样一个组织感到自豪，并忠诚于这个组织？

从以上几个方面看，我们不难发现，要想让员工对企业或对一个组织产生忠诚，首先上级必须尊重属下，关心属下，培育属下，珍爱属下，正像东汉初年的名臣马援忠告光武帝时说："当今之世，非但君择臣，臣亦择君。"这就是人们常道："良禽择木而栖，良臣择主而事"啊。

为此，我们可以得出这样一个观点：人才是不可以免费享用的午餐，更不是无须补充能量的永动机，人们需要管理者预先的各种投入，使员工从内心对企业忠诚。

这倒让我想起这样一个故事，《外储说左下》中有这样一段文字：晋文公出亡，箕郑挈壶飡而从，迷而失道，与公相失，饥而道泣，寝饿而不敢食。及文公返国，举兵攻原，克而拔之。文公曰："夫轻忍饥馁之患而必全壶飡，是将不以原叛。"乃举以为原令。大夫浑轩闻而非之，曰："以不动壶飡之故，怙其不以原叛也，不亦无术乎？"故明主者，不恃其不我叛也，恃吾不可叛也；不恃其不我欺，恃吾不可欺也。

意思是说，晋文公流亡在外时，箕郑提着饭壶随行，因迷路找不到方向，竟与晋文公走散了，他饿得在路上哭泣，最后饿得昏倒在地上，也没敢动那饭盒的一粒饭。等到晋文公返回晋国，举兵攻下原城。晋文公说："能毫不在乎得忍受饥饿而不动饭盒里的饭，这样的人也不会凭原城来背叛我。"于是就提拔箕郑当了原城令。但是大夫浑轩听了却不以为然，他说："因为不动那饭壶里的食物，就相信他不会凭借原城来叛乱，这不就是领导有方吗？"所以，英明的管理者不是靠别人不背叛自己，而靠自己不可被人背叛；不是靠别人不欺骗自己，而是要靠自己不可以被欺骗。这话道出了管理者仅希望人人对组织忠诚是不够的，而需要管理者预先去培育忠诚，通过不同方式的投入，让员工感恩企业，感恩组织，继而产生忠诚，发自内心地对组织不背叛，不欺骗，才是上策。

马要常喂，兵要常养

最近听说有一个建筑施工企业在某一条铁路客运专线施工，突然有一天，各民工队联合起来罢工了。原因是资金不到位，民工队把设备开到隧洞口不让该企业的人进去，也不允许打工者进洞工作。这一举动引起了一场不小的风波。

经了解得知，这些年来中国的建筑企业蓬勃发展，据说2005年，全世界80%的水泥浇在中国的土地上，2006——2007年中国的基础建设一样快速迈进，2008年世界爆发金融危机后，中国决定投资4万亿来解除这一难题。由于建筑企业的建筑规模迅速扩大，建筑队伍劳力不足，于是大量使用了包工队。几年下来，包工队已经基本上承担了中国建筑企业的大部分工作量，成为中国建设的一支主流军。但是由于市场竞争激烈，建筑企业竞标互相压价，市场成本不断抬高，企业利润微薄，企业生存十分艰难。由于企业使用民工成为主流。民工队又是以赚钱为唯一目的。所以，一旦钱不到位，他们就罢工。近年来建筑企业里的这种罢工现象已成为常事了。企业把施工的主动权交给了民工队，但在关键时候又左右不了民工队，这成了建筑企业最大的悲哀。话到这里让我想起几年前发生在施工现场的一幕：那是在山西某地建设一条铁路隧道时，由于隧道石质破碎，遇到塌方。民工队全部撤出。但根据科学要求，隧道越是塌方越要加快速度进行治理。可是，民工们不敢进去。当时的企业负责人背着3万元站在洞口说：你们上，把坍塌治住了，这包钱就归你们了。可民工们说："我们如果进去，连命都没了，还要那些钱干什么？"没办法，企业负责人临时调兵，让自己企业内部员工抢塌方，企业员工以主人翁的姿态拼搏奉献，连续战斗50多个小时，塌方终于治住了。可那位领导说："都是企业职工，这钱就免了。"当时，企业员工就感到十分寒心。

近年来，建筑企业中把好不容易揽到手的工程任务交给包工队干，而自己的许多员工却下岗在家拿基本生活费，他们生活艰难，很少有人过问。但许多民工队却都发了大财。包工头坐高级轿车，进高档宾馆，整日灯红酒绿，花天酒地，不想在工程上多投入，给安全施工带来诸多隐患。一旦出现亡人事故，都是企业的责任。不但损害企业的信誉，还让企业在经济上承担巨额赔款，一有不随意就罢工闹事。直到这时，有的企业才猛然醒悟：该用自己的人呀！可这时，由于企业员工多年没有上场施工，技术能力退化，加上随着岁月的流逝，人们年龄增长，体力不支，突然把他们拉上去已难以应对工期紧、任务重、科技含量高的局面。有的企业领导又开始埋怨：员工素质低，无法适应新市场的要求，一个个显得一筹莫展。

这让我想了一个寓言故事：当年有一个杰出的骑兵，他与他的战马在战场上同生共死，百战百胜。那个时候，因为打仗，骑兵很重视他的马，总是给马准备充足的草料，把马看做自己的伙伴、自己的救星，每天小心翼翼地供奉。可是战争结束后，许多人觉得战马没用了，上级也不再给战马发放特殊草料，有时候按照等量草料发放时还要克扣一点，骑兵们每天让战马驮木材、拉磨、耕田，干十分繁重的体力活，而却只给它们吃米糠。太平的日子没过几年，战争又暴发了，骑兵又骑着战马去打仗。这时，那些战马早已体力不支，没跑多远便累倒在地上。这时，马对它的主人说："平时你那么对待我，让我渐渐衰弱，说实话，我现在连头驴都不如了，你又如何能让我像以前一样和你共同战斗呢？没办法，你还是走着去打仗吧。"

这个故事不正说明了员工就像是在战场上与企业领导同生死、共患难的战马吗？企业领导平时就应善待他们，给他们学习提供机会，不断提高他们的工作技能与生活技能，从感情上关心他们的生活，从精神上让他们感到企业如家一样温馨。这样使这些员工不仅在关键时刻愿意为企业奉献自己的青春与生命，平时都会为企业的发展尽心竭力。中国有句古话：养兵千日，用兵一时。如果我们"千日"不养，又何谈"一时"要用呢？

兵无常势　水无常形

古人云："兵无常势，水无常形。"是说一个军队要想打胜仗，没有固定的公式，必须按照战场的具体情况正确决策，创造性作战。我们今天的施工何尝不是如此。而企业在眼下的市场上竞争，也如同战场，指挥员站在生产第一线，就要根据现场的情况而定，应该做什么，应该改变什么，而不是机械地照搬上面的文件。否则，怎么会有创造性？

2005年，唐山南部渤海湾西岸曹妃甸港开始建设了。但国家在建设该港之前，铁路先行。有一家公司的老总在曹妃甸一下承揽到两段铁路建设任务（滦南至曹妃甸铁路工程LC4标段，另一个是新建迁曹铁路滦县至京唐港综合LG3标段），这两个工程项目管段全长41.72公里，总投资4.1亿元。该工程是国家"十一五"规划的重点工程，备受各级政府和领导关注，再加上近4公里的海上大桥，技术规范繁杂，要求标准高，原工期设计为两年，后来压缩为一年。怎么干？出任该项目部经理的任海顺曾感到过极大的压力。万一到时干不好，怎么向上级交代？怎么向与他一起工作的员工交代？多少个不眠之夜让他感到肩上的压力，突然有一天他想到了人们常说的思想解放，到底要解放什么？对，首先要解决思想旧、胆子小、顾虑多、思路窄、办法少的问题，然后要树立市场观念、竞争观念、科技观念、效益观念、法制观念；其次要强化机遇意识、发展意识、改革意识、忧患意识和创新意识。打开了这样的思路后，他立刻感到满身的轻松。他会同项目部一班人，周密研究施工组织设计，不断向设计部门提出新的优化施工方案，严密监控施工工艺流程，科学整合现有各类社会资源。就拿全长3837米的海上跨"青林特大桥"来说吧，原设计采用连续箱梁，悬臂法灌注施工。该工法工艺复杂、环节众多、作业循环慢，而且整体性能较差。他带领施工技术人员认真分析和研究后，经建设单位、公路管理等部门同意后，会同设计院进行了变更设计，提出在确保青林公路畅通的前提下，改用满布支架一次现浇梁施工。仅此一项变更，不但提前工期30天，而且把工程干成了景点。为了提高施工的进度和工程质量，他还大力倡导各管段员工开展技术革新活动，并重奖革新能手，在项目内部形成尊重创新、奖励创新、重视攻关人才的浓厚氛围，职工们以积极的热情围绕提高功效和提升工程技术含量广泛开展了各类技术革新活动。原来在铁路既有线上打挤密桩，三个人一组像推磨似的转，一天最多能打3个桩孔，而由该项目部技术员工发明研制的螺旋式挤密桩钻孔机，三个人3分钟就可以打1个孔，不但确保了安全和工程质量，而且一下提高工效50倍。在他的带领下，半年内，迁曹项目部类似这样的方案优化和技术革新就开展了20余项，创造直接经济效益近600万元。创新，使迁曹项目部的所有工程预期大大实现突破。

任海顺常常自言自语：我们的员工真好！是啊，他越这样想，就觉得应该为员工做点什么。做什么呢？提高全员素质，培育员工心态，从关心员工的成长着手，这是让员工享受一生的东西。工程刚上场时，他说：我们都是来干活的，无论做什么都要对得起自己的良心，这是一个正确的心态，请每个人撰写一份来这里工作的心态书吧。后来人人写了自己的想法，多为表决心书。不论写得好不好，只要你写了，那就是一份承诺，有了这份公开的承诺，一个人的责任感就会自觉增强，就像人们在结婚的时候叫那么多亲戚朋友，为的就是面对这么多亲朋好友，相互有一个共同的承诺，以后各自的行为都要对双方负责。他就是从这样的细节入手，把员工培养成一个具有良好工作习惯的人。这不，现场的物资采购人员除对大宗材料提前计划、多方选择、公开招标，确保了原材料和主要周转材料的高质低价外，他还主动向项目领导提供市场材料价格预测走向，根据员工提供的分析材料，任海顺洞察到钢材价格的波动规律，果断决策在钢材低价期提前购买储备钢材2000吨。3个月后，正当施工大量使用钢材紧张时，每吨钢材涨价近300元，仅此一项，就节约资金60余万元。这时，有人说，任海顺你真有远见。而他却说，不是我有远见，是我们的员工责任心强，是他们为我提供了决策的正确依据，没有他们对工作的高度负责，我就不会有这样正确的决策。是啊，这不正是在践行着领导关心培养员工好的工作习惯，员工就会自觉关心工作吗？正是因为迁曹线上的每一个员工都像这位材料采购人员一样，对工作充满热情，2006年两个标段两次在业主进行的安全、质量、进度、内业资料等两次平推检查评比中均获排名第一，其中LC4标段被业主评为全线亮点；在铁道部举行的第三次质量信誉评价中，两个标段再次在北京铁路局排名第一，任海顺2007年被评为全国五一劳动奖章获得者。这是他的光荣，也是整个企业的光荣。

当这项工程完成后，他们在竞争中真正感受到了强者的喜悦，尝到了成功的甘甜。我正是这个时候去采访的，任海顺说：市场怎么变，我们就怎么变，不能用一个模式一套，也不能用一种规定来约束不同地方、不同项目和不同环境的人：这就是人们常说的兵无常势，水无常形。而员工们说：在这里干活痛快，收入也好。在这个项目上成长起来的中层人说：苦是苦了点，但现在想一想，过去的苦现在都是资本呀。

这让我想起一句话：一个人越是有过艰难困苦，若干年后越有值得回味的喜悦；如果一个人的一生都没有起伏，当他老了的时候，怕是连能够想起来的东西都没有了。这不会就是人们常说的，苦与乐紧相连吧。但笔者还从任海顺的事迹中感受到了这样一个道理：上级，给干事人一种方向，给干事人一个原则，给干事人一个标准，剩下的，由他去做，就会更多的体现实事求是，就会放开人们的手脚，就会有更多的创造性工作。

让参与者共同定规则

中国企业的执行力如何？我所听到的，多半都是埋怨，一半是企业管理者的埋怨，怨属下素质低，自觉性差；一半是企业员工的埋怨，怨上司随意性太大，不切实际。怨来怨去使制度成了挂在墙上的装饰，上级来检查时的挡箭牌，处罚弱者的依据，唯独不应该又不得不是的一种摆设。

中国企业的执行力为什么不能做到位呢？

我有一个亲历的故事。那是一个青年人结婚的高峰日——"五一"，男方父亲请我去帮忙接待女方来参加婚礼的客人。本不应该让我去办这样的事，只是因为女方客人中有一个娘家舅和一个叔"多事儿"，不太好"对付"。于是，这项工作就成了一件大事，为办好这件事，朋友八个月前就跟我商量："拜托！这事非你莫属了。"他的意思是除了我能言善辩，还因为我与他亲家同属一乡人，家乡的风俗大致一样，交流起来方便些。因为难以推辞，只好应允了。到了那天真的就来事了：5月2号上午要举行婚礼了，5月1日娘家的人才到，据说，一年前两个孩子订婚时，男方专门到女方家去了一次，征求过女方家庭的意见，确定了今日结婚的日期和所有程序。由于是一年前就说好的事，所以也没什么事，只要赶来喝喜酒就行了。这本没有什么疑义。但是，定好的晚上六点为女方二十口子人举行迎亲酒会时，女方客人迟迟不到。我就想，这是为什么呢？是不是有什么麻烦？我就去询问："是不是有什么不周的地方？"

回答是：没有。但到饭店后，还是不吃饭，三三两两的人在一个乱哄哄的地方不知说些什么，我没在意，也不明白。最后他叔请我坐在他们中间有话要说。我便坐下来，女方叔、舅、姑围成一圈，大有包围之势。坐定之后，人家才说："我们老家有个规矩，典礼前一天，男方当天婚礼主持人等共六个人必须提两瓶酒，两条烟，两包糖，两袋瓜子，两合点心，两份水果，两包花生……来女方家里征求意见，否则，不能正常举办婚礼。其中六个人中不允许男方父母再出面。"

哇——我一听心里就"毛"了，我说："你们两家以前商量过这个程序吗?"

"没有。"

我心里就多少有些不舒畅：双方亲家现在就在一起，有话不能直说，非要通过办事的人在中间传递，有什么含意？莫非就要折腾一下办事的人？这是人家两家的事，我们只是一个帮忙的人，这样的事只要一个愿打一个愿挨就成了。我向朋友报告了女方的要求。朋友极不耐烦地说："早干什么去了，到现在才说。"是啊，马上就要开饭了，迎亲酒他不能不在场，这是他迎接亲家，他该当主角。可是，如果吃完饭再去置办这些东西，又显得太晚了，如果中途退场又显得不礼貌。怎么办呢？

我回头答应女方晚饭后就提着东西去征求意见，你们详细开一个单子。人家就真的当场拉了一个明细表。直到这时，人们才坐下来拿起筷子，端起酒杯。虽然客套话说了一大箩，但我怎么听起来那客套话从朋友嘴里说出来时都显得很勉强，本应有的一份真诚不知道为什么从他口中说出来就品不出味了。我理解这是他的心情所致。他心中憋着恼怒，却要强装着笑脸。

是啊，谁人不这样想：为儿女办婚礼之事，几万块钱都花了，谁还在乎这几百元？只是过去不说，现在才说，弄得主家措手不及，心中不快。饭吃了一半，朋友匆匆放下碗筷去置办东西。即将要过门的儿媳妇得知公公情绪不好，走到他面前"扑通"一下跪在地上，"爸爸，你别生气……"话语中含着歉意，漂亮的一双大眼里含着泪珠。公公见儿媳妇如此恳求，马上把儿媳妇扶起来，"没事没事，用不着道歉。"被扶起的儿媳妇一下扑进婆婆的怀里哭起来了。哭泣声让公公心灵震颤，让婆婆心碎……

正在置办东西的朋友此刻接二连三地接到他亲家和儿媳妇的叔叔从宾馆打来的电话："如果这事麻烦就算了，别买了，你们也别来了。"但我的朋友坚持说："不，已经买好了，我们的人马上就到。"为什么他的亲家一直打电话，是他们知道了女儿的心情不好。

真的，我们去了，他们什么要求也没有，反倒是说了一堆客套话。

此事过后，我在想，什么是规则？什么是制度？一年前，他们两家为了操办好儿女的婚事坐在一起商量的时候，双方提出的问题，并达成共识的内容，今天操作起来就是规则。如果当时女方没有提出来，到了要办事的时候突然提出来一些一相情愿的条件，而且这个条件是为了提高娘家人自身的身份，并且不被男方认可的条件，这就是"找茬儿"，这就是在破坏规矩。

这如同我们诸多的企业制度。企业的制度很健全，就是执行不好，为什么？原因有以下几个方面。

一是企业在制定规章制度时没有让被执行者共同参与，只是管理者一相情愿。古人曰："预闻而参议其事"，你如果准备让员工知道的事就让他们来参与讨论这些事。我们许多企业的管理制度都是管理者或管理层制定出来的，为了实现一个什么目标，怎么去做，做好了怎么表彰，做不好怎么处罚，都是管理者坐在办公室里想出来的，或者说是几个人讨论后制定出来的，这个制度在制定之前没有经过全体参与者的认同，所以，制度一出台，就带有强迫性。人们在执行这样的制度时是被动的，所以，执行者一有不顺心的事就撂摊子，导致执行力不好。

二是企业出台的管理规定没有组织全体参与者很好地学习，只是一种摆设。我在许多企业中发现，企业的规章制度都是好的，都是健全的，单从制度中看是看不出有任何问题的，如果按照这些制度做，什么事都可以做好。但是，实际中却往往做不好。做不好的原因不在于制度本身，而在于全体执行者不知道这些制度，他们不知道什么事该怎么做。规章制度一到基层，有的领导不注重组织大家学习制度，而是自己一看，往抽屉里一锁了事；还有的基层领导虽然也在开会时拿出来念一下，不管你记住多少，不管你有没有听懂，不管你在听了以后有什么疑义，也不把规章制度发到全体参与者手中让他们很好地领会，念一遍就算学习了，这等于是一个粗略的告知，而不是学习。于是，企业的规章制度虽然很好，也很多，但往往是由于大家没有弄懂，也就只能是挂在墙上的门面，放在文件柜中的摆设，应付上级检查的挡箭牌。

三是企业出台的管理规定没有向执行者交代为什么要出台这样的管理规定，而不是那样的，只有少数管理者知道。其实，任何一种管理规定出台，都有它不同的时代背景，不同的环境和不同的意义。要想让大家按照这样的规定执行，就要让大家知道为什么要这样制定而不那样制定，如果人们明确了出台这项规定的背景，对于理解这项规定与自觉执行这样的规定大有好处。

所以，要想使中国企业的执行力落实好，让员工参与制定规则，让员工讨论学习规则，让员工明确企业规章制度的背景十分重要。哪家企业这么做了，哪家企业的执行力一定是好的。因为员工参与制定企业的规章制度，本身就是参与管理企业的一个很重要的内容，这是一种参与的资格，取得这种资格就等于获得了一种对人的尊重，人，需要这种尊严。当然，这本身也更体现着真正的民主化管理和自我化管理在社会中的进程。

让员工成才，是管理者的责任

项目经理苏江智常挂在嘴边有一句话：在我这里工作的人成长快。因为我不仅给他们成长的理念，还教给他们成长的方法，并让每个员工在珍惜自身的成长中享受待遇，获得回报。

他深有感受地说，使用青年人，就要扶助青年人，要允许他们犯错误，但对于所犯错误却不能迁就，而扶助的前提是为青年人建立一个公平的竞争平台，谁有能力谁来干，在干中体现自身的能力与价值。开发区项目部2002年中标天津轻轨工程，郭延年到这个项目后，项目部领导一视同仁，他虽然1994年中专毕业，但他敢于和大专毕业、本科毕业的人叫板。当时中标项目中有一座大无缝轻轨车站，在这个企业里，建桥、修路、打隧道个个胸有成竹，可建车站，项目里的年轻人心里没谱。郭延年说：我来！通过任职演说，他就成该项目工区的技术主管。车站建设工序繁琐，看懂图纸极为关键，只有先看懂图纸才好安排工作。有一次，在打混凝土时需要预埋部分预埋件，由于工作千头万绪，他竟然漏掉了预埋件，最后不得不炸掉重新打混凝土。这不但给企业造成一定的经济损失，更重要的是耽误了时间，影响了员工的工作情绪。对于这样的错误，企业领导可以原谅，也不会影响他的前程和政治进步，但并不是不予处罚，项目部领导严肃指出他的错误，并给予一定的处罚，同时提出同样的错误绝不允许重犯，对于隐蔽工程一定要看清图纸，超前考虑，头天安排，避免返工。真的，尽管车站工序十分复杂，后来再也没有发生过此类问题，而且业主、监理都反映很好。一个工程下来，不但培育了他的技术能力、管理能力，更重要的是培育了他思考问题的方法。后来，他带着一支小分队去干一座人工湖，4个月完成了3000万，干净利落，后来又到开发区的西区道路、江西的武吉高速、河北的保阜高速公路等工地工作，样样都叫好。如今他已经成了项目部的副总工程师了。

扶助青年人，让他们尽快成才，不但要靠领导和老同志们的扶助，也还要引导青年人不断学习，端正态度。2004年邓跃华大学毕业来到单位，以为自己是个本科生，是时代的骄子，能力强。到某一高速公路工地施工时，负责技术上最简单的一工区道路和部分构造物，由于他凭着感觉去把关，结果在选土时选择了含水量大的土，填土过程中湿度太大，在压实的过程中密度也不够，不但给工程质量造成隐患，而且让员工返工时，施工队情绪极大，不愿意干，这一下就使他与施工队有了矛盾，从此下面的队伍不好带了。针对这一问题项目部领导及时指出他存在的错误，教会他一切工作事前考虑。并派人带着他去现场协调。有一次现场正在绑扎钢筋，他不懂得事前安排旁站监理，招来指责，现场气氛极不和谐。总工程师指出，你必须安排现场旁站监理指导工作，防止出现问题，一次成功，这样省时省工提高效率，深入一线扎扎实实工作，这是最起码的态度。后来他转变了观念，一切从头学起，不懂便问，圆满完成了任务。由于他转变快，完成任务好，领导又调他到张石高速公路工地，有意派他到工区做技术主管。他与施工队同吃同住，帮助施工队解决问题，态度极好，受到业主和监理的一致好评，这次保阜高速公路工地上马时，他便成了技术部的副部长。参加工作两年多，就被提升为项目部技术部副部长，有人称赞，有人羡慕，而他却说，这都是领导帮助的结果。

学会思考对员工的回报

人人都想挣钱，人人都想挣大钱。谁说了算谁就挣的钱多，市场经济是老板经济，于是老板就可以挣更多的钱，为此，就有人定性：现在是老板经济时代。

这个说法看上去好像是正确的，但是，有没有人分析过，老板怎样才能挣得更多的钱？如果老板只想自己挣大钱，而不顾员工的利益，出了问题只埋怨员工执行力差，工作能力不强，工作态度消极，而从不思考自己有什么过错，老板肯定很快就会关门。不但挣不到很多钱，恐怕还会把投资全部赔进去。

有这样一个故事：有一次和朋友聚会，她说她的女儿很聪明，学习很优秀，她就鼓励说，你好好学习，下周给你买一斤樱桃。女儿特别喜欢吃樱桃。女儿答应了，那周女儿学习很认真，老师在她的作业本上盖了三个小红花，她就兑现了自己的承诺。又过了一周，她给女儿加码说，你多学一课英语，可以多买一斤苹果。女儿也实现了，老师在学校表扬了这个学生，给她的作业本上盖了四个小红花。第三周，她又给女儿加码说，如果你完成了上周同样的作业之后，再背一课日语，我除了给你买上周同样多的东西外，再多买一个机器狗……就这样，她在每次兑现承诺时都给女儿加码。她希望女儿成为全世界最优秀的人才。结果有一天，她又想给女儿增加学习量时，女儿突然告诉她，"我不学了，你给我买的所有东西我也不要了。我要看动画片，看完了就去睡觉。"面对女儿突如其来的反抗，她先是有些气恼：我是为你好呀，你怎么这么不理解妈妈的心？继而开始思考：是不是我的管理方法不对？

是啊，一个小学生，你每天要让她学习那么多东西，她怎么能够承受如此压力？老板常常为了提高自己的利润，延长员工的工作时间，对员工增加工作量超出了人所能承受的压力，就变成了员工的负担，面对如此沉重的负担，与你给员工的健康回报不成比例，员工也会愤然而去！所以，给员工的工作量要适度，不能超出人所能承受之重。

还有这样一个故事：有一家个体服装企业，开始投资26万元，红红火火开张了。我建议，你从一开始就要善待员工，伙食要比别的服装厂搞得好，工资要比别的服装厂给的多一点。她答应了，但是，到第一个月开工资时，因为刚开业不久，厂里利润还没有显示出成绩，她给工人开的工资与其他企业一样，并向工人解释等以后好了一定多给。工人理解了，但是，两个月，三个月过去了，老板为了自己先尽快挣到钱，工人的工资依然一样，伙食反而不如刚开业时好，有的工人就提出要走。老板为了留住工人，说，你要走就是违反合同，我要扣你一月工资。那个工人宁愿不要一月工资，也愤然而去。半年过去了，工厂原来40多个人，走得只剩下十几个人了。老板最大的困难不是没有服装加工任务，也不是没有销路，而是没有工人。招不到工人成了这个老板最头痛的事，也是最大的事。我给这个老板同样的建议：你要为工人改善伙食，要为工人增加工资。她依然坚持说："我到别的服装厂都了解过了，人家都是这样，我们没有必要改。我们本来就没有挣到钱，再增加投入，不合算！"这家服装厂开了不到一年半，就只剩四个工人了。成本不但没有收回来，还赔进去20万。

  这个结果让我想到这样一个故事：有一个人想吃肉，但又没钱买肉，就从自己腿肚子上割了一块肉炒着吃，结果当时是吃到了肉，结果却因腿上伤口长期不好，流血不止，终因失血过多而死亡。唐太宗曾自我总结说：为君之道，必须先保存老百姓，如果损害老百姓来养自身，就如割下自己大腿上的肉来填肚子，肚子虽然饱了，人却死了。笔者想：损伤自身的因素不在自身以外的事物，而大都由于自身各种不良的嗜好和极端的私欲所造成的祸患。

  所以，今天的管理者如果想挣到更多的钱，想长期挣到钱，在思考问题时，首先要思考你的员工利益；在面对员工的过错时，首先从自身考虑是不是自己的制度出了问题。尽管这样还不能保证你成为一个成功的老板，但你起码已具备了作为一个成功老板的基础，也就已经踏上了老板之道，离成功不远了。思维的正确与否，决定着管理者的成败。

领导就要为群众办事

无论在什么地方当领导，都要想方设法为群众办事。如果觉得自己当了领导了，开始摆架子了，下属有事找他，他会打官腔了，员工有困难找他，他会为显示自己手中的权力卡谁一下了等等，这都是在为自己今后的生活设置障碍。

记得有一次，去一位退休几年的企业领导家采访当年的铁道兵生活，他是满腹牢骚。正题还没拉开，他先发了一大堆牢骚。他说，现在的人怎么可以这样呢？你看看我们门前的这条路都坏成什么样了，一个坑都有半米深，几个坑连在一起，车子根本没法走。上次过春节我儿子拉着孙子一块儿来，一进这个胡同车子就翻了，给我带的东西全都洒了不说，差点让我们那年春节当丧假过。儿子腿骨折了，孙子胳膊骨折了，在医院住了四个多月。从那以后，儿媳妇就不让他们爷俩来了，孙子也不敢来了。我们想见孙子一面都见不上。就这么点小事，你们现在的领导有多忙，连修修这条路的时间都没有吗？唉，要是我还在位就好了。

其实呀，我知道，这条路早就该修了。这个胡同里住的基本上都是退休老干部。当年，不知道是哪一届领导人想到了自己快退休了，在市里专门修一片退休老干部房，到时候，人们一退都搬过去住，老人们也有共同语言。于是就修了。当时修好时还是很漂亮的。但是随着社会的发展，随着时间的推移，那地方慢慢就显得不是那么好了，路也坏了，墙皮也掉了。当时，这个领导还在位。那时就有一些退休老人说过，让把这里门前的路拓宽一些，修平一些。可是，就是没人管。那时，我今天专访的这位老人就正在位，可是，他那时怎么就觉得这是件小事呢，然而，今天他又觉得这是件大事了。

记得中央领导有句名言：群众利益无小事。这话没错，可这话到了一些基层就只成了墙上的标语，官面上的话，而无法走进群众的实际生活。一些领导们在位的时候想不到群众，自己当了群众的时候又觉得自己在位时该做的都没有做到，现在影响到了自己的生活后，才觉得群众的每一件事都是大事，这时，才猛然醒悟：我当年可该为群众多办一些事。如今也只能这样想了。问题是现在在位的许多人并非想到这一点，也许他们也非到自己老了的时候才能想到，这就不能不是我们今天生活的悲哀了。

中国有个寓言《蚂蚁和鸽子》，说有一回蚂蚁在喷泉边上探出身子张望，不慎掉进了水里，鸽子正在附近的一棵树上纳凉，它知道蚂蚁不会游泳，发现后马上摘了一片树叶扔下来。蚂蚁设法爬到树叶上，风终于把它吹到了岸边。蚂蚁爬上陆地后，看见一个捕鸟的人手里拿着一张大网悄悄向鸽子走去。蚂蚁很快爬到这个人站的地方，就在这个人举起网向尚未发觉的鸽子罩去时，蚂蚁狠狠地在他腿上叮了一下。这个人扔掉网，用手柔着腿说："哎呀，这是什么东西咬了我一下，好疼。"等他把网拣起来时，鸽子已经安全地飞向一个更好的栖息地。

我们有许多领导在位时向他的下属要求太多，但却很少为群众办事，有时也只是为他手下的几个人办事，但等到他们退休了，却觉得他原来的下属不理他了，认为他们这是眼睛只往上看，品德不好，心态难以调整，不久卧病在床。以前，他前脚住院，后脚就有人来医院看望。而如今，住院多久也很少有人再来探视，就感叹人生冷暖，世态炎凉。不久后，重病不起……

想一想是什么原因让这些老领导们如此失落？是一个人的自私性。他们无论做什么，总是站在自己的立场上想问题，而很少站在群众的立场上想一想，即使到了快死的时候，还在抱怨人生冷暖，世态炎凉。他就没有很好地反思一下自己为群众做了些什么，又做了多少什么。那时，他在位时觉得群众太小，可以任他摆布，群众只不过是他脚下的天然阶梯。却很少想过群众对他生命延续的意义。

中国有个寓言故事：有一回，一位农夫用夹子捉到一只鹰，他想，这鹰是天上飞的，我不能让一只这么健美的鸟死在我的笼子里。于是他松开夹子说："你应当自由地在群山之间飞翔，在天空中飞翔，那是你的天堂。"鹰感激农夫的善良，然后飞走了。有一天午后，这位农夫在一面墙根晒着太阳睡觉，暖融融的太阳晒着他感到很舒服。正在他打盹的时候，飞来一只鹰，从上而下冲下来叨着农夫的帽子就飞走了。农夫被惊醒后朝着鹰一路追赶，"你给我的帽子——"鹰飞出一百米远停下来，把他的帽子放在地上，在那里跳起舞来。农夫更加不解，只管拣起帽子，弹弹帽子上的尘土，气恼地返回来。当他走到他原来靠着墙打盹的地方时，发现那堵墙倒了。——"原来是那鹰救了我的命！"农夫惊叹着就回头去找那鹰，可那鹰早已飞在蔚蓝的天空中变成一个小点。

一只小鸟的力量在人的面前远算不上什么，可这个小鸟却在最关键的时候救了农夫一命。一个普通群众在领导眼里可能算不了什么，但群众可以在你无意间用土填平了你门前的路，也许你不觉得这是一件了不起的事，但当你因此坑翻车出事后，你才会觉得群众做这些事的重大意义。为群众办事吧，群众会今生今世想着你的好处。

　　几年前赵本山在春节联欢晚会上演过一个小品，说一个县委书记到乡村去视察，不慎小汽车陷进泥坑里了。这时的群众就看笑话了。当群众得知这就是为群众办实事的县委书记时，他马上招呼群众来，连抬带举就把小汽车从泥坑里抬出来了。其实，他抬起的不仅仅是县委书记的一辆小汽车，他们举起的是一种当官要为民办事的希望。如果当官不为群众办事，那位县委书记的车也就只能陷在马路上让群众看笑话了。

信任属下，是领导者的一种能力

中国铁建十六局集团二公司郑西客运专线项目部，建设和谐项目从广开言路切入，对员工充分信任，收到良好效果。一年多来，该项目部员工自觉承担责任，主动思考工作，实现自主创新十多项，提高效率数十倍，也节约了大量资金。

中国铁建中铁十六局集团二公司在郑西客运专线担负隧道、路基、桥梁等任务14亿多元，9个工区，近30个施工队，分布在26公里路段上，建设租路、修路、借路近百公里，沿线检查下来需要两天时间，为减少管理人员，减少管理环节，采用一级管理模式。由于减少了管理环节，什么事儿又都得由项目部负责人拍板定案，项目长难免会陷入事务堆里，无暇顾及别人的意见与建议，从而抑制了许多员工创造性工作的机会与条件。担任该项目的负责人吴洪波，为了防止自己陷入事务的圈子而堵塞言路，专门请各工区负责人在现场收集一线员工对工作和管理的合理化建议，而后通过工区长以口头建议或书面建议的方式提交，这一方法得到了员工的认同，并产生了极好的效果。

工程初上时，计划在26公里工区沿线建11个拌和站，机械运输工区的调度员建议少建站，利用17辆混凝土灌车跑来替代固定拌和站。他起初不是从节省建站开支上考虑问题，而是处于自己将来好调度的角度上想，建站越多，人越分散，混凝土灌车越分散，一个站两台车调动起来不好调，还不如少建站，一个站3台车，无论哪里紧张时都可以抽出一台车来。于是他建议建7个拌和站。为了说明他的这个建议是正确的，他从机械运输工区的人员上分析，如果分散建站，1台车需要配3个司机，如果集中建站，2台车可以只配5个司机。1个司机一月节省2500元，10个司机一月就可节省25000元。如果能适当经济挂钩，多拉多补，也会调动司机的积极性。当调度员把这个想法传递到项目部时，吴洪波认为，这个想法好，少建1个拌和站可节省资金70万元，每个站可节省9个人的工费，你们再去论证一下，如果建7个站可以满足施工需要，按你们的想法办！该工区的工区长、调度员和汽车司机共同论证后认为可行！结果就只建了7个拌和站。员工们为了证明自己的建议是正确的，他们后来在工作上都尽心竭力，虽然各站车辆有明确分工，但按照工作需要随时调动随时到，多拉多挣，一年多来，不但没有耽误工作，还让项目部领导少操了很多心。

一个人如果在工作上顺心了，他们就总会有许多自己的想法，不是想自己的事，而是想工作上的事。二工区承担着8000多米隧道和桥梁路基工程，隧道是他们的主要任务，每次在隧道衬砌中传统的工艺都是要在隧道两侧打50公分的矮边墙，做仰拱再二次衬砌。员工们认为如果重新设计衬砌台车，把这个矮边墙部分放在二次衬砌中一次浇注完成，不但省时间，而且也好放置止水带。他们把这个想法通过工区长魏梓峰传到项目部吴洪波案头。吴洪波从参加工作到现在就没有停止打隧道，他对隧道有着太多的想法。但对于一线员工提出的这一想法，他认为可行，但还需要与现场技术人员再论证，还要和制造衬砌台车的厂家再联系，看人家在制造中能不能再添加这一部分。通过论证认为可行，但是厂家不敢担责任，厂家让他们出图纸，他们加工可以，现场技术人员和老员工共同努力，自己绘制了图纸，厂家按照图纸很快加工出厂，如今，全线只有在大峪沟隧道和余顶隧道实施了这种衬砌方法，不但大大减少了工序，而且还大大加快了工期，与以往传统的方法相比，每次二次衬砌都可节省3个多小时。他们成功了，他们为自己的想法能得到上级的认可和支持而高兴，他们也为自己的智慧能奉献给企业而自豪。他们觉得这样的领导好，而领导也觉得这样的员工好。

项目经理吴洪波深有感受地说：每一个员工的好想法都能变成极大的生产力，相信我们的员工，就是相信我们自己。如果我们连自己的员工都信不过，哪个员工还有机会为我们的企业奉献智慧？其实，能否充分信任员工，是领导的一种能力。他还谈到了四工区的修理工王培堂，他只是拌和站的一个修理工，可他看到在拌和混凝土时人工添加防腐剂，粉尘大，又不好计量，人的劳动强度还大。于是他自行设计了一个自动添加器，通过滑槽在外添加。这一创新，不但提高了计量的准确度，还减轻了人员的劳动强度，改善了工人的劳动环境，还大大提高了工作效率。这么好的员工，我们没有理由不相信他们，也没有理由不支持他们。这些事都让我感到创建项目和谐首先要相信员工的能力。因为信任员工就是信任我们自己。

这时，我又在想：有人把员工当工具，员工就成了机器，不仅员工感到压抑，而且管理人员感到累心，相互埋怨，矛盾无穷；有人把员工当人看，员工就有了被信任感，自觉承担工作责任，主动思考工作方法，工作中就出现了诸多创新，不但加快了工作进度，同时减轻了工作强度；不但改善了工作环境，同时减少了成本投入；不但避免了人为矛盾，同时增加了企业效益。如此美差，只在一种观念：尊重员工，信任员工，支持员工。

信任是一种力量

信任是一种力量，它能够激发人的潜能，使我们的员工在做工作的时候产生意想不到的变化。信任，还是一种管理。这种信任管理可以减少诸多程序，如报告、申请、审批、监督、检查等。所以，信任你的属下，实际上是对管理者管理工作不足时的一种弥补。

记得数年前我到一处工地采访，有位办公室主任拿烟来给我抽，而自己却不抽。在我的印象中他好像也是个老烟民了，怎么一下子就不抽了呢？我正想向他取经呢，他却牢骚满腹地讲了一大堆。说刚刚换了个顶头上司，经常因一些利益的驱逐，社会上有人来企业搅扰，领导就派他去处理这类事情。他去请人家吃饭、喝酒，临走还要给别人买条烟，以示热情与尊重。每次事情都处理得很好，但上司觉得他买烟太多，每次为他批这些烟时总要说一些难听的话。虽然最后也批了"同意报销"，但这让这位办公室主任心里很不舒服。他每每说起这事时就愤愤不平：好像那些烟都是我抽了似的。所以，我后来就不抽烟了。他再说我买烟多时，我就顶他一句，我又不抽烟，买烟还不都是为了完成你交办的工作？不过，有时候由于这些小利也影响在外面办事效果，但我不管，多一分钱我也不花，办不了事下次再去。顶多让他感觉到我们能力小而已，其实，在这样的管理者面前表现出能力小并不是件坏事。我不解。他说，上司认为你能力小，将来就安排你活儿少，但工资不会少一分，岂不是好事？哦——直到这会儿，我才弄懂了他为什么不抽烟了的原因。他只是为了避免上司怀疑他占了公家的便宜而已。当然，从那以后，社会上出现了许多来搅扰企业的人，利用各种方法从企业坑走了不少钱。管理者为此心痛，但属下只在一边看笑话。

假如管理者能信任他的属下，这位办公室主任肯定舍不得拿着企业的钱去送给一帮社会搅扰之徒，这不仅损害了企业的利益，更重要的是让他本人在这些搅扰之徒面前低三下四丢了面子，降低了人格。为了争得人与人之间的平等，属下在办事时也会想方设法少花钱把事情办好。由于缺乏了人的信任，管理者后来经常被一些小事务缠身，每天忙得昏天黑地，而多少属下却只因上司的不信任而无法放手去工作。

　　这让我想起了一个人们早已讲老了的故事：一个衣衫褴褛的逃犯在雪地上艰难地行走，饥寒交迫的他沿途敲过无数的门，都被拒绝。当他敲开一幢小屋的门后，女主人说："陈医生你来得真快啊！"并急忙领他进了卧室，逃犯这才知道她是盲女，心中也窃喜。床上躺着一个生病的小女孩，逃犯用手摸了她的头后说："是发烧，我给他处理一下就行了。"盲女于是高兴地去厨房准备晚饭。逃犯立马起身，满屋子找值钱的东西，最后才找到一叠钱，他猛然想起小女孩，于是放回去了几张。后来，他听到盲女在客厅接电话，于是急着想走，盲女拉住他，说是吃完晚饭再走，逃犯不肯。盲女于是递给他"出诊费"，逃犯拒绝了。盲女说，你可以买点东西吃啊。逃犯大惊，说，你知道了我不是医生吗？是的，刚才电话说陈医生还在路上。那你为什么还给我钱？我感觉你不是坏人，你敲门一定是饿了……最终，逃犯坦白了一切，并退还了偷盗的钱。

　　是什么力量让一个逃犯良心发现，并发誓痛改前非呢？是信任！信任让他感动，信任让他反省和悔悟，信任给了他弃恶从善的决心和力量！信任的力量是人们无法估量的，有时，只是几句坦诚的话语，便能打开一扇尘封已久的心灵之门，改变一个人的人生。相反，不信任给我们的社会带来了很多痛苦，也造成了很多原本可以避免的悲剧。如今，各个行业产生的诚信危机就凸显了我们这个社会的信任缺失。

　　广告创意专家戴维·奥格威早在50多年前就告诫所有的企业家："如果我们总是雇佣那些不如我们的雇员，公司将逐渐成为侏儒；只有当雇佣的员工总是超越我们，并让他们放手施展才华时，公司才会成为巨人。"因为，企业家在为精兵强将提供施展舞台的同时，实际上也为自己撑起了发展空间。台湾知名企业家、宏基集团董事长施振荣也认为，管理企业，最重要的一点就是信任下属、充分授权。再强势的领导人，总有照顾不到的角落，只有充分授权，把有能力的人充实到各个岗位上，让他们随时随地行使权力，做出符合市场规律和企业文化要求的正确决策，企业才会高效运转，这样的企业才有生命力。当下属能力超过自己时，尤其需要信任管理。

倾听，也是一种能力

一个人无论官多大，总归是一个人的思维，如果一个人能听听大家的意见和建议，集多数人的智慧为自己所用，是一种聪明之举。道理谁都懂，可是，在我们的实际工作中，许多企业的老总很难听的进别人的话。于是，就出现了许多失误。在失误面前，他们总是感叹：市场无情呀！

《伊索寓言》中有这样一个故事：一年冬天，有一只山羊站在房顶上吃人们早已为它准备好的稻草，而一只饥饿的狼四下觅食无果跑到村庄来，山羊不无得意地嘲笑狼。那只狼抬起头来看看屋顶上的山羊，鄙视地说：吃你的稻草吧，你站在屋顶上胆子大，说话嘴硬，你下来试试，让我们站在同一条起跑线上比比看，你很快就会明白谁是强者。不要忘了，使你高大的不是你自己，而是屋顶。

在一个企业中，企业领导站得比员工高，知道得多，知道的早，这是你所在的那个位置的原因。所以，有的企业管理者就认为他才是这个企业里最聪明的人。想到自己聪明过人，就不免飘飘然起来，听不进别人的意见与建议，好像别人说的什么都不对，只有自己是正确的，常常在员工面前摆架子，要求别人无条件地尊重他，如有敢不尊敬者，就穿小鞋，甚至换岗位，直到下岗相威胁。其实，我们也常常在生活里听到这样一句话：别看你现在能，等你退休了，看看还有谁理你。每每这样，说的都是一位在位时耀武扬威的领导。因为不少领导人在台上的时候想着法用自己手中的权力卡这个、卡那个。大家觉得他手中有权，心里烦他，但又怕他，所以，每每见了他总点头弯腰，一旦等他退休了，手中没权了，人们都想吐口痰淹死他。每当有人这时候才领悟到：早知这样，不如当时趁着手中有权多为群众办些事，已经晚了。

一个领导者能耐心地倾听他的属下说话，无论这话是对是错，是不是符合自己的观念，只要你能耐心地倾听，这就是一种能力。有的领导要是听到别人和他想的观点一致，还能多听会儿，但在听的过程中也会频频插嘴，发表自己的意见，弄得人家不知道是该说完，还是先听他的。如果人家说的和他的观点不一样，他就更听不下去，往往会中途打断别人的话，而听他辩解。这样也往往会导致一意孤行，走上错误的道路。

寓言中有这样一个故事：有位科学家利用自己的科学技术，做了一件坏事，让许多无辜的人们受到伤害，还为此死了不少无辜的人。为了惩罚这位科学家，地狱之神决定提前收取他的灵魂。这位科学家听说死神正在寻找他，为了逃避死神的寻找，他利用克隆技术很快复制了14个"自己"，由于他技术过人，复制得以假乱真，天衣无缝，让死神的确很难辨别真正的自己。后来死神真的来了，面对15个一模一样的科学家，果真一时分不清真假。这一下可难坏了死神，究竟该收走谁的灵魂？就在这时，死神想到了人类的弱点，凡是当了领导的，一般听不进别人的不同意见。于是，死神就盯着每个科学家的脚说："先生，你确实是个天才，能够克隆出如此近乎完美无缺的复制品。但是，遗憾的是，你还是留下了一个小小的破绽，被我发现了"。话者刚落，所有的复制品都低头看自己的脚下，只有那个真的科学家便暴跳如雷地扯着嗓子大声辩解道："不可能，我的技术是完美无缺的，不可能有失误。"这时，死神腾空而起，抓住那位科学家的头，"我要找的就是你"。死神哈哈大笑之后，抓住那个说话人的灵魂，将他带走了。

这个故事告诉我们，当了领导的人光爱听奉承话，不爱听与自己意见不同的话，更听不进批评的话。这是一个领导者致命的弱点。作为一个管理者，要能倾听来自不同地方的不同声音。这是体现一个领导者胸怀，更是标志着一个管理者的能力。

防止走入威严的孤独

在我们的工作环境里，常常听到一些管理者说："他们都怕我，让他们做的，他们不敢不做。"看得出来，这些管理者以此当资本，常常在私下里炫耀，似乎想证明他手中的权力与他管理的能力。的确，管理者让他的属下感到害怕，那是一种威严。有人认为这是十分必要的。却不知过分的威严会换来一堆假话，同时让自己变得孤独。

有这样一个故事：有一只老虎在森林之中称王，它要每天巡视自己的领地不被外来者侵犯，还要处理森林中各种动物之间的矛盾，当然，还要组织防御队伍，训练国防卫士，方方面面的事情都要他亲自处理，可谓日理万机。在这片森林中，它所走过的地方，动物成员凡是碰到它的，都会毕恭毕敬向它问好，并给它让路，他感到做大王的这份威严十分骄傲。但它也发现了另外一点，那就是有的动物远远看到它由此经过时，会悄悄地躲开，尽量减少与它正面相遇。它对于此并没有觉得什么不好，而是觉得让别的动物害怕它更便于它今后对这片森林的有序管理。

有一天晚上，它独自巡视完西南领地回到自己的住所，竟然不知道自己究竟该干点什么，在地上来回转圈，觉得十分无聊。这时，它想找个动物和自己聊聊天，可是，找谁呢？它知道，为了维护自己的威严，所有的动物居住都距它较远，当时没想到闲来串门，只是为了显示它的与众不同，把它独自活动的领地搞得比任何一种动物的地盘都大些、再大些。却不知这偌大的地盘如今让他感到了冷清。于是，所有动物的影子在它的脑海里像过电影一样一个个闪过。突然，它想到了调皮又可爱的猴子，又想到了一贯爱讨好它并愿意逗它开心的狐狸。对，为什么不去找它们玩呢？老虎去了，可是它们都不在自己的住所。它们会去哪里呢？森林大王沿着大片森林漫无目的地走着，走着，突然听到一阵阵载歌载舞的欢笑声，它顺声望去，发现各种动物聚集在一起，沐浴在月光下欢快地跳舞、唱歌。他悄悄爬到边上看它们，自己的心里就涌上一股酸楚，禁不住眼泪就流了下来。它多想与它们一起沐浴在月光下欢快地歌唱呀，可是，它知道，凭它的威严，它一旦去了，它们肯定会散场。唉！从此，森林大王在晚上常常独自蹲在一边看动物们聚在一起尽情地狂欢。

　　有一天晚上，它终于耐不住孤独与寂寞，抑制不住自己的无聊，想挤进动物们欢乐的队伍。那天的月光特别好，金黄金黄的月光洒下来，整个森林深处像被镀上了一层金子。欢乐的圆舞曲又响起来了，老虎闻声而去，发现是大家在为一只小兔子过生日，大家手拉手围成圈在跳舞，中间点着一堆篝火，红红的火苗把每个动物脸上都衬映得灿烂而鲜亮，它们为小兔子送来许多大萝卜，把萝卜垒成一座房子，让小兔子钻进去，预示着它有吃不完的食物，并预祝它一生富有。小兔子脸上绽放着幸福，所有的动物脸上也都绽放着欢笑。老虎按捺不住喜悦的心情，也想过去凑个热闹，负责站岗的长颈鹿第一个发现老虎来了，他喊了一声，大王来了，打鼓的小马立刻停止了手中的鼓槌，鼓声一停，整个热闹的场面戛然而止，所有森林里的空气都好像是凝固一般，死一般的沉静，让每个动物都感到毛骨悚然。短暂的沉静后，有的小动物开始向大树后面躲避，看到这种情形，老虎本是想加入它们这个欢快的行列里的计划又改变了。它说："你们玩吧，我只是出来散散步。"说完又转身走了。它走呀走，它不知该往哪里走。整个森林都是它的家，可这时它却找不着自己要去的地方，它弄不清它的住所究竟该在哪里。

　　老虎好不容易回到了自己的住所，却又听到森林里传来一阵阵欢快的歌声。外面的歌声越欢快，它就觉得它的住所越冷清。这时，它感到从未有过的困惑：我为什么就不能像其他动物一样享受朋友们相聚的快乐呢？我为什么就不能在犯错误的时候得到大家的提醒和忠告呢？我为什么就不能走进动物之中与它们真切地交交心呢？老虎百思不得其解。极度的困惑缠绕着它，使它长久不得振奋。聪明的猴子和狡猾的狐狸带了一些水果来看老虎，老虎就问："你们两个可都是我的朋友，是我最喜欢的伙伴，你们能告诉我，为什么大家都远我而去？为什么它们的快乐不让我分享？我究竟哪儿错了吗？"

　　猴子说："大王没有错，你是我们的上司，你说什么我们听什么，你哪里会有错。如果是因为这个让大王不快乐，那是它们不懂事，都是它们的错。"狐狸说："大王多心了，是大家觉得你大王为了我们这片森林的安全，日夜操劳，已经很辛苦了，大家一是怕打扰你思考工作，二是怕打扰了你的正常休息。大家都对你很尊重的。"这时，老虎听得出来，它们两个说的都不是发自于内心的话，可对于它们俩的回答又说不出什么来。只能长叹一声。听到老虎这样的叹息，猴子觉得事态不好，狐狸感到了弦外之音。它们俩就说还有事情要做，匆匆地走了。望着猴子与狐狸远去背影，老虎更加感到困惑与迷茫……

我们不难从这个故事中体会到，一个团队的领导在群众心目中需要一定的威严，但不能把这种威严建立在群众的胆怯上。如果群众见了领导有害怕的情绪，就说明你已经远离了群众，脱离了群众，这时候你不但从群众那里得不到真实的语言，还常常会被这些假话而蒙蔽，造成错误的判断。同时，由于你的严重脱离群众，你在树立你威严的同时，也将自己推进了孤独的死胡同。如此生存环境，你又如何带领好你的团队呢？

别到走时才挽留

A君在某单位干了十年，也没有人觉得他是个人才，中层干部提了一批又一批，都没他的份。他曾在心里想过，这不公平，但他后来想到了一个歇后语：寡妇睡觉——"上面没人"，所以，心态又平静了许多。几年下来，觉得自己在这里再工作几十年也不会有任何发展，于是，决定报考国家公务员，一考就考中了某省委办公厅秘书处。当A君要求调走时，该单位的领导才觉得他是个人才，说以前许多材料都是他写的，在写材料方面，只要交代给A君的，就没让领导再操过心。这一走，可对单位是个损失。于是，派了许多人去做工作让他留下来都没有效。A君调走后这家单位就觉得失手。

北京某建筑企业里有一个小会计，也是工作了许多年，在职务上没有进步，企业管理者认为，一个女同志，能在单位算个账，风不刮，雨不淋，可以了，在职务晋升上从来也没想过她。但这位女员工身上却蕴涵着极大的智慧。有一次，有个关系单位财务人员因病住院许久，财务账需要整理，企业就派这位女员工去了。结果她去后两个月就把那家的财务账整理得小葱拌豆腐——一清二楚，并对那家今后的发展提出了数据化建设意见。完成任务后她又回到了自己的单位。时过不久，那家单位来电话征求她的意见，想调她到他们那里去当财务总监。该企业知道后十分怀疑地说：她行吗？人家说：行！北京某建筑企业的一个管理者听到这样的回答几乎要晕过去。他太需要一个好的财务管理人员了，多少年了，他苦于没有这方面的人帮他做好经济分析，却不知身边原来就隐藏着这样的人才。他去挽留她，请她留下来，在单位也当财务总监。那位女员工说："我还是走吧，一来想要我去的单位财务上缺人，我去那里顺理成章；二来我们单位本来就有财务总监。如果明天你让我干了，人家心里会怎么想？如果让人家下，会说是我顶了人家的职位，抢了人家的饭碗；如果让人家上，你怎么体现能者上、庸者下的管理理念？"这位女同志最终还是调走了。不久后，北京某建筑企业听说她在那家单位里干得很出色，心中就生出许多后悔。

每每这时，我就会想起一个这样的故事：说从前有一个财主，临死的时候给他的傻儿子说：咱家有几块东西，我把它埋到咱家后院的菜地里了，你要看好它，有空儿常常看看，别丢了，将来实在过不下去了，把那东西挖出来可以买地买房子。说完财主就咽气了。后来这个财主的傻儿子就每天早晨来到后院挖开看看那东西还在不在，然后再仔细埋好。因为他的举动有些神秘，有一天被一个早早起来在菜地里干活的伙计看到了，晚上就偷偷到那里也挖开一看，原来是五块金砖，他想：埋藏的财宝应该归发现者所有。于是，他高高兴兴地拿走了。第二天财主的傻儿子又到那里去挖开一看，发现他爹埋藏的东西没有了，他便坐在地上大哭起来。给他干活的伙计知道出了什么事，还是走过来说了一句："要是我呀，才不为此哭呢。你想想，那是什么东西，你又不用，你也不知道它现在有什么用？你只是为它丢了哭，这大可不必。你可以拿一块石头或砖头，就把它当成是你的金子再埋进去不就行了。既然你从来也没打算用那些金子来干点什么，那么，它和一块砖头、一块石头又有什么区别呢？"

是啊，是金子，却不知道金子的作用，在那里埋藏着也只是被埋藏着的一个东西，它丢了又有什么好可惜的呢？一个管理者不但要知道什么是金子，并把金子用到该用的地方，它才是金子，金子的作用也才能得以发挥。把金子埋着不用，或根本就不知道那是金子，只是那东西在离开自己的时候才觉得那是个东西，想挽留住这东西，这金子，如果真被他挽留住了，可能也是一种悲哀。因为财主的傻儿子根本就不知道什么是金子，金子的作用是什么。

第 2 章

职业经理人篇

第一节 职业经理人的智慧源

职业经理人既是管理者,也是执行者,他有着双重身份。正是因为这个特殊的身份,所以,工作要求职业经理人必须比其他人更加灵活。如何适应不同性格的上司和面对多元化的下属,是对职业经理人素质的基本要求。运用你的智慧,找准你的位置,调整你的心态,敞开你的胸怀,把你的智慧用到极限,明天,你就有可能成为真正的管理者。

行贤而无自贤之心者赢

社会提倡"我为人人,人人为我"。而我们生活中有许多人只截去后一句,一切都为自己,私欲不断膨胀,于是,后来就有了"有权不用过期作废"的口头禅。但是,当下还是有很多人良知依然,拾金不昧,做了好事不留名。当然也有一些人虽喜欢为别人做好事,但在做事之后要求得到回报,美其名曰:市场规则,等价交换。如果没有回报,就会记恨于心,从此不再为其人行便,假如一有机会,并会为其人设置陷阱,让其倒霉一次。更有甚者,本不是他的东西,由于他看着喜欢,或者是他想取之,他也要想办法从别人身上弄点什么在他口袋里。这里说的都是一个词:有无贤德。

贤德之人谓之好人,什么样的人才是贤德之人呢?我曾遇过这样一件事:有一年秋天,我去会见一个朋友,这位朋友是某企业里的一个管理者,我刚在他家坐定,敲门进来一位陌生女人,带着一个英俊的小伙子。那女人让小伙子说:"快谢谢伯伯的恩情。"看的出来,这是母子俩。谢什么恩?我不知道,从朋友疑惑的脸上看得出,他也不知道,那女人拿出五千块钱轻轻放在茶几上说,这是还你的钱。还抱了一捆葱,背了一袋红枣。说家里没什么好拿的，这都是自己种的，吃个新鲜。朋友说："你是谁？我什么时候借过你钱？你是不是走错门，认错了人？"

"没错，六年前我们家那口子生病上不了班，家里特别困难，又正赶上这孩子考上大学了，上学要交学费，愁得我呀一夜一夜睡不着觉。你正好到基层来检查工作，知道这事后，来家里看了我们那口子，临时走，还留了5000块钱。你不知道呀，这五千块钱当时可救了我的命了。"

"你那口子叫什么？"

"张生，修配车间的。"

"哦，你是张生的家属，那这是当年那个上大学的孩子？"

"是的，快叫伯伯。"

后来通过谈话我才知道，这个孩子叫张进，现在已经大学毕业，在一家软件开发企业工作，收入还算满意。就是因为那次我的这位朋友自己掏钱救济了张生，后来一到秋天开学，每年厂里都救济张生家一笔费用，叫"金秋助学金"。现在孩子上班了，挣上钱先来还恩人。可这件事，我的这位朋友早就忘了。要不是人家说起来，他说大约这一生都不会想起来了。我不知道这是为什么，他说，他是这家企业的管理者，企业员工家庭困难，因为没钱让孩子上不起学，让外面人看到了，那是打他的脸。他没有让企业员工生活好，那是他的罪过。所以，那些年，他自己拿出过多少钱帮助过属下，连他自己都不记得了。何况他从口袋掏出这几个钱时，他就没有想还要人家还。他想的只是"我应该怎么把企业搞好，企业里从此再也不出现这样的事儿。"真的，三年后，这个企业里大变了样，提高收入分配先从一线职工开始，由于有这个政策，许多人都涌到一线，一线工作做好了，才逐步提高二线和三线的收入。这些年上级领导夸我这位朋友有凝聚力，有人格魅力，下属夸他办事公正，平易近人，基层员工夸他关心职工，为职工着想，企业一年上交地方税款近2亿元，一跃成为当地的一家功勋企业。

客人走后，我一直在思考，他为什么会有人格魅力？企业为什么会有凝聚力？仅仅是因为他办事公正，平易近人，做了好事不留名？这让我想到了韩非子《说林》中的一个故事：杨子过于宋东之逆旅，有妾二人，其恶者贵，美者贱。杨子问故，逆旅之父曰："美者自美，吾不知其美也；恶者自恶，吾不知其恶也。"杨子谓弟子曰："行贤而去自贤之心，焉往而不美。"

故事中旅店老板的观点是：长得美的人自以为她长得美就自夸自傲，自然会引起人们的讨厌；而长得丑的人自知其丑，而很谦虚，办事很努力，也很顺着店老板，所以，店老板不但不觉其丑，反而觉其可爱，并很器重她。

可见，我的这位朋友人格魅力好，能把企业中的人心凝聚起来，为着一个共同目标而奋斗，使企业走上健康发展的道路，不仅仅是他有正确的工作方法，公正、公平、公开，关心职工等等，而是他做了贤德之事就从来没有认为自己这是在做贤德之事，他觉得他做的事都是应该的，就该这么做。企业中还有在日子上过不下去的人，那不是别人无技能，挣不到钱，而是他没有领导好，一切责任都是他的。他要承担这些责任，就没有必要记着他给过谁困难补贴和救济。他应该更加努力改善职工生活，让大家都过上好日子。这是人生的一种境界。作为一个组织中的管理者，首先要具备这样的素质，对待事业，对待属下，对待工作，没有贤德之心，就等于没有驾驶证的驾驶员，无论你的车技再怎么熟练，也不能期望道路警察对你高抬贵手。

所以，行贤，不能有自贤之心，不应该有自以为贤德就自夸自傲，自以为是，少了谦和的美德。只有在这样的心境中才能不断完善自己，更多得到人们的尊重。这，大概就是人格魅力的源吧。难怪庄子要说："圣人无名"，难怪他在市场上是个赢家，在人心中是个赢家，在社会上是个赢家。

跟对人才能做成事

记得我上小学的时候，常常与一些爱玩的同学们在一起玩，有时候一玩起来就忘了回家吃饭，当很晚很晚才回到家时，免不了要挨妈妈一顿骂。每次妈妈骂完了都要说一句："你跟那些学习好的同学多在一起，你也学习好；你跟那些不爱学习的孩子在一起，明天考试你就不一定能级格。唉，跟着好人学好人，跟着师婆就下神呀。"妈妈每每说这后一句话时都显得很无奈。那时，我还不完全理解妈妈的苦心，只是觉得能跟我玩到一起的都是我的好朋友，不管他学习是否好，更没有想到今后谁会是人才。今天，重温母亲的"跟着好人学好人，跟着师婆就下神"，让我真实地体会到，想要做对事、做好事、做成事，首先要跟对人。

有这样一个故事：早年，一个农村妇女家里的光景过得本来就不宽余，已经有两个孩子跟着他们过日子，可这次到医院生孩子，一下又生了一个双胞胎。面对这突如其来的局面，两口子是又惊又喜、又犯愁。养两个孩子本来都感到困难，这回又一下生了两个，这可怎么办？两个小生命活泼可爱，扔，舍不得；留，养不起。就在这节骨眼上，有人提议，你真养不起，不如送一个给人。母亲想想，也只好如此。出院时，母亲抱着老大回家了。父母觉得就是因为自己没文化，所以家里总受穷，为了改变家境，不惜卖猪卖牛都要供孩子上学，后来这个孩子参了军，到部队后努力工作，勤奋好学，谦虚求教，他知道他们家穷，要想改变自己的命运必须要靠自己奋斗，结果在部队当了连长、营长、团长；而那个双胞胎老二由于给了人家，那家人只顾在市面上做生意，三岁时的一天一不留神把孩子丢了，找了好几天也没找着，又怕耽误自己的生意，只好算了。没想到这个孩子被人贩子偷走了，由于这孩子长得俊俏，满脸充盈着灵气，人贩子想卖个高价钱，迟迟没有出手，可又觉得天天白养这个小子，觉得自己不合算，就让他到大街上去要钱，如果要不回钱来，或者要的钱少就打他。后来就专门教他怎么偷人钱包，小孩机灵，比别的孩子学的快，手法准。当这个孩子到了五岁时，人贩子不想卖他了，想把他永久留下来做扒手。结果这个孩子也不负众望，果真出手不凡，上百次偷窃无不得手，被圈内人称为"手到擒来"的英雄，刚到十六岁就成了这支偷窃队伍里的一个小头头。于是他胆子越来越大，活动越来越频繁，从偷行人钱包到入室行窃，从偷自行车到偷汽车，这个孩子在他人的控制下当了十五年的贼，还自我感觉自己是成功人士。俗话说：常在河边走，哪有不湿鞋。十九岁时他因抢劫致数人伤残而被关进了监狱。

两个天真可爱的孩子，就是因为各自跟的人不同，导致两种人生结局。从这两个孩子的结果看，是他们自己的错？还是引路人的错？有一年春节，好几家亲戚在一起聚餐，说有一个孩子在学校读研究生，和导师一起研究了一项成果，正是这一研究成果检测出了我国的许多奶粉中掺有过量的三聚氰胺，可是导师只给了他们少量的回报，于是心中不平。我就私下里给他们讲了一个故事：说有一个年轻人请教一位德高望重的智者："我怎样才能像李嘉诚那样成功呢？"智者告诉他："有三个秘诀：第一个是帮成功者做事；第二个是与成功者共事；第三个是请成功者为你做事。"很显然，对我们大多数人来说，这三个秘诀里最现实的还是第一个——帮成功者做事。跟对人是成功的第一步。一个人成功与否，一定程度上取决于他所处的环境。你只是一个普通的研究生，你所研究的课题是导师为你选的，你的研究过程是导师为你指导的，鉴定你的研究成果也是导师为你选取的，如果没有这个导师为你创造这个环境，你能知道去研究这个课题吗？如果没有导师的指导，你会这么快就研究出这个成果吗？他回答说：都不能。所以说：自己走百步，不如伯乐扶你走一步。你不应该心里不平衡，你应该感谢你的导师为你创造的成功环境。由此，他心情好多了。

在成功者的圈里有这样一句话说得好："你是谁不重要，重要的是看你和谁在一起。雄鹰在鸡窝里长大就会失去飞翔的本领；野狼在羊群里长大就会丧失驰骋大地的野性，这就是潜移默化的力量。"所以说，你想成为聪明的人就一定要和聪明的人在一起，这样你也会变得更聪明；如果你想成为优秀的人就一定要和优秀的人在一起，你就有可能成为出类拔萃的人。这叫土壤决定收成，这也叫环境造就人！

所以，跟对人是选择，做好事的结果。选择跟对人往往比做成事更重要。一个人在职场打拼，是成功者，要为更多的人营造成功的环境；是创业者，要选择对人，并珍爱这个好氛围，跟着有品德、有能力、有思想的人脚踏实地工作，而不是有一点小成绩就求取财富。其实，成就别人的同时也在成就你自己，跟对人，才能做成事。

要想做好自己的工作，必须先求得上级的支持

无论是谁，在什么岗位，只要他是人，就有想做好自己本职岗位工作的愿望。做好自己岗位上的工作，不只是为了回报这个岗位给他提供的报酬，而更多的因素是为了体现一个人在他人心目中存在的价值。

但是，想做好工作并不是件容易的事，即使你是发自内心地想为老板做事，但要想用你的方法来做并不容易，更多的时候，你需要用老板的思维来办事。这正是许多事情都办不好的原因。你是人，你在办事时有你的想法，不管这个想法是不是合情、合理、合法，根据现场的情况，当时的实际，也许你认为应该这样做，而你却不能这样做，你必须得依照上司给你设定的方法去做，这样，你就觉得憋气，就有情绪，就不想再好好干，就想凑合过这一回等等。如果这样的事情遇到得多了，你就有了混日子的想法。想开始混日子了，你就学"圆滑"了。世俗的人都叫这是"成熟"。这不能不说是人生的一种悲哀。

按理说，你尽心竭力为老板做事，老板应该相信你，支持你，可是，老板手下有那么多人，一开始，他怎么就知道你一定是尽心竭力的，而不是在骗他呢？这就需要你事先与上司诚心沟通，在沟通中表达自己的想法与心境，通过沟通，让你的上司了解你的为人，了解你在他手下做事的心态，让你的上司对你充分信任，对你的想法给予支持。这样，你才有可能按照自己的想法去为你的上司做好事，做成事。

记得那是 2005 年迁曹铁路既有线施工正紧，由于铁路提速，加大运量，原有的铁路路基必须增加若干根挤密桩，一根桩两米多，几百万根桩要求五个月打完，而 3 个人一个小组，像推磨似的推着转，一天最多能打 3 个桩孔。就是采用人海战术，上场 100 个小组，最少也需要八个月时间才能勉强完成。在这种情况下，有一个同志在马路行走时看到一拖拉机前进后退受到启发，回去向领导报告，可以利用手扶拖拉机原理研制一台挤密桩钻孔机。结果领导信任他，支持他，给他投资，给他配备工程技术人员，经过二十多天的反复试验，他们成功地研制出了我国第一台挤密桩打桩机，3 分钟打一个孔，

比原来的工效提高了50倍；原来需要400多人干的活，现在2台钻孔机，只用十多个人；原合理工期9个月，超越常规干8个月的工作，现在4个多月就完成了。不但节省了时间，提前了工期，节省了投入，还大大减轻了劳动强度。这一切，都源于一个普通员工的想法能得到他的上级的认同，并给予大力支持。

这时候，我在想，假如他的上级不同意他的想法，即使同意他的想法却不给他人力、财力、技术和时间上的支持，他又怎么能够按照自己的想法去做好这项工作呢？他是怎样求得上级的认同的呢？

毋庸置疑，他在做这件事之前先做好了上司的工作。第一，他从工作的角度去向上司报告他的想法——新；第二，他从上司的角度去谈他做这件事的好处——快；第三，他从员工的工作现状中去谈同事们的感受——累；第四，他从自己的工作感受中去论证他的思路——行。第五，他从为人的角度去谈自己的处事原则——诚。如此一来，从各个角度他都谈到了，领导对他的这一动机没有任何怀疑，自然就没有理由不支持他的这个想法。当领导对他谈的这一想法高度重视后，反而加重了他的思想压力，成为促进他快速成功的助推器。当然，也为他提供了更多的试验方便。最终使他按照自己的想法出色地完成了这项工作。后来，据说企业评他为劳动模范，给了他万元奖励，树他为创新标兵等等。

想要按照自己的想法来工作，就必须与领导先行沟通。与领导沟通有两种形式，一是语言上的沟通，二是行动上的沟通，三是文字上的沟通。如果你说的和你做的不一样，领导只会上当一次，但你永远在领导面前失去了信任。今后，你将永远无法按照自己的想法来完成工作。那将是你一生的悲哀。由于沟通另有章节，这里不再重复。

要想获得上级的赏识　必须走在上级的前面

有位同事给我讲过这样一句话：我在机关工作多年，很少受到领导的批评。我问其窍门，答：你的工作怎么做，你必须想在领导的前面，并告知你的顶头上司，同时拿出不同的方案来请领导决策：一是要不要做；二是用哪一种方案做。等领导敲定，而后再去实施。

他说他曾做过这样几件事：

当社会诚信严重缺失，几乎每个人拿到百元钞票都要先过验钞机再敢往口袋里装时，他向上司提出，企业应该开展诚信活动，首先从企业班组开始，每年评比诚信班组，订立诚信方案，确定诚信班组标准，加大诚信宣传教育，狠抓诚信制度落实，年终大张旗鼓进行表彰。上司认为，前期不用投入经费，待有成果的时候才给予奖励，这样的方案可行。而后，他做了，这事就获得了一片赞誉。

当社会提倡人才流动，企业成了社会人才培训基地的时候，他向领导提出，仅仅提高人们的待遇不足以留住员工的心，更多的时候领导要考虑到为员工职业生涯早做设计，让他们今天好好工作就能看到明天的希望，这个希望一定要是在他们努力工作，为企业带了大量的财富的时候才能获得的，就会留住企业的人才。方案是，企业先行确立一个共同的愿景：比如，在这里工作一年就能让你学会怎么做人，工作两年就能让你小有成就感，工作三年就能买的起家庭用车，工作五年就能买得起住房，工作十年就能在你所走过的社会范围交一批朋友，收获一种特有的资源，工作二十年能让你积累一部丰厚的人生。而后明确提出自己的用人理念：什么样的人、做成什么样的事，可以用在什么样的岗位上。每年都要推出这样的典型人物大力表彰与宣传，这个表彰与宣传就是对全员的正确引导。最后才确定在不同的岗位上拿什么样的待遇。至于哪个员工适宜做什么，能从哪个方向努力尽快实现自己的目标，领导要做他们的参谋，并同时给他们提供适当的展示平台。只有这样，企业的人不但不会流失，外面的人才还有可能会找上门来。当这个想法提交给上司后，上司认为有道理，并请他先拿出具体方案。结果这事成了。他的这个想法实施后，不但为企业留住了人才，同时为企业培养人才、关注人才也提供参考方案。

当我听完他的故事后，我在想，领导要思考一个企业的方方面面，而我们这些办事人员是只想具体的事，或是某一方面的事，比如，从事物资的只想物资，从事财务的只想财务，在这些方面，应该说我们比领导更专业，而在同一个企业里，这些专业人才就是这个企业里这方面的专家。我们这些专家型人才在自己的岗位上做事，什么事应该怎么做，我们肯定比领导有新招，只是我们和领导站的位置不同，有时候单方面想问题可能会出现偏差，于是，我们先行拿出要做事的几个方案，放在领导案头，由他来替我们把关，帮我们决策：办不办，怎么办。如果我们不这么做，什么事都让领导比我们先想到，那我们就永远比领导的思想慢半拍，多聪明的人，用别人的思路去办事，永远也跟不上别人的思维。

永远落后于上司头脑的人，永远得不到上司的赏识。想要得到上司的赏识，就必须时刻对自己的工作先于领导提出自己的看法，拿出自己认为正确的操作方案，提供给领导，等待决策。并非你的想法每次都正确，但决不能每次都不正确，起码多数时候应该是正确的。

弄懂你的职责

　　一个人在什么岗位,该做什么事,都有明确的职责规定,但是,我们的生活里却有许多人弄不懂自己的职责就工作了。有时候是该自己做的事自己做不好,而不该自己做的事却努力去做,让他人觉得这个人这么卖力地做这件事,是不是里面有什么好处?否则,本不是他做的事为什么他那么抢着去做?

　　另一种情况是自己的事情没有做好,却总在一旁议论别人的什么事情应该怎么做才对,显得自己很有能力,很有远见。这样的人似乎总是拿着手电筒照别人,却很少照照他自己,其实,一个总在议论别人没有做好什么事的人,这样的人肯定也做不好自己的事。这样的人表现得很明显,让人们一看就能知道此人工作不扎实,找不到自己的位置,弄不懂自己的职责。这种人让人烦,但我们还好预防。

　　另外还有一种人不但弄不懂自己的职责,有时候还会形成一种假象迷住上层的眼睛,让领导感到他对工作的大量付出和对单位的极度忠诚,那才是真的很可怕。

　　有一位办公室主任,言语不多,每天埋头工作,大量的材料堆在案头,从主题确立到调查研究,从报告撰写到前后校对,他都要亲自做。每年要写大量的领导讲话,会议材料,文件规定,还要做许多事务性的工作,忙得不可开交,常常以牺牲自己的休息时间为代价,换取大量的人们赞誉:这个人真是老实人,从来不多说话,总是低着头默默无闻地工作,凡到年终评功评奖时,一般情况下大家都会投他一票,他也为此感到这个奖理应得到。

　　有一天,我去请他参加一个文化会议,他说没有时间,眼下正忙着撰写一份实践科学发展观的调查报告。说话间,他表现得特别忙乱,好像一大堆工作就急等着他去完成,而且就这一小会儿就会耽误什么大事似的。我问:"那这个调查报告为什么一定要你写?"

　　他说:"我去调研的。"

　　"你当时为什么不让你的属下去调研?"

"我怕他们调研不到位，回来也写不好。"

"那你为什么不带着他们一块儿调研，回来后你指导，让他们写，然后你再把关修改？"

"嗨，找那么多麻烦事，还不如我一个人干了算了。"

"那你办公室的秘书什么时候才能培养出来？"

"以后再说，现在太忙了。"

"像这样的工作方法，你什么时候能不忙？"

"不知道，我都快累死了，你别烦我了，我真的去不了。"

就这样，我看到他的属下都在玩电脑，我便问："你们主任那么忙，你们怎么都没事呀？"

回答说："主任怕我们做不好，从来不安排我们做什么。最多也就让我们跑个腿，找个人，通知一下开会什么的。"

"你们是不是真的什么也不会干？"

"不是我们不会干，而是主任不信任我们能干好。"

"那你们怎么想？"

"憋气。他不给我们施展才能的机会，不给我们实现价值的平台。"

"那你们有什么打算？"

"找个机会，重新换份工作。哦——"

我带着这一问题找到了主任的上层，"你觉得你们办公室主任那个人怎么样？"

"挺好的，人很厚道，工作也很扎实，言语不多，很能吃苦。一年写那么多材料，干那么多事，不容易呀。"

"你觉得这样的人给你当主任合适吗？"

想了想，"当年人们都说他老实，能干，就让他当了主任。唉，现在看来，他只会自己干，从来也不安排秘书干，不知道为什么，是安排不动，还是怕秘书抢了他的饭碗？"这位领导开始思考了。

笔者以为，这个主任是不称职的，首先是他没有弄懂自己的工作职责，一个办公室的主任不是什么事都要自己去干，而是要带领你的下属一起干，一是为领导服务好，二是协调好各个部门之间的工作，三是你还有培育下属成长的责任。本来许多事该秘书去干的事你主任都干了，那还要秘书干什么？其实他这样做秘书也是不愿意的。而这样一个人竟然迷惑了领导多年，还总以为他是一个脚踏实地的好人。其实，这种默默无语有时候也是一种可怕的假象。

《资治通鉴》第七十卷载：有一次，诸葛亮正在亲自校对公文，主簿杨颙径直跑进他的办公室劝说："为治有体，上下不可相侵（治理国家有制度，上下级的工作不能混淆）。"他打了个比方说，有一个人，让奴仆耕田，婢女做饭，公鸡负责报晓，狗负责咬盗贼，牛负责拉车，马负责代步，家里各项事务井井有条。忽然有一天，此人想改变一下工作方式，所有的事情都由自身去做，而让奴婢、鸡狗、牛马闲着，结果自己累了个半死，反而一事无成。是这个人能力不如奴婢、鸡狗吗？当然不是，而是因为他忘记了自己作为一家之主的真正职责。所以古人说"坐而论道，谓之王公；作而行之，谓之士大夫"。

诸葛亮作为一国丞相，总理全国政务，在那时可真是日理万机。对他来说，国家重大事务已经够他忙了，可他连校对公文这种事也要亲自抓，这就只能说是精神可嘉，方法欠佳。杨颙的劝告很有道理，诸葛亮听后深表感谢，杨颙去世后，他哭了三天。

如果说国家是台机器，各个工作岗位上的人员就是这台庞大的机器上的零件。每个零件的作用都是不一样的，零件之间若"相侵"，机器的运转只怕就要受到影响了。而要让这台机器高效运转，就必须要各司其职，"上下不相侵"。

有人曾撰文说："可惜的是，在现实生活当中，'上下不相侵'不仅很难严格地做到，相当一部分人（包括领导干部）甚至连这种意识都没有。'个人英雄'依然受到许多人的推崇，对于某些'带头'级的人物，人们还是习惯用'高大全'的标准来要求他，希望他'五项全能'，希望他包揽一切。特别是在管理工作上，对一个单位的最高领导，人们往往希望他什么都懂，单位上下什么都管，似乎只有这样才能体现他是称职的、优秀的。在这种思维的影响下，如果发生了工商局长亲自去市场查病猪肉、公安局长亲自上街抓小偷、企业老总亲自下车间操作之类的故事，就很容易成为'感动'读者的好新闻了（事实上，我们的媒体也的确常有类似的报道）。人们似乎忽略了：领导这样一插手，市场管理员、治安警察、车间工人该干什么呢？"

所以说，弄懂你的职责，再去工作，把自己该做的事情做好，你就是一个优秀的人了，没有必要去议论别人的事，更不应该去插手管别人的事。由以上例子不难看出，凡是喜欢管别人事的人，十有八九做不好自己的工作。

责任是一种坚守

有人说，责任，是一种境界，有人说，责任，是一种心态，而我也说，责任，是一种坚守。尽管我在叙述自己的这一观点时，我也依然承认关于境界与心态的定义。我认为，境界是一个人能够尽心尽责的前提，心态是实践过程中人们不断调节自我的工具，而坚守则是实践责任的目的。于是，我只在本文里谈谈责任是一种坚守与各位共商榷。

据说从前，秦始皇想统一天下，但对于本国民众能否与己同心不得而知，于是，有一年秋天，他带着几个随从到民间私访。由百姓早就不堪连年战乱之苦，反对战争，秦始皇早已心绝，忽听民众肺腑之言，与大臣们朝上报告相差甚远，一下感到心烦意乱，多饮几杯后便躺下小憩。这时，掌帽人怕秦王着凉，睡起来会感冒，就拿了件衣服给秦始皇盖在身上。秦王醒后问谁给他盖的衣服？掌衣的人说是掌帽人。于是，秦始皇一怒之下同时处罚了掌衣人和掌帽人。理由是：掌衣的人忽略了自己的职责，而掌帽的人则超越了自己的职责。

这个故事让我想起了这样一件事：有一次，我到一家修理厂去工作，工作中发生了一件事让领导很为难。那时，我们现场正在工作的车床上坏了一个零件，急需要更换一个螺杆，我们就派员工到材料仓库去领取，但是材料员以为这会儿没事，把材料库一锁，到旁边的朋友家喝茶去了，别人又找不着他。我们的这位员工认为上班时间不坚守岗位，到处乱跑，让我领不到材料，耽误了我们的工作，就会减少当月奖金，反正我是为了工作，又不是为了我个人，就把材料库的门锁给撬了，然后拿上材料，并在材料出库存单上签上名字，留下字条走了。

我们想一想，这样一个事件，我们该不该同罚。企业和国家一样，古往今来，任何一个管理者要成功地管理一家企业都要对这家企业的事务进行分工，并按照工作需要设计不同的职位，配备相关人员，明确各自的职责，授予相等的权力，而后就是考核他们的工作业绩。在考核业绩时，第一条就是看你能不能尽职尽责，坚守本位。

如果工作中出现有人不坚守职责，我们是不是应该从以下三个方面来考虑，一是我们的管理者是不是委以职责，就授予权力，如果做到了职务、职责、职权三者对等，就应该处罚这位责任人；二是我们的员工是不是思想境界不高，有混日子的想法；三是因为上级在处理某一事件时，影响了员工的工作心情，导致员工心态不好，有意放松对自己的要求。不管是哪一方面的原因，如果要解决这些问题，我个人认为，管理者都应该先检查一下自己：一是检查自己对员工的"三职"授予够不够，有没有真的给他们创造一个顺利完成工作的环境；二是对员工的教育引导够不够，是不是把员工的思想都统一到了企业的共同战略上来，让全员同心同德，为着一个共同的目标而努力工作；三是在处理某件事情上公平不公平，或者是自己对员工的承诺兑现是否有误，从而影响了员工的心情。当然，对于掌握了这些权力而又不能负责任的人或者是滥用职权的人，也要给予必要的处理。

比如，我们来看这样一个故事：在西方的神话传说中，太阳神阿波罗每天都要驾着四匹神马、拉着太阳金车周天巡视，把光明和温暖带给世界。阿波罗的小儿子法厄同为有这样的父亲而感到骄傲，常在小伙伴们面前夸耀，但是，小伙伴们却不信，还嘲笑他冒充太阳之神之子。于是，法厄同为了证明自己在小伙伴们面前说的都是真的，就恳请父亲让他驾一天四马金车。因为这件事关系重大，一开始阿波罗没有同意，后来由于父子之间的感情原因，他经不起儿子软磨硬泡，只好把四马金车交给了儿子，并一再嘱咐：千万小心。法厄同得意洋洋地驾驶着四马金车升上天空后，哪里知道那四匹神马狂烈无比，小小的法厄同根本驾驭不了，结果是太阳车偏离了轨道，一会儿带着滚滚火焰冲向众神的宫殿，碰坏了众神们的许多宝贝，一会儿又猛烈向大地冲来，一大片美丽的森林顷刻间化为撒哈拉大沙漠。大寺女神该亚发出恐怖的尖叫，宙斯不得不拯救濒临于毁灭的世界。他向太阳车掷出雷电，将法厄同击出太阳车，把疯狂的神马赶下大海，阿波罗赶紧收回神车，天地才重新恢复了秩序。

这个故事让我们首先想到的是阿波罗为什么会轻易将自己的权力交给儿子？是因为阿波罗没有坚守责任，所以弄得人间天堂一片混乱。在我们现实生活中也有不少这样的案例，而我们的许多管理者在某一个地方不能尽职尽责，没有把企业管理好，不是被免职了，而是出于面子、出于感情、有时候还出于金钱的驱使，反而把这个管理者从这个岗位上调到另一个同样等级的岗位上去工作，结果几年后又把那里也搞得一团麻，让民众受苦，怨声载道。这应该说是他的上级没有坚守责任。

其实，责任，就是一种坚守，在什么岗位负什么责任，每个人都做好了，工作就是有序的。社会就是有序的。世界就是有序的。

放弃需要一种勇气

人生有一种本能的自私是不断地满足个人欲望，当然，也不能一概而说这种人生的欲望就全是恶的，而是说无节制地追求个人满足就会造成损害他人利益、损害社会利益的现状。所以，人的一生不应该全是占有，该放弃的一定要放弃。不过，放弃需要具备一种勇气。在到处充满了利益与美色的诱惑环境里，有多少人能够具有勇气放弃不该属于自己的占有欲？

记得2003年我到上海去开一个笔会，与朋友聊天时谈起什么是上海人，他告诉我：上海人有话不直说，比如，你到他家采访，他上午又不想招待你，他会说："沿咱们这楼下去，沿胡同向前走50米往左拐，再走30米，然后向右拐，走20米，就在路边有个小面馆，那里有各式各样的面条，而且味道极好，价钱也不贵。"说这话的意思是让你走，如果你听懂了，你会起身告辞，他还要说："吃了饭再走吧，怎么，不在这儿吃了？"如果你听不懂，待一会，同样的话他会再重复一遍，直到你听懂为止。

听完朋友的介绍，我觉得好累，我庆幸我没有生活在上海，假如我要生活在上海，人们一天都要猜着别人的心事过日子，那可太辛苦了。而在北方，人们有啥说啥，如果今天不想接待你，直接说，对不起，我今天有事不能留你在家吃饭，下次有空，我一定请你。多好！痛痛快快。

然而，我的这位朋友又说："你在北方待了多年，你知道什么是北方人吗？"

哎呀，我还真没想过这个问题。这一问倒让我开始思考起来。然而，朋友说，"看来你不太注意细节，我来告诉你吧，拿天津人为例：如果你看到一个天津人生活得不是很富裕，你告诉他，到外面打工去呀，多少也能挣点饭钱。他会说：'在家门口都挣不上钱，到外面能挣上钱？'如果你看到一个在家做点小生意，基本可以维持生活，但不是很富裕，如果要像现在这个劳动强度，也许换个地方就能以同样的劳动挣到更多的钱，于是，你建议他到外面去做点大生意。他会说，'在家门口就能挣到钱，又何必非到外地去？'总之，他们不愿意离开自家那片或贫或富的土地。这就是天津人与上海人的不同。"

听了朋友一番话,倒让我开始思考这样一个问题:天津、上海,同在祖国的土地上,论历史,天津有600多年,上海只有100多年;论文化,天津比上海要厚重得多;论条件,同为沿海,但天津距离北京很近,有什么事可以更便捷地求得中央领导和国家各部委的支持。可是,论眼前的发展,上海却要比天津最少快十年。这究竟是为什么?难道就因为天津人没有勇气放弃:放弃家的安然,放弃那本不该贫穷的生活,放弃那原有的观念,到外面去创造一个崭新的生活?不是有一句话嘛:外面的世界很精彩,一个从来就没有想过要走出自己家门的人,又怎么会知道外面的世界有多么精彩?又怎么会有新的想法,又怎么会知道还要重新设定自己的生活目标,又怎么能改变自己的生活?到外面去不仅仅是走出去挣钱,或者说不管自己的家乡发展,而是接受外面人的思想,适应社会大环境,这可以改变一个人的观念,等条件具备,可以重返家乡,建设家乡。难怪有人不理解天津大街上怎么会有那么多人整天整天围在马路上"砸红一"(打扑克),也不去寻找一份正当的职业。

所以,放弃需要一种勇气,如果没有这种放弃的勇气,认为眼前占有的就再也不能放弃,为了保住眼前这一点小利益,脱不开身,挪不动步,死守一块阵地,那你就不可能拥有更多,到头都只会是一样的生活。

我们是不能仅满足于一种生活现状,为了追求更高的生活目标,需要有勇气放弃,而在利益的诱惑面前同样也要有一种勇气放弃,过分贪婪金钱或美色,一样会造成生活的悲剧。

曾有一个青年,经过几年的社会磨砺,很快成为企业中一个不可多得的人才,在上级信任,吹捧者忽悠下,他很快走上了职业经理人道路,几个亿甚至几十个亿的工程交给他干。面对这突如其来的权力,他忽然发现他是一个很了不起的人,在他所管辖的圈子里,他想说谁好就说谁好,别人不敢反对,他想说谁不好谁就不好,好也不好。他的话就是语录,他的话就是命令,他的话就是真理,每天都有许多人围着他转。有请他吃饭喝酒的,有请他旅游按摩的,有给他送钱的,有给他送美女的。他说不清身边的人为什么都对他这么好,思来想去,还是因为自己一身才气,一脑子灵气。于是,这让他坚信他是一个与常人不同的聪明人,是优于常人的高能力人才,所以,说话做事不能与一般类同。正是在这样的思想支配下,他内心深处滋生出一种傲气,言语中透露出一种霸气。在后来的三年中我没有见过其人,但三年后的一天，我突然听说他被检察机关逮走了，原因是有人举报他有个人受贿行为，数额巨大，超过千万元。再后来听说他被判了数十年，大约他的余生就要在监狱中慢慢度过了。事因只是有人送了他70万元，想在他手下揽一段工程，他收了人家的钱，但后来由于想揽活的人多，送钱的人也太多，他弄不清哪份钱是哪个人送的，结果在划段排队时，把其中一个人就漏了，但事后他也想不起来把钱退给人家，结果就被举报了。他在监狱中忏悔地说："其实我又不缺这一点钱，只是我总想着钱越多，越能体现我的价值，所以，他们送来我也就都收了。唉——"

这个同志是面对闪闪发光的金钱，没有勇气放弃，还认为，占有的金钱越多，越能体现他自身的价值，结果走向了人民的反面。

面对上述事实，让我想起《喻老》中的一段话：说，春秋时期，宋国鄙人得璞玉而献之子罕，子罕不受，鄙人曰："此宝也，宜为君子器，不宜为细人用。"子罕曰："尔以玉为宝，我以不受之玉为宝。是鄙人欲玉，而子罕不欲玉。若以与我，皆丧宝也。不若人有其宝。"稽首而告曰："小人怀璧，不可以越乡，纳此以请死也"。子罕置诸其里，使玉人为之攻之。富而后使复其所。故曰："欲不欲，而不贵难得之货。"

此段话的意思是说，宋国有个喜欢巴结奉承别人的人，得到一块玉璞，便拿去献给子罕。子罕不收，那人感到奇怪，说："这可是宝物呀，这种东西只配像你这样的人拥有，收藏、佩戴，不适宜像我这样的下人拥有，给我们用都显得糟蹋了。"子罕却说："你爱的是玉，我崇尚的却是不受贿赂，不听奉承，我视这些为宝。"是你追求玉为宝，而我不追求玉。如果把玉给了我，那么我们两个人都丧失了宝物，不如各人保有自己的宝物吧。献玉的人叩头，然后对子罕说："小人怀中藏着宝玉，到哪里都不安全，还是把它送给您吧。这样就可以免于被人谋财害命了。"于是子罕就把美玉放在自己住的地方，让玉工雕琢它，然后又卖了出去，把钱给了献玉的人，让他成了富翁，然后送他回家去了。所以，后来孔子说："把不追求当作自己的追求，那才是真正难得的大追求。"

在金钱面前，春秋宋国的大贤人子罕大夫在该放弃的时候有勇气放弃，去追求天下百姓的安康与幸福，灾年来临时，他建议国家开库拿粮发与百姓，而自己家也发粮给百姓。各大臣借粮给百姓时都打了借据，而子罕不要借据。因为他的行为，让百姓避过灾难，没有挨饿，结果他得到了后人的称颂，得到了当时人们的尊重，也得到了他追求的目标。晋国的叔向听说这些情况后，说:"郑国的罕氏(即子展、子皮的家族)、宋国的乐氏(即子罕的家族)肯定会长盛不衰,他们应该都能够执掌国家的政权!这是因为民心都已归向他们了。以其他大夫的名义施舍,不只是考虑树立自己的德望名声,在这方面子罕更胜一筹。他们将与宋国共存亡吧。"而我们现在许多同志把占有当成一种嗜好,一味贪图自己本不能驾驭的权力,结果给自己造成了压力和负担,同时也了却了自己美好的人生,如此的不放弃才是真正放弃了美好的人生。何故?

放弃也是一种选择

　　人生在很多时候都会为了拥有美好而苦苦地向往与追求,甚至还会为了获得这些美好,怀着忐忑的叹息,伴着花开与花落的烦恼,忙忙碌碌,穷尽一生也不知所终。于是,就大喊:人生苦啊!其实,我们在追求新事物的同时也就是对旧事物的自然放弃,可是,有人不把这种行为当成对旧事物的放弃,所以,便生出许多人生的烦恼。这实际上是人们进入了患得患失的误区难以解脱。为了让人们摆脱这种苦恼,得道高人便来安抚人心,说:活得明白的人懂得放弃,怀有真情的人懂得牺牲,真正幸福的人懂得超脱。说的都是人生只有在不断的放弃中才能享受到更好。我理解为:放弃本就是一种新选择,不会放弃就无从选择。

　　以前有个好友,我几乎把他当兄弟一样看待,他妻子作为天津服装裁剪人员出国打了三年工,回来后对原有的家庭收入不太满意了,还想继续出国打工,但我这位朋友认为孩子小,自己又要工作,又要照看孩子,身边又没有一个老人,多有不便,另外其妻心已"发野",生活上总在追求西方化,怕就此发展下去会毁了这个家庭,不同意其出国。但其妻认为,不让出去,就必须在家里干点实业,比如自己办个服装厂。要不然就还要走。两口子为此事口角不断,朋友见了我就诉苦,我也为他心痛。2005年那个春节,朋友来家拜年,说想办个服装厂,这样他妻子就再也不会闹了,可苦于资金不够。我问:"这样的事需要搞好社会调查,看看你们这样办是不是有把握。"他答:"已经搞过了,没有问题,一年就可回本。"后来我又提醒他们,再深入一些,把市场情况摸准,做什么服装,干多大规模,要多大空间,往那里销售。他说了一大堆,并计算了加工活的利润。当他妻子和我谈时,说投26万就够了,最多一年半就可以回本。我说:"你差多少钱?"她说:"咱一家投13万,你什么都别管,到时候只管收钱就是了。"都是这么好的朋友,全当再帮他们一回吧,我是服装生意的外行,也只有让他们去干。双方签了协议,我给了她13万,并在协议上明确提出,要把账记清楚,到时候不管是挣是赔,弄个明白,每两个月向我报一次财务清单。他们俩答应得很好。结果等干了一年以后，他们不但没有账，还说不会记账。我建议给他们找一个记账的会计，只管记账，不管其他。结果没干三个月，她将人家辞了。再往后每每让她报账单时，她总是说忙。问她挣钱了吗？回答是："这年头，只要干点就挣，就是太忙。"又是一年到头了，也没向我报一次账单。16个月后，我有些不满了，建议他们停工算账，结果她向我报了一个财务赤字。让她拿出明细账来时，她说没有。没有消耗账，只有一个干了什么加工活，进了多少钱，花了多少钱的总数，这哪里是财务账？由于没有按照协议条款办事，又出现了赤字，我建议不能干就停产，盘点现有东西，折价处理，两家平摊，但他们既不处理设备，也不归还我的钱，还坚持又干了一年。一年之后的一天，他们主动让我去谈谈这事怎么办。我去了，他们说："世界爆发了金融危机，设备卖不了，你看怎么办吧，反正我手里没有一分钱。"哎呀，这叫什么事？十几万块钱对于一个靠工资收入来养家糊口的人来说，那是多大的一笔数目呀，说没就没了，我怎么向家人交代？又怎么让我的心情可以平静？不知什么原因，后来我病了，几乎大半年什么也干不下去，原本为自己设定的写作计划全部落空了。面对这个局面，是放弃，还是找个讲理的地方？放弃，不甘心；找个讲理的地方又十分麻烦；和他们两人直接谈判，他们像无赖一样和你吵架。越吵让我感到越伤心。原本与出版社订的计划没有完成，出版社也催得急。就在这时，妻子劝我"与其和两个无赖说理，还不如干脆放弃心中的烦恼，重新追求新的人生。"于是，我最终选择了放弃。静下心来实施我的计划，八个月撰写了30万字的《企业文化建设操作宝典》，2009年4月1日出版后投放市场，到同年8月，已成为全国各大院校图书馆的参考书目，被专家誉为该书填补了中国企业文化建设实战操作的空白。同时被中国企业文化建设测评基地评聘我为专家教授。

　　面对新的成果，回顾那时为此事的痛苦，让我深深地感受到：安然一份放弃，固守一份超脱，也不失为一种新选择。不管个人的选择方式如何，更不管握在手中的东西轻重如何，我虽逃避也显勇敢，我虽伤感也显欣慰。只有敢于放弃，我们才有可能去迎接新的生活。在这样一个让人生厌的时候，能敢于放弃，不也是生活里的一种"战略转折"？而这不也是一种最好的选择？

　　我虽如此，世人又会是怎样的呢？据资料载，安迪·格鲁夫在该书中提到：20世纪70年代，英特尔公司进入芯片产业尽管只有十年，却已经在半导体存储器芯片市场上成了世界的领头羊。虽然赢家并不是英特尔公司，但英特尔就代表着存储器，存储器就也意味着英特尔。可是，到了80年代，日本存储器厂家迅速发展，而且超过了英特尔。并且市场上认为，日本的同类产品还优于英特尔。结果英特尔的订单一夜之间像春天的雪花融化了。正像安迪·格鲁夫形容的"我们奋力拼搏，降低成本，改进质量，但还是落后了。""我们迷失了方向，在死亡的幽谷中徘徊。"那时，英特尔公司的管理者痛苦极了。到了1985年的一天，安迪·格鲁夫正在办公室与董事长哥顿·摩尔谈论公司的困境，安迪·格鲁夫问哥顿："如果我们下台了，另选一位新总裁，你认为他会采取什么行动？"哥顿犹豫了一下说："他会放弃存储器的生意。"安迪·格鲁夫说："那我们为什么不走出这扇门，然后再回来自己动手？"还有就是有一次安迪·格鲁夫在饭堂吃饭时，一个属下问安迪·格鲁夫："你能想象没有存储器的英特尔公司吗？"安迪·格鲁夫勉强咽下一口饭说："我想我能。"四座立刻哗然。公司最终下定决心转产！此后，英特尔转向了原来并不主营的微处理器的全力开发和生产，终于成就了今天计算机心脏的骄人业绩，成为世界上最大的电脑芯片公司。

我们由此不难发现，人的一生中难免有许多遗憾，但一般来说，只有成熟的人才懂得该放弃时要放弃。因为，幸福的人只记着我们曾经拥有过什么，而不幸的人只记着我们曾经失去了什么。放不下失去的，就永远也走不进新一轮的选择和进取。有句歌词唱得好，"不在乎天长地久，只在乎曾经拥有，"就唱出了懂得放弃的哲理。

放弃需要"常思既往"

常思既往，就是常常回头看看自己走过的路，通过对自己走过路的不断梳理，才能看清我们一直追求的哪些东西是应该继续追求的，而所占有的哪些东西是应该放弃的，看清了，弄懂了，我们才可以放下包袱，轻装上阵，在人生的道路上少走弯路，快速成长。人乃如此，国也同样。

每逢年末，国家都要召开各种会议，总结一年，这个总结就是梳理走过的路，通过梳理看到成绩，坚定信心；也通过梳理发现问题，及时纠正，这也就是一个国家从理论到实践，再从实践到理论的发展实例。

在市场经济社会里，有的人为了追求升官发财目标不变，方式不变，只要能赚到更多的钱，有时甚至不择手段，不回头看，不仔细想，结果不是走进了死胡同，就是走向了人民的反面，不可不常思既往。

记的20世纪90年代中期，山西省政府开会，重奖了一位当地的记者，有人不解，多少人为山西经济振兴作出了贡献，没有得到重奖，怎么会奖励一个小记者？后经省领导解释，人们才弄明白解放思想，转变观念的重要。那是一名记者通过对山西经济发展的梳理，发现山西人几百年来小富既安的思想没有变，这严重制约了山西经济发展。他曾在山西日报撰文说：山西的麻花不比天津的十八街大麻花差，晋西的麻花脆香，晋中的麻花清香，晋北的麻花柔香，而天津的麻花油大，吃起来多少有些显得发腻，可是山西的麻花却没天津的麻花有名；山西的拉面本是一绝，但没有兰州拉面有名；山西的陈醋本属中国最有特色的名品之一，但在国际市场上却卖不过江苏镇江的香醋。这是为什么？该记者从山西传统文化切入，对山西人的经营理念逐步梳理，发现山西人小富既安，日子能过得去就满足了，不求更大发展。这是由一个外商来购买陈醋引发的。有一次，一位法国商人到中国来购买山西的老陈醋，人家计划第一个月要三个集装箱的货，第二个月要装满五个集装箱的货，第三个月以后，每月都要八个集装箱的货。这可是一个大订单，别人想到外面去拉这样的订单都拉不上，人家主动送上门来了，滚滚财源不请自来，谁不喜出望外？可是，这一下愁坏了山西的醋商，他上哪里去给人家一下找到这么多的醋源？在山西，从晋东南到晋北，不敢说家家都在做醋吧，起码有千万家的人都会酿醋，但大部分都是自家酿上自家吃，虽然也有不少人开办了酿醋的作坊，大大小小数起来也不低于上千家，但都只求满足于一方供给，就从来也没有想过要将自己的产品销往销往国际市场，各家干各家，谁都不愿意和谁家合作。于是，人家拿着白花花的银子到山西来却买不到产品，无奈之下，法国商人去购买了镇江的香醋。因为镇江的醋厂是规模化生产，集团化经营，外商要货的数量镇江人能满足。山西人只有看着钱往南面流，虽然也心疼，但仍不改自己的经营模式。这就是为什么山西的麻花卖不过天津，拉面不如兰州拉面有名的道理。

假如山西人肯放弃自己的小作坊，联合大家集团作业，假如山西人不求一己小利，共谋发展，光山西的老陈醋一项都会成为山西的支柱产业。假如没有这位记者对山西经济发展观念的梳理，还要等到什么时候人们才能看到自己的弱点？

常思既往不仅能让我们放弃陈旧观念，还能让我们放弃自大情绪。早年，天津大邱庄的禹作敏和新希望集团的老总刘永好就有过交流，他们从1993年起就都是全国政协委员，他们在一起交流时，禹作敏问："永好啊，我就弄不明白，你在外面办那么多厂子，是怎么管理的？而我在外面办的厂子怎么就都亏损呢？"从那次谈话回来以后，刘永好就看到了禹作敏明天要衰败的迹象。他说："禹作敏在中央电视台侃侃而谈，大邱庄是全世界最好的地方，农业产量已经超过了美国，大邱庄的男孩儿要娶美国的姑娘做新娘……"他说这些是因为他在大邱庄待得太久了，他已经不知道外面的世界都发生了怎样的变化，自以为是，自以为大。眼界太小，有坐井观天之象。正是他这种自大、自傲的情绪，让大邱庄很快走向了衰败。假如禹作敏当时能放弃自高自大的情绪，端正自欺欺人的态度，改掉自吹自擂的作风，多一些自知之明，少一些自命不凡，放弃没必要固守的尊严，走出去看看外面的世界，也许大邱庄的发展就会得到持续。

而"新希望"集团创业于1982年，其前身是南方希望集团，是刘永言、刘永行、陈育新（刘永美）、刘永好四兄弟创建的大型民营企业——"希望集团"的四个分支之一。在南方希望资产的基础上，刘永好先生组建了"新希望"集团。目前，新希望集团有农牧与食品、化工与资源、地产与基础设施、金融与投资四大产业集群，集团从创业初期的单一饲料产业，逐步向上、下游延伸，成为集农、工、贸、科一体化发展的大型农牧业民营集团企业。

已连续 5 年名列中国企业 500 强之一（2009 年列第 131 位）。新希望集团携手山东六和集团、陕西石羊集团、山西大象集团、北京千喜鹤集团，共同形成强大的新希望农牧体系。刘永好重组新希望集团，放弃了原来的四兄弟联手，目前，秉承着"为耕者谋其利、为食者造其福"的经营理念，实现更大的发展。

于是，常思既往，能让我们放弃陈旧观念，能让我们放弃自大自傲的思想，更能让我们看清前进的方向。

宽容是一种品格

修养好的人品格都好，因为宽容的背后体现的是人品。一般说，宽容的人都大度，大度的人都不会因为一些小事而计较，计较少的人都胸怀宽阔，胸怀宽的人都少疾病，自然，疾病少的人都健康，健康的人都长寿，长寿的人都幸福。所以，人人都在追求幸福，什么是幸福？怎样才幸福？修身、行善是一剂良药。

我们小时候念过这么一首儿歌："东边来了一只羊，西边来了一只羊，一起走到小桥上，你不让，我不让，扑通扑通掉进河中央。"在我们的生活里互不相让的事比比皆是：有一次，一位大臣和慈禧太后下棋，占了上风，说道："我杀老佛爷的马。"慈禧勃然大怒："你杀我的马，我杀你全家。"你看，这多叫人心寒啊。有的人本来无理都想占三分，有理就更不让人了。其实，中国有句古话：得饶人处且饶人。得理饶人就体现的是一种宽容，能做到得理饶人才真正体现出一个人的品格。我曾有两个同事看上去相互都很客气，但却私下有很深的矛盾。有一次，因为一点利益分配直面闹了起来，后来把这事闹到了领导那里。领导们看着他们两都不服气的样子，想了想，在这样的气头上，说谁不对都不好接受，干脆还是让他们先消消火再说吧。领导笑笑没有表态。我明知弱者占理，我却劝他，算了，你多要一点也发不了财，少要一点穷不到那里，他非要那三百元，你就让给他吧。弱者还是气不过，我就给他讲了一个故事。

说有一只河蚌本来很安逸地住在河水里，无忧无虑，与世无争。有一天，偏偏一粒沙子闯进了它的身体，沙子在河蚌的肉体里蠕动，因摩擦造成的疼痛，让河蚌撕心裂肺、肝胆欲碎，十分气愤。面对赶不走又吐不出的沙子，河蚌渐渐平静下来，设法用自己分泌的"心血"去宽容那粒沙子。天长日久，沙子变成了一颗珍珠，疼痛没有了。宽容痛苦的结果，使河蚌的身价倍增。弱者听完故事没有表态，回去了。

我又找到那位强者，也讲了同样的故事，并告诉他：算了，你把那三百元给了他，你也穷不了，为什么非要在这一点小利上争个你死我活？以后大家还要在一起工作，抬头不见低头见，何苦？该同志听不进我的劝说，带着气愤走了。

第二天弱者主动找到我说："你说得有道理，我听你的。"这事就算平息了。

然而，领导等了好几天也不再见这两个人找来，领导们还在纳闷：他们两个人怎么不找了？难道是自行解决了？如果是解决好了，那又是怎么解决的？正巧遇我，便问起此事，我便讲了弱者对一个犯了错误人的宽容。领导笑笑说："哦，那是一种人的品格。"

时隔不到半年，单位里有人事变动，当这个部门需要提升一个新的负责人时，参加会议的人员几乎没有任何争论，都同意上述故事中的弱者。原因只有一个——他的人品好！我们中国人在使用人时，首先考虑的是"德"，宽容就是一种美德，容人事才能容天下事。我们常说，大山能容每一块碎石，所以大山才高；大海能容每一滴水，所以大海才深，蓝天能容每一片云，所以蓝天才宽阔。宽容不仅是一种做人的美德，也是一种明智的处世道理，是人与人交往的"润滑剂"。无论走到哪里，宽容别人都会带去一片和谐、温馨的春风。事隔多年，当年那位强硬者"原地不动"，政治上不见进步，而当年的那位弱者却一路"青云"，当年的强硬者每每想起此事就后悔万分，但事已至此，只能当作教训来对待了。

其实，宽容并不是一个人与生俱有的，也不是随便就能做到的，它是一个人不断学习，不断思考，正确对待人生的结果。细细想想：宽容别人其实就是宽容自己，一件事老是放在心上，日思夜想，总也放不下，晚上睡不着，最后得了失眠症，白天吃不下，最后营养不良，何苦？宽容他人的错误，也是让自己的心灵休息。

一个人的品格高不高，首先看他对人的态度是否宽容。宽容，人品的体现。

宽容是一种福气

　　人人都希望别人对自己宽容，尤其是当自己犯了错误的时候，就更希望别人对自己宽容，可是，事实上往往得不到别人对自己的宽容，于是就更渴望宽容。比如，天下着大雨，我们走在马路上，前面驰来一辆小汽车，我们就希望它能从我们身边慢慢开过去，不要把泥水溅我们一身。如果这个时候汽车急速驰去，多数人会朝着那辆小车司机骂一句：这雨天，着急去死呀！也许那个司机被人诅咒得多了，就真的在某个地方翻了车，或是撞到电线杆子上了，把自己撞死了。这是一种想象。假如雨天我们迎面遇到的汽车司机到我们跟前时，把玻璃摇下来，"同志，你先走。"等我们过去后，他再慢慢开着走。这样的人肯定不会出事，这并不是说没有人们诅咒他，他就运气好，而是在雨天行车，他这么小心，他就一定不会有安全事故。司机的安全行车其实就是最大的福气。

　　如果说上面的这个思维是一种假设，那么，我们看看2008年2月2日，在烟台晚报曾刊登过这样一则消息《宽容是美德 谦让成佳话》。元月26日下午，彩民老张（化名）又照常走进了06319站，看着"排列3"走势图对站长说："老李，今天我看也不太好，那个号就少打几倍吧。"原来，最近一段时间，彩民老张心情不好，天天买，总也不中奖，自己虽然每天都做"功课"，但精选的号码要么中2个号，要么次序颠倒，反正与中奖无缘。就在前一天，老张听李站长提醒，把贴在中奖榜上自己去年国庆节期间所中的一张彩票，又照旧打了8倍，结果当天并未中出。因此，这天他也无心再做研究，就想让李站长把那注中奖号码"806"拆开分组装成四注单式票，然后打上3倍。谁知就在李站长按键出票时，手指无意中捎带着"2"键打出了一张32倍的彩票，本来只需投注24元的彩票，瞬间变成了256元的彩票。李站长马上说："对不起，老张，我打错票了。要不，再重打一张吧，这张我留着。"老张心想，人家老李也是无意的，别让他为难，还是我自己留着吧。老哥俩这种彼此的谦让和宽容，似乎冥冥之中预示着什么。果然，无巧不成书，当晚"排列3"开奖还真出了"806"，好心自有好报，良好的心态加善良的举动,让彩民老张意外多得 2 万 9 千元的奖金,也无意间造就出这段中彩佳话。可见,宽容也是一种福气。

但是,如果说这种宽容所带来的福气是一种巧遇的话,我们再来看看一个老师的宽容会给自己带来什么吧。

有一位小学老师在与学生们相处中总是很烦,怎么说他们都不听话,怎么说孩子们都不能理解她的一片苦心,时间一久,她对教学产生了厌恶。有一次在给孩子们讲《坐井观天》的故事后,为培养学生的创造性思维,让他们以《青蛙跳出井口》为题进行说话、写话训练。小学生纷纷发言,不料有一位小女孩站起来说:"青蛙从井里跳出来,它到外面看了看,觉得还是井里好,它又跳回井里去了。"同学们听了哄堂大笑,老师先是一笑了,继而说:你也是一只井中之蛙。并且阻止她的话,让她坐下。后来当这位老师在批阅学生交上来的作业时,老师看到了该女生续写的故事:青蛙跳出井口,它来到一条小河边,想去喝口水。突然,它听到一声大吼:"不要喝,水里有毒!"显然,水上漂着不少死鱼。它抬头一看,原来不远处有一只老青蛙在对它说话。它刚要说声谢谢,就听到一声惨叫,一柄钢叉已刺穿了那只老青蛙的身子。那只老青蛙正在痛苦地挣扎,青蛙吓呆了,这外面的世界太可怕了。它急忙赶回去,又跳到了井里。还是井里好,井里安全啊!多么奇特的想象啊!

当教师看到这里时,眼前马上浮出这样的场面:河水里漂有一片死鱼,市场上堆一堆待卖的青蛙。她后悔她当时没有足够的耐心和宽容等孩子把话说完,不该那么粗暴地打断她的话。在如此教学中,学生又怎能感受到老师的那一份尊重,那一份理解,那一份赏识呢?如果老师当时给了这个小学生一个说完话的机会,也许就会发现她不同寻常的想象,并为她的思维补充新的能量,同时感染全班同学的思维,以达到教学的真正目的。但是,我觉得这还不是最主要的,最重要的应该是通过你耐心倾听学生说话的行为,走进小学生的心灵,与他们交上朋友,激发你教学的兴趣与情趣。这才是你最大的福气。

真的,这位老师从这里得到了启示,从此,无论小学生表达得是否准确,她都要很耐心听完,然后,在她与学生们沟通时总是这样说:"对于这个问题,你有什么想法请再谈谈好吗?""老师还有一个建议想说一说,你看怎么样?""你还有什么问题需要提出来与大家一起讨论吗?"诸如此类。这种商讨式的教学能唤醒学生的"主人意识",激发学生主动学习的兴趣,为学生潜能的挖掘和发展提供了可能。这位老师自从改变了自己的教学方式，她越教越觉得这群孩子可爱，越教越觉得这项工作有意义，没有刻意去追求先进，她却年年成为学校里先进工作者。原因是她教出来的孩子都学习成绩很好，再后来她成了全省学科带头人，成了小学教育的专家，她成了老师为小学生讲课的评审者。

  这虽然都是一件件很小的事，但让我深深地感受到:？宽容，本就是一种愈久弥坚的福气。有些时候，倒真不必为了一些微不足道的事情而耿耿于怀。人生，说长不过百年，说短稍纵即逝，如果处世过于苛求，无异是一种负累。若说"该出手时就出手"，是表明了积极的进取态度。那么，偶尔间对人或事的宽容理解，又何尝不是一种解脱。老是抱着"咬定青山不放松"的心态去生活，对些许小事斤斤计较，为一己之利的损失斗个头破血流，两败俱伤。待到伤痕累累的时候，才安静下来，这时，你一回头，突然发现：我们这些年来曾苦苦争执的东西，竟是如此的肤浅。有这个时间和精力，对待别人宽容一点，并明智地转移到其他方面来，也许又是一个"海阔天空"。

  于是，学会了遇事宽容，就领悟到了生活艺术的真谛。宽容，是一种福气，一种需要你我用理解与默契共同营造的福气。

宽容也是一种教育

在我们的生活里，人人都希望别人对自己宽容，但却又往往表现出自己对别人不宽容；常常是上级要求下级理解和宽容，却一定会严格要求下级必须如何如何。如此叫喊着的宽容只能是各怀心思，表面宽容，实际上计较；表面上和谐，内心里斗争。其实，挽救一个迷失了方向的灵魂，或者是处于脆弱姿态下的灵魂，最好的方法就是用爱和宽容去对待他，他会在爱的感染中觉醒，会在宽容的态度中得到启发，走上感恩的路。

记得五年前我去一个项目采访，了解到有一位项目部技术人员因为喜欢饮酒，经常因饮酒过量而耽误工作。有一天晚上十点多钟，正在隧道掘进中的人们发现石质发生变化，原来的二类围岩变成了平板岩，他们马上报告项目部，问其要不要改变施工方法。这位技术人员说："该改的就改嘛，还问什么？"他之所以这么说，是因为他当时已经被烈酒烧昏了头，无法正常判断现场的情况，更无法正确提出适当的方案了。按照常规，这时候他应该到现场去看一看，然后确定要不要打锚杆，打多长的锚杆，但是他没有去，任凭烈酒焚烧他的情绪与思维。在一片朦胧中他一觉睡到了天亮，第二天早上他按时到食堂去吃饭时发现竟然没有一个在吃饭。他心中纳闷，今天怎么没人起床吃饭呢？一打听才知道昨天夜里由于隧道塌方，项目部人员全部赶往工地去了，至此谁都没有回来。他顿时感到不妙，撂下饭碗就往工地跑，到那里后他才知道，由于没有对易发事故的平板围岩及时采取有效措施，塌方造成了机械与人员事故。领导们都在现场靠前指挥，员工们都在奋力抢险，一种悔恨油然而生。当他第一眼看到领导时，从领导那充满焦虑的眼神里他就看到了一种不祥。他知道，领导不说，他也应该打着背包走人了。出了这么大的事，他还有什么脸面再在这里工作？犯了这么大的错误竟然只是为了几杯白酒。

当天下午处理完现场后领导狠狠把他批了一顿，当即就做出处罚决定，第一条就是让他背起背包走人。虽然这个决定已经在他的预料之中，但真的当这个决定宣布时,他的脑海里还是像爆炸一样,轰———下就蒙了。此刻,他才真实地感到一个岗位对他有多么重要,让他打着背包走人,上哪里去?哪里可以让他还能像以前一样心没有任何污点地等着?他无论到哪里,只要人们知道他是因为这个原因离开了原来的单位,谁还会接受他?他请求领导原谅他,请求领导再给他一次机会,他一定会好好工作。他那诚恳的态度,无限懊恼的后悔,也感染了领导,他被留下来了。

这位同志后来真的戒酒了,五年来,他从没有因为个人的思虑不周密而耽误工作,无论做什么,大事小事,尽职尽责,表现出极强的责任心,干出了许多良好的业绩,现在正担任着企业的项目总工程师,在他负责的项目里,有三项新技术成果被评为国家科技进步奖。五年后的一天,我又碰到了这位同志。谈起当年的事儿时,他感慨万分地说:"领导对我的宽容,我一辈子都忘不了。现在,无论做什么事,首先想到我做事要对得起领导,对得起企业,绝不能因为我的失误给别人带来痛苦与麻烦。另外,我现在大大小小也算是个领导了,对待别人的错误,我也给予一种宽容,就是说要给人家一个改正的机会,也许给他这个机会就是对他最好的教育与引导。"

看着这位同志的成长与进步,我心中充满欢乐。一次宽容,拯救了一个年轻人一生的奋进与努力。现在我们国家正在提倡和谐,针对社会现状,我在想,怎么创建和谐社会?怎么创建和谐企业?和谐需要宽容。我们单从"和"字上讲,和是由"禾"与"口"组成,意思是"人人有饭吃":谐是由"言"与"皆"组成,意即"人人能说话"。和谐是人们追求的社会生存状态。其实,"和谐"还有友爱、公平、温善、尊重、协调、和睦等意思。一个同志犯了错误不可怕,给他机会,让他说话,听听他是为什么犯的这个错误,又怎么来对待这个错误,会用什么样的心态改正自己的错误,给他一份宽容,给他一个机会,就是对他一次最有效的教育和鼓励,这样的宽容能催人弃恶从善步入正途。

我们再来看一个《六尺巷》的故事:清康熙年间,内阁大学士张英是一位有德之士,他与一位姓叶的侍郎都是安徽桐城人,都在朝中做官。两家毗临而居,都要起房造屋,为争地皮,发生了争执。张老夫人便修书北京,要他儿子张廷玉宰相(三朝为相)出面干预。这位宰相到底见识不凡,看罢来信,立即作诗劝导老夫人:"千里家书只为墙,再让三尺又何妨?万里长城今犹在,不见当年秦始皇。"张母见书明理,立即把墙主动退后三尺;叶家见此情景，深感惭愧，也马上把墙让后三尺，结果就留出了一条六尺宽的巷子。这个故事为此留下了百世的美名。

由此，我们不难发现，能取得多大的教化作用，取决于放弃自我利益的多少，而表现出一个人所能达到的宽容度。在我们现实生活中，一个管理者放下私利、放下面子、心怀宽容去对待一个已经知道自己犯了错误员工，教化的效果远胜于你对他的罚款与训斥。这就是古人所说的，你敬他一尺，他敬你一丈。你宽容了员工，员工就会成倍地回报你对他的宽容。

快乐是他人对你付出后的认可

什么是快乐,各有各的解释:有人说,快乐是衣食无忧;有人说,快乐是家庭和睦;有人说,快乐就是大把大把地挣到钞票;还有人说,快乐是身体健康……其实,这些说法都没错,但都不全面。笔者以为,快乐是在你努力付出后得到他人的认可。

记得我刚结婚时,我爱人很用心地做了一餐饭,由于她初涉厨房,炊事技术一般,几乎可以说是一手拿着《烹饪指导》,一手拿着炒菜的铲子,一边烧着油,一边看着书,往往是油在锅里都冒烟了,她还没有看清楚下一步程序。就这样,越是用心越弄巧成拙,虽然满满做了一桌菜,但因每一道菜不是过于淡就是过于咸,不是过于辣就是过于苦,尽管我说好吃,可还是只吃了一点点,从我那艰难的下咽中,她不难发现我的痛苦。是啊,她虽然很辛苦,但还是很懊恼。这份懊恼不是别人强加给她的,而是她自己感觉到的。

几年以后,我们有了一个小孩,当小孩渐渐长大后,有一天过节,她又很用心地做了一餐饭。那天,我和儿子吃得特别香,也吃得特别多,她看着我们爷儿俩那狼吞虎咽的样子,把桌上的菜都吃光了,心里特别高兴。虽然她做了半个下午,我们只吃了四十分钟,但她感觉特别满足,因为她的劳动得到了我们爷儿俩的承认。吃完后,看着我们爷俩满意的样子,她说:"怎么样,好吃吧?下次我还给你们做!"

由此可见,你承认了她的劳动,她就快乐!

再后来,孩子长大了,去外地上大学,每次假期结束后,在开学前,妈妈总要为儿子准备一些好吃的让他走时带上,可每次准备的东西他都不带。有一次,我竟然发现,儿子和妈妈吵起来了。

"你非要让我带,我出了门就扔掉。"

"你敢。我就在后面看着你。"

"那我上火车就扔了。"

她妈妈很无奈。为儿子,大热天的去买回来,又花了那么多钱,孩子不但不领情,还很生气。这让她心里十分痛苦。她痛苦的原因是她的付出没有得到儿子的承认。

我们在工作岗位也是一样的,当我们的劳动不能得到上级认可时,也是极其痛苦的。有一次,有一个工班在建一个涵洞,当快建成时,技术人员发现有质量问题。为了确保质量,提出炸毁重来。工班人员一个个十分懊恼,"不炸不行吗?""不行。"人们一屁股都坐在了地上,唉——

还有一次,是企业遇到了一项突击任务,领导怕完不成,就确定了一个奖励方案,说十天之内如果推平了眼前这一座山,奖励运输队十万元。真的,大家24小时轮流换班,人歇机不停,整整十天,哪怕是下着小雨也不停工,果然,十天之后,眼前的一座大山就真的消失了。领导这时却觉得他们挣这十万元太容易了,只给他们三万元。员工心中的那份热情一下子就没了。其实这项工作完成后还有很多任务等待着大家去做,可是,员工们都要求请假,有人说太累了,有人说机器需要保养了,有人说家里有事需要请假了,总之,十个人就有八个人要求休息。究其原因不是三万元与十万元有多大差别,而是员工们感到领导不承认他们这十天来的艰苦努力。如果领导一开始就说给三万元奖励,如果员工完成了,奖励三万元,这三万元是对这十天劳动的认可,而不是一个简单的数字。说的是十万却变成了三万,等于说他们这十天没有完成好自己的工作。可领导又提不出什么别的意见。这就让员工失去了付出后的认同感。于是,他们不但心中憋闷,而且怨声载道,即使他们不缺吃喝,可他们哪里会有快乐?据说,后来在这个领导麾下工作的人有一个时期还拿到了不少的收入,但是,拿到高收的人都满怀怨愤,拿不到高收入的人也都极不高兴。当然,也许这个领导者在这个地方也付出许多心血,但这个领导者却没法成为班子成员中的先进,每年的群众测评都分数很低。他个人极为不解,也怀着怨恨。他虽然收入不低,有吃有喝,但一点都不快乐。

笔者曾对此做了调查,原因是,不管你做了多少工作,领导认为你总是做得不够的。也就是说,每一个员工所做的工作就从来没有得到过领导的认可,所以,人人有怨言,人人不快乐。而领导者最终要群众评价,你不认同员工的付出,员工也就不认同你的付出。尽管你腰缠万贯,可你又何谈快乐?

付出了就应该得到回报。这种回报有的是物质,有的就是精神。有时候,人们在付出后仅仅需要的就是一种认可,一句表扬。不要小看这一句认可的话,那是对一个人付出的全部认同。一个领导者,本就担负有为人类、为群体、为员工、为下属创造快乐的责任。在20世纪六七十年代的时候有一句很流行的话:"革命者最快乐,革命者最浪漫,革命者永远年青。"这些话现在看来确实具有深刻的含意，它说明革命需要付出，但这些付出和牺牲对于革命者的追求与信仰来说，并不是一种痛苦，而是一种自觉奉献的快乐。对于领导者来说也是如此，成为领导不是为了占有，而是为了更好地承担社会责任和组织责任，往往需要付出更多的艰辛和努力，有时候还要承受更大的风险考验和内心痛苦，所以，领导必须具有一种享受付出、乐于承担责任和牺牲自我的人生快乐观，这是一个组织领导者的起码素质，孔夫子说："仁者无忧。"我们现今的领导如果还达不到这种境界，也要朝着这个方向努力，先使自己变成一个快乐的人，而后再将自己的快乐化作阳光般的温暖，去辐射他人，温暖他人。认可你的团队，承认你团队中的每一个人的劳动，把你的团队中的每一个人都当作人而不要当作机器。你所领导的团队就有可是一个快乐的团队，一个有战斗力的团队，一个有创造力的团队。

　　承认他人的付出吧，给他人快乐，他人也就会承认你的付出，并给你快乐！这就是一种和谐。

否定前人就一定是进步？

笔者在某企业工作二十多年，换了几任管理者，每一任管理者上任后都会否定前一任管理者的管理思想，高举企业改革的大旗，高唱改革开放的高调，按照自己的管理思路去工作。然而，通过实践检验，笔者发现后者否定了前任的管理理念，结果是自己也没有搞出任何特色来。几十年国家蓬勃发展，几十年企业原地踏步，员工越过越贫困，企业越来积累越少，企业管理者越来越劳累，员工怨言越来越多。这到底是为什么？

在长期的思考过程中我想到了这样一个故事：曾有一家杂志刊登文章《两张药方》，说的是在清朝时期，有个内阁大学士叫永宁，有一天他病了，请了个医生来为他看病，结果几天过去了，却没有把病治好，于是就又换了一个医生。后来的医生说，你把前面的那个医生开的药方给我看看。永宁就派仆人去找，结果仆人回去找来找去也没找着，永宁大学士很是生气，当着医生的面把仆人狠狠批了一通，"你们这些人呀，办事总是马马虎虎，还不快去再找。如果连这点小事都办不好，你们干脆收拾东西离开府上吧。"他嘴上是这么说的，心里却在想，你既然也是医生，为什么开药方非要找别人的药方看？但他嘴上没说，把仆人打发走后他就坐在医生的办公地慢慢等待。等了许久，仆人找不到药方不敢来，可这个医生因为看不到前面医生的药方也不开新药方，就走了。大学士永宁在那里等着等着就睡着了。在他迷迷糊糊睡觉的时候，他梦中突然出现了一个人，那人一脸疲倦地匆匆从门外跑进来跪在他面前："老爷，你手下留情。"

他问："你是谁？为什么跪在这里？你为谁求情？"

那人说："大老爷，我原本是人，现在已经成鬼了。"

"既然是鬼，找我何事？"

"当年我曾被坏人所害，是你秉公办事，为我平反了冤案，救了我的命。后来因在狱中折磨至深，身心受到极大摧残，出狱不久我便离开人世。"

"既然冤屈已经平反，今天你来何故？"

"我来感谢你的救命之恩。我只想告诉你,你前面吃的药方是我藏起来了,你不要难为仆人,更不要责罚他。"

"你为什么要藏我的药方?"

"其实你的这个病并不是什么大病,前面大夫给你开的药正对你的症状,只是中药调理需要一个过程。由于你心太急,认为他的药不管用,其实不然,如果你能再坚持吃几服,肯定会好的。如果你的药方让这位大夫看见了,他必定会认为,前面那个药方上开的药不管用,要给你换新药,甚至他还会完全否定前面那个医生的诊断,开一张与前面那个医生完全不同的药方,那样你可就惨了,不但治不好你的病,恐怕还得将病情加重,甚至掉层皮呀。如果后者不否定前者,他又怎么会说明他比别人强呢?如果他不推翻前人的做法,他又怎么能体现他的能力呢。为了不让你受疾病苦,所以我把药方藏起来了。"

大学士永宁听罢吓出一身冷汗,他混迹官场多年,太明白这个道理了。这种例子在他为官多年中也是数不胜数,往大处说是一个人一个治国之策,往小处说是"杀猪捅屁股,各有各的道"。早年这么说叫革命,现在这么说叫改革,如果还是沿用老一套那叫不进则退,要不然人家就说你守旧思想,无论什么事,只要是前人做了的,再到他这里就必须改,不管对与错,改了就说明他有能力,有智慧。这些只想通过否定他人来肯定自己的人根本就不考虑什么是后果,更不做任何调查研究,也不对前人的经营思想做任何总结,一上任就当革命者,当改革派,就连医生也不例外呀。

大学士永宁一会儿醒来了,医生过来又问,"药方找到了吗?"

大学士永宁想起他刚刚做的那个梦,心中半信半疑,说:"实在对不住,他们怎么找也找不着了,你就给看着开一个方子吧。"那医生也就根据自己的诊断开出一个方子,永宁按照方子上的药抓好回去了。到家拿出原来的药方来一对,果然不差上下。他为了验证自己的梦,第二天拿着这个方子又去找那个医生去,说昨天到家翻箱倒柜,后来在从枕头下面找到了,特意拿来让医生再给看看。果然,这个医生就开出一个与昨天开出的药方大不相同的药方。永宁回家后还是按照老方子抓药、吃药,结果没过几天,病真的好了。

大学士永宁不禁感叹:大夫啊,你为什么一定要通过否定前人来肯定自己?

当我看完这个故事后,也一直在思考,在当前社会频繁更换企业管理者中,新的管理者上任后何不先做一下企业文化梳理?找出什么是先进的,什么是符合企业发展的，什么是与自己的管理思路相吻合的文化理念，然后再提出否定什么。假如有一个梳理、筛选、总结的过程，就不会出现盲目的否定。其实，改革不一定就是完全否定，否定也不一定就是真正革命。否定旧的、落后的东西是进步，是革命，但中国还有很多值得传承的先进文化，不但不能否定，还必须要大力弘扬。比如我们的尊重文化，比如我们的信任文化，再比如我们的创新文化等等，如果每一个管理者都能在吸取其他优秀管理者的基础上再对不合理处否定，想必企业一定会越发展越好。

该做的就不要问怎么办

我曾去一个项目体验生活,发现那里的人交代工作时语言很简单。比如,你去负责打桩,你去安排下管,你去架桥现场等等,怎么打桩,怎么下管,怎么架桥,用不着再多说。该谁干的谁自然会去思考。我觉得这样的工作作风很好,但是,这样的工作作风是怎么形成的呢?原来其中还有个小故事。

那是他们在黄骅港刚刚闯市场的时候,通过若干轮的投标竞争,好不容易揽到了一项 2000 多万元的工程。在干的过程中,发现设计中有许多环节与实际有差距,需要重新改变方案,以便更好地实现工程质量要求。原因是黄骅港处在海边极软的地基上,大吨位水池的基础如果不做好,水池灌水后,部分地基如果出现下沉,就会造成整个水池开裂、漏水。对于这一问题建筑企业技术人员想了很多办法,在与业主沟通中也都达成口头协议。施工方为了按照业主的工期要求,在没有办理手续之前就变更施工了,过后在补签这个手续时,当时达成口头协议的人员变更了工作岗位,尽管当时的人员也承认这是事实,但新来的人就是不想签字了。有一次,他们明明知道这个人就在办公楼里,可人家就是不见。办事人员就打电话回来问项目经理:"蒋经理,我知道人在里面,可他就是躲着不见,怎么办?"

蒋经理一听头就蒙了:我在项目部,你在现场,你都不知道怎么办,我能知道怎么办吗?你只负责这一项补办手续工作,我是经理,我的工作千头万绪,如果每个人都问我他的工作怎么办,我问谁去?难道我能问业主"我该怎么办"吗?那业主肯定会说:"你不知道怎么办,你们撤场吧"。那时,我说什么?我们真要撤场,企业里这么多人,上哪儿再去找活干?建筑市场竞争如此激烈,几乎已经到了不择手段的地步。企业没任务,企业就没效益,职工就没工资。企业一旦无法在这个社会中生存,那还要这个企业干什么?于是,他回答说:"如果事事都要问我怎么办,还要你的脑子干什么?如果你干不了,你回来我换人去。"那位工作人员一听项目经理的话里有话,如果他完不成任务,一旦回来了,就有可能失去他原有工作岗位。于是,他想办法最终把这个手续补办了。

后来我才知道，是那位业主方人员当时口头答应了，回去又没有给他的上级汇报，如今施工方要求要签字，等于要增加一定数量的投资，因为他没有提前汇报，他的上级不批，所以，他不敢签字，但当时他确实在现场口头答应过，也属于真实情况，又丢不起面子，故避而不见。

这件事之后，施工企业就在内部培育一种工作作风理念："该你做的事就不要问我怎么办。"逢会就讲，并制定相应的措施，如果谁不能完成自己的本职工作，又不去学习与提高，更不愿意去思考，那就调整你的岗位。调整岗位就意味着调整收入。由于有了这样制度做底线，加上教育引导，让人们形成善于学习，善于动脑，善于思考的习惯。良好的工作作风在企业中慢慢形成了。

这件事让我领悟到了这样一个道理：凡是有事就汇报，从来不拿主意，而是等着领导拿出主意后再工作的人，看上去他很谦虚，其实，他是把自己置身于打工者的身份在工作，不想负责任，不想承担万一失败后的后果。而凡事就像上司提出自己要处理这件事，而且拿出处理这件事的方法，等待决策后就去实施的人，是把自己当成这个组织中的一员，是敢于担责任并有主动工作态度的人。这样的人才是值得尊重并重用的人。

面对上级的"疾病"

过去，我在一家企业里工作时，发现企业里的一位主管个性倔强，说话强硬，做事霸道。只要是他认准的理儿，谁提出不同的意见都没用。但是，国有企业里许多事儿总还需要党委常委集体研究决定，因为国有企业代表着国家，它不像个体企业，于是，这位主管就把问题提交领导层会议研究，不过，在他心里，上会只是个形式，凡是他提出来的方案，如果大家同意，他就从心里感到他的先见之明；如果有人提出反对意见，他就会依照自己的思维、用极严厉的方式当场批评对方思想落后，方法陈旧，观念错误等。时间一久，他再有什么事儿要上会研究，所有参会者对于他提出来的方案就都表示同意，尽管心理不悦，也会把难堪遮掩起来；再后来，参会者对于他提出的方案就一言不发了。人们的心里都憋足了气，开会不发言，会后说不停。我从那些话语里能够听出一丝不和谐的音调——就等着看笑话了。再后来，企业领导层的其他人就干脆不来参加会了，一说开会就推说有事来不了，要不然就请病假。果真没过几年，人心散了，企业"黄"了，个人富了，穷人多了，队伍乱了，案件多了……

这样的企业主管就是得了一种心理疾病——自命不凡，自鸣得意，自以为是。听不进不同意见人的话，总以为自己是天下最聪明的人，总以为自己什么都正确。

面对领导的"疾病"，企业的经理人应该怎么办？我们这些忠于企业的员工怎么办？这时，我想起了韩非子的一篇文章《扁鹊见蔡桓公》。

扁鹊见蔡桓公，立有间，扁鹊曰："君有疾在腠理，不治将恐深。"桓侯曰："寡人无疾。"扁鹊出，桓侯曰："医之好病不病以为功！"居十日，扁鹊复见，曰："君之病在肌肤，不治将益深。"桓侯不应。扁鹊出，桓侯又不说。居十日，扁鹊复见，曰："君之病在肠胃，不治将益深。"桓侯又不应。扁鹊出，桓侯又不说。居十日，扁鹊望侯而还走。桓侯故使人问之，扁鹊曰："病在腠理，汤熨之所及也；在肌肤，针石之所及也；在肠胃，火齐之所及也；在骨髓，司命之所属，无奈何也。今在骨髓，臣是以无请也。"居五日，桓侯体痛，使人索扁鹊，已逃秦矣。桓侯遂死。

古代神医扁鹊发现蔡桓公身体有病，三番五次劝说蔡桓公治病，但蔡桓公却固执地认为自己没病，不听扁鹊劝告，还骂他医生们就爱给没有病的人治病来借机表功。由于蔡桓公怀有这样的心态，故坚决不治疗，结果最后病入膏肓时再找扁鹊治病，此时扁鹊已知蔡桓公由于延误了治疗期而患了绝症，不可能再治好，但不去治又可能会遭到杀头之罪，于是他逃向了秦国。不久，蔡桓公病死了。

扁鹊认为他已尽心了。他说，"病在皮肤里，用药温敷或者热敷药力就可以到了，在肌肉里，用针灸疗法就可以达到了；在肠胃里，治肠胃的清火药就可以达到了；在骨髓，那是主管生命所在的地方，没有办法了。现在病在骨髓，所以我就不再多说了。"

从这个故事里我们不难看出，一代君王的固执将会给自己带来什么样的后果。如果我们的企业管理者也这么固执，企业的发展本来已经出了问题，既听不进不同意见的话语，也听不进企业各部门人员的建议，也不用外部专家来治理，固执地认为企业"没有病"，不需要管理咨询专家，结果是企业发展越来越困难，最终使一些企业越来越萎缩。他断送的不仅仅是他自己的政治生涯，而且他还从经济上、精神上坑害了一大批与他共同支撑这个企业的全体员工。所以，据权威机构统计，中国中小企业的平均寿命只有3至5年，这也说明了这个问题。

面对上司的"疾病"，我们主管身边的人应该怎么办呢？作为一代神医的扁鹊先生，医术高超自不必说了，但却最终没能挽救蔡桓公的性命，虽然有蔡桓公自己不治的原因，但作为工作在蔡桓公身边的工作人员也应该担负一定的责任。有句话叫旁观者清，主管没有发现的问题，你们也没有发现吗？如果你们发现了，为什么不说？常言道"忠言逆耳"，忠言为什么要逆耳说？顺耳说不行吗？这时候就是考验我们常年工作在领导身边的人的沟通能力了，也是考验常年工作在领导身边的人是不是真的忠于与企业、忠心于上级了。如果我们与上级的沟通好，让蔡桓公及早认识到他自己得了病，同意接受治疗，也不至于让蔡桓公一命呜呼，扁鹊自己也不必远走他乡了。

问题是我们许多职业经理人面对上级的"疾病"，有没有尽心竭力去做上级的工作，认为上级就是管下属的，当上级有了"毛病"的时候，由上级的上级来管他，那不是我们的责任。可想过，上级的上级一般不像我们职业经理人和自己的上级那样朝夕相处，细微之处的错误都能发现，一旦发现有了漏洞，我们就该立刻提出补救的办法。要不然，一个企业的主管，要我们这些职业经理人干什么。蔡桓公听不进扁鹊的话，一方面说明蔡桓公固执，另一方面也说明扁鹊沟通方法不当、忠心度不够，没有竭力去说服，只是提出问题，不应答，便转身而去。蔡公之死，扁鹊不能说他没有责任。现在有许多"职业经理人"，也是自命不凡，以为自己是救世主，在一个单位干了几年调走了，到了一个新单位干了几年又调走了，美其名曰：人才流动，人往高处走。但他们每每从一个企业出来后总会报怨前面的那个企业里的老总不授权，或说老总不放心，或认为乡土人士排挤外人，总之，为自己找了一百个理由，就是没有自己的错，我们可曾想一想，如果那个地方什么都好，人家又要我们干什么？让我们在这个位置上，就是让我们来帮助老总、帮助企业主管不断改变企业现状，改变企业老板的传统观念嘛。最明显的是我们的国有企业里都有坚持"中心组理论学习"制度。设立这样的制度干什么？就是为了让领导层的人们在学习中改善思维方式，而这些学习资料就是由我们这些职业经理人来搜集。这是最平常的事了。你搜集来了什么，他们就学什么。学得多了，自然会受影响。我们职业经理人无论在哪个岗位上工作，不应该只怪罪上级，更多的应该想一想自己应该如何去做，我们的中层管理者存在的价值不是抱怨上司给了你多少权力，也不是让他人必须听命于你，而是应该最大限度去发挥你的影响力，让他人自愿接受，让管理者亲近于人，让管理者与员工心理距离拉近，让管理者与员工彼此间在无拘无束的交流中互相激发灵感、热情与信任，这样的理念在优秀的企业家心中越来越达成共识。要让管理者真正亲近于员工，不仅表面上要与员工拉近距离，还要真正关心员工，不单是关心员工的家长里短，更要关心员工的前途和未来，包括员工的薪水和奖金，也包括员工的学习机会、得到认可的机会和得到发展的机会。如果一个职业经理人把上述工作做好了，上级恨不得把更多的权力交给你，这样他才能轻松。为此，面对上级的"疾病"，逃跑（调走），不是办法，其码不是最好的办法，逃跑只能说明你不能适应你的上级，你不关心你的上级，如果你真爱你的上级，就应该凭借你的能力、用你的行动拉近他与员工的距离。如此，你就是新时期的扁鹊了。当你把工作做到了这一步，你一年应该有多少收入，你的上级肯定会比你想象更多地赋予你的劳动了。

人，要学会不断总结自己的工作

政府每年都要总结工作，企业每年也要总结工作，我们每个人的工作也要不断进行总结，通过总结，分析这一事物中哪些是好的，该发扬，那些是不好的，该避免。事实证明，谁，经常总结自己的工作，谁就成熟得快，进步得快。而及时总结工作的前提是平时要勤于对自己工作的观察与思考。在总结工作中，个人总结与单位总结是两种方式，一般说，企业（单位）总结多为抽象思维（因为要总结的内容太多），而个人总结多是形象思维（为个人常常是一事一总结，一时一总结）。

有一次我到基层去了解安全工作理念的贯彻执行情况，我首先找到的是安全总监、安质部长、安全员等人。我问，你们这里的安全工作做得怎么样？回答是：很好！我们有各种各样的制度，有不同阶段的教育，有多种方式的检查和评比……说着就搬过来一大堆资料，大约有七项安全规定，有三十四项安全操作规程，各种检查清单、整改通知书、意见反馈单、罚款单……这些东西如果让我都看过来，并且弄懂它，大约最快需要一周时间。我没有这么多时间来专门了解他们的安全工作，也没有必要学得更透，我只是想知道他们的安全工作做得怎么样。然而，人家说：这不，都在这儿嘛，你看呗。光我们说做得好没用，你看看就知道了。

对此，我很为难。假如中央领导到某个地方去检查工作，省委书记把一大堆材料往他面前一堆，说：你看吧。这个省委书记估计三天之后就会被撤职。这是一个能力问题，还是一个态度问题？我没有权力提拔谁，也没有权力撤换谁，人家这样对待我，我就显得很无奈。于是，我说：你们能不能不让我看这些材料，给我讲个故事，就能让我知道你们的安全工作做得很好（其实，讲故事也是对工作形象总结的一种方式）。

回答是：不行。让我们干活可以，不会讲故事。

不会讲故事，起码可以说明平时对自己的工作缺乏观察与思考。我又启发说：二十年前，有一位老同志不幸在工作中病逝了。单位党委认为该同志生前工作十分优秀，是累死在工作岗位的。对于这样的同志应该很好地宣传，让大家学习他的那种敬业精神。于是，上级派我去了。我在那里找了好几个在他身边工作的人，也开过三个座谈会，但我得到的只是这样一些话："这位老同志是个好同志，真是一个好同志，对人特别好，工作特别认真，也特别努力，特别细致，太好了。他死，真是太可惜了，因为他这个人太好了。"当人们说完，我闭上眼睛时，这位老同志究竟是怎么个好法，我一点都想不起来。回头，我又去找他们，我说：不行，你们还得给我说说，这位老同志究竟是怎么个好法。可以用几个故事来说明，也可以举几个例子。

他们又说：例子举不出来，反正他是个好同志。

座谈会再度冷场后，我在思考这样一个问题：第一，这个老同志生前一定和他周围的同志关系没有处理好，别人都不支持他的工作，他又要证明自己不是孬种，所以他累死了；第二，这个老同志生前身边用了一大批无能的人，这一批人平时缺乏对他们所做工作的思考与分析，不会总结自己的工作，但他又不能不为自己的职位负责，所以他累死了；第三，在他死后，人们又不愿意得罪活着的人，但从内心又不愿意说这个老同志是个好同志，于是，就说不出他怎么好来。假如真是这三种情况的一种，这个同志都是不值得让大家向他学习的。最后，我放弃了写这份材料的计划，并向上级说明我放弃的理由。

今天我到这里来了解你们对安全工作的落实情况，就有意识要想肯定或否定你们安全工作的计划，如果你们讲不出你们怎么做得好，我就会有别样的想法。如果你们能如同讲故事一样讲几个你们是怎么做好安全工作的，然后我再去检查你们的资料，这才符合常理。

人们想了许久，还是不能用具体的事儿来说明他们的安全工作做得怎么好。这时我又担心这里的企业负责人明天会不会也被累死。

一个人在做什么，却不能说出自己是怎么做的，谁还敢相信他能把这个工作做好？他连总结自己工作的能力都没有，又怎么敢将一个企业的某一方面工作全部交给他来负责？（当然，这个地方的这个部门的几个人都年龄不小了，看上去他们也兢兢业业干了大半生，但至今没有什么能让人们看得见的成绩）。

其实，他们这个地方的安全工作还算是做得不错的，后来我在另一个不是分管安全工作的人那里听到了这样一个故事，（我为这个故事起名）《被撕碎的罚款单》。那是三月的一天，郑西客运专线建设工地发生了极不愉快的一幕：安全质量部相关人员到工地例行安全检查，发现隧道内有四个正在做水沟电缆槽的人都没有戴安全帽,他马上就命令他们戴上安全帽,并叫来施工队长说:"你看看,四个干活的人不戴安全帽就在你眼前,你也不管,我替你管了,但按规定必须罚你的款,每人60元。"一边说着就填好了罚款单,递给了施工队长。

施工队长接过罚款单连看都没有看,嚓嚓嚓几下就把它撕得粉碎,极不耐烦地转身走了,连一句认错的话都没有留下。那四个员工却在一旁看着安全管理人员开怀大笑。

面对这种现象,安全管理人员回到项目部把这一情况报告了项目长,项目长马上打电话给施工队长:"你今天怎么了?是什么事让你情绪不好?"

"工地忙得一塌糊涂,你们来了不是替我们解决问题,就知道罚罚罚!你罚吧,老子不在乎。"

"你违犯了安全管理规定,他罚你也没错呀。"

"我没有说他错,他想怎么罚怎么罚吧。"说完,啪,把电话挂了。

项目长感到了事情并不像他想象的那么简单,晚饭之后,项目部召开了安全工作紧急会议,会上先通报了两起安全事故,又分析了一起安全隐患,而后深入浅出地对大家进行了安全教育,对安全质量部门的安全管理工作态度提出了要求。通过学习教育,会后项目长与施工队长交心说:"也许我们的安全管理人员态度不好,但他的本意肯定是好的,什么事都是这样,不怕一万就怕万一。你想想,万一出了事还不得你担着,到时候别人在精神上痛苦,而你在经济上遭受损失。何必呢?"

"其实这么简单的道理谁都懂,我也给干活的人说了,而且老是说,让他们注意安全,他们就是不听。这不,都戴着安全帽进洞来了,你一转脸,他把安全帽摘下来放在一边了。我想他们肯定是觉得低头干活戴着安全帽不方便。这一会儿,你们就看见了。动不动就罚款,怎么办,你们看着罚呗。"

人的思想上有疙瘩,工作还是没有做通。晚上,项目长就为此睡不着,他在想:既然都知道安全重要,有制度又落实不下去,是哪里出了问题?他一边抽着烟,一边梳理着思绪,慢慢地,他想通了。第一,有可能是安全管理教育没有深入到全员,大家对安全的理解程度不一样;第二,安全管理人员的工作态度生硬,不是在现场解决问题,而是在现场执法;第三,也许这种罚款的方式不能直接触动违规者的心灵。针对这种情况,项目部及时调整安全管理规定:首先派出安全管理人员深入基层教育安全,提高大家对安全工作的认识;其次改善安全管理人员的工作态度,第一次可以提醒,但决不允许同样的错误再犯；再次修订处罚对象，不罚施工队而罚个人，但适当降低罚款额度，罚款单一式三份，一份直接交给违规者个人，一份交给施工队，另一份交给财务处。这样一来，一切都变了。员工自觉遵守的认识有了，偶尔有一次忘记了，只要有人一提醒，他们会马上改正，如果真的被安全管理人员罚了款，由于数额不是太高，只在八九块钱，他们也能接受。施工队长也愿意让安全管理人员到他们那儿去监督工作了。可恰恰是，这时，现场的违规人员大大减少，安全管理人员常常是装着罚款单出去，几天也开不出一张罚款单。

  给我讲这个故事的人后来就当了某个项目的党工委书记。他为什么能当书记？他有总结工作的能力，他不但能总结自己的工作，还能总结出别人的工作，所以，这足以说明他常常在思考，于是，他进步比别人快就是合理的了。

  一个善于总结自己，并会总结他人的人，是成功的人。胡昌玉，他是一个企业的项目经理，企业将几千万的资产交给他管理，将几个亿的工程交给他管理，将几百号人交给他管理。这是对他能力的肯定。他在企业这个平台上实现了自己的价值，也为企业赢得了一定的经济效益和社会效益。学会总结自己工作的人，才能更清晰看到自己哪儿工作做得不好，应该怎么改正，哪儿工作做得好，应该怎么发扬，这是做人的基本能力。所以，学会总结自己的工作，其实就是在总结人生，因为一个人一生中有百分之六七十的精力用于工作，一个人的一生其实就是工作的一生，总结工作就是总结人生。

成功需要表达

人人都想成功，人人也都在追求成功，每时每刻都在为了自己的信念而努力着，其实，只要你能在这个纷繁复杂的社会中生存下来，你就是一个成功者。然而，人人都在这个社会中生活着，却为什么有人感受到了成功，有些人没有找到成功的感觉呢，差别就在于，有的人向外界表达了他的奋斗历程，让更多人了解了他的志向、毅力、永不言败的精神，而同时在奋斗中找到了个人的乐趣；而有的人没有表达出他的奋斗历程，或者是没有找到表达他个人奋斗历程的机会。

有这样一个真实的故事：那是1988年冬天，有一位下岗女工叫耿秀兰，正值她孩子上高中，既而又要上大学花钱的时候，企业挂着改革的牌子，实施着裁员的行动，让一位在这个企业里工作了近二十年的女工下岗了。耿秀兰不但失去了工作的岗位，更重要的是她失去了收入的来源，这让她一筹莫展，十分苦恼。被生活所迫，有一天早晨，她蒸了一笼包子，偷偷端到路边上去，正好那里有一群正在修路的人，她想喊一嗓子：卖包子了——可试了几次都喊不出来。正当她为难之际，有人走过来询问："你这锅里是啥好吃的？"

"包子，吃一个吧。"说着就揭开了锅盖让人家看。其实，她说出这话的当儿，并没有想到买卖这就开张了。她还在想着像往常一样，见了人要客气一番，送人家一个包子，自家做的，尝尝味儿吧。

"多少钱一个？"路人问。

多少钱一个合适？其实她说那时她真的不知道什么是买卖，她还真的不知道该多少钱卖一个。但是，人家问了，她总得有个回答，就顺口说："一块钱四个。"她之所以这样说，是因为她觉得她在家里一顿吃四个包子就饱了。

路人就接着她的话茬买了一块钱包子。过了不一会儿，她远远看到刚才在她这里买包子的那个人领着六七个人往她这个方向走来，还没走到时，他指着她给他身后的人。他给他们说了些什么她不知道，那几个人就都来买她的包子。就这样，不到四十分钟，她的一笼包子就卖完了。后面还有人来买，看见没有了，就问了一句，"明天还来卖吗？"

"来，明天还来，还在这儿。"其实，她也就这么寒暄着，当她说完这句话后，她都不知道她明天是不是真的还来，因为她没有任何思想准备，更没有想过这个问题。只是人家问了，她总得说点啥吧，总不能让人家把问话掉在地上。

等她端着空锅回到家后，看看空空的锅，摸摸口袋的钱，她才想到她还得蒸包子，明天还得去卖，这时候想的明天去卖并不是为了挣钱，是因为她临走时，答应人家明天还来，她不能不守信，更不能对自己的言行不负责任。于是，她蒸了两锅，结果在路边一会儿就又卖光了，而且好像还是头天来买包子的人，并且人来得更多了，她的包子如头天一样还是令少数人没有买到。看到这种情形，她感到特别后悔，她觉得她老是想不周到，因为她蒸少了，让那么多人因为没买到而失望。她不能原谅自己的过错，为了弥补自己的失误，为了满足他人需要，第三天他蒸了三笼去卖……

无论她蒸几笼包子，总是不够卖。这时，她才觉得这就是她获取经济收入的一种来源。她开始办了一个体营业执照，在自家门口搭了一个简易的小棚子，让自己的丈夫来帮她包包子，还是显得人手不够。她又请邻居给她帮忙，结果还是觉得人手不够。有一天，她跑到街道办事处向人家说明了她的请求。这是她的第一次表达。

街道办事处的人说："你想招聘下岗女工，这是件好事嘛，在我们这里登记的下岗女工有许多人，我们给你联系。如果人家愿意，让她们找你。"结果她一下联络了七个同是在体制改革中下岗的女工。这就是耿秀兰创办企业的开始。

她的包子铺越办越红火，每天的收入都让她喜出望外。就在这时，什么税务部门、卫生部门经常到她这里来检查，弄得她措手不及，她就又求救于街道办事处。街道办事处就出面干涉：在这里做事的都是下岗女工，我们正在鼓励下岗女工自谋职业，你们以后不要老来找麻烦。

当不同的政府部门开始有了冲突后，新闻媒体就抓住了报道的线索，纷纷前来采访，探索在体制改革中基层遇到的一些问题（这样的报道被称为深度报道）。每次记者来采访时，其他女工就都躲起来，实在躲不了，而对记者的提问，她们只是笑着摇摇头。而秀兰无论工作多忙，都停下手中的工作，认真而耐心地回答记者提出的每一个问题。她口齿伶俐，思路清晰。这是她的第二次表达。

当她的做法在报纸上刊登后，很快引起了人们对这一事物的关注。当她的新闻照片被一次次刊登，当摄制组一次次把特写镜头对准她的时候，她清晰的思想表达赢得了人们的认可，她艰苦的奋斗历程赢得了人们的同情，她对美好生活的追求赢得了人们的赞颂。那年，她就成了所在辖区的劳动模范。第二年就成所在辖区的人大代表，第三年就成了市劳动模范，第四年就成了市人大代表。后来当电视镜头再一次对准她时，百姓们都说，这个人我认识，她就住在我们那个小区里，她可是个能干的女人，她成功了。

　　一个奉献社会的人，如果你不把你的劳动成果说出来，你就永远都是一个默默的奉献者。如果你把你在劳动奉献中的酸、甜、苦、辣讲出来，你就是一个成功者。你讲给越多的人听，你就能获得更多人对你的尊重，你的成就感就越大。

第二节 职业经理人的执行源

不折不扣的执行是每个团队管理者都希望的,但是,实际生活中更多的组织不是军队,不可能实现强制执行,何况强制执行的效果也不会达到自觉执行的效果。如何才能让你组织中的每一个成员自觉执行你的意图,并创造性地完成工作,本节为你破解其中的秘密。

用人的智慧

我常常听到一些管理者言:某某什么也干不了,谁谁什么也不会干,我们这里要有经验的人才,他们不行,我不要。在推荐一个或多个职工上岗时总是感到力不从心。这究竟是哪里出了问题?是我们的员工长期不思进取,久而久之真的什么也不会干了?还是管理者多年来只在用人,就从来也没有培养过人,导致了如今的员工什么也干不了?也许这两方面原因都有,但是,最根本的,可能还是管理者用人的能力欠缺。

《帝范·审官》中记载有唐太宗李世民用人时的一种短中见长的观点,如今读来仍然感到极为适用。他说:"明主之任人,如巧匠之制木。直者以为辕,曲者以为轮,长者以为栋梁,短者以为拱角,无曲直长短,各有所施。明主之任人亦由是也。智者取其谋,愚者取其力,勇者取其威,怯者取其慎,无智愚勇怯,兼而用之。故良匠无弃材,明主无弃士。"这段论述虽短,但极为精辟,而且比喻恰当,意蕴深刻。

我们常常听到这样一句话:"知人善用,用人所长。"还常听人说:"金无足赤,人无完人。"还有人们常说的"尺有所短,寸有所长。"以上三句话虽然是从不同的方面来说这个问题,但意义基本都是想说明:人有所长,人也有所短，但无论长短，都有可用之处。长处固然值得发扬，而如果从短处挖掘出长处，短处也会变成长处。使用长处是大多数人都能做到的，如果一个管理者既能扬人长处，又能用人短处，那就是人们常说的优秀管理者，也就是本文所说"用人的智慧"了。

不久前我到广东的一个项目部去采访，听说那里有个项目的第一管理者活得特别"潇洒"，据说对于项目工作他基本上不要太多的过问，他只做这个项目外围工作就可以了，而他的属下把工作都做得非常好，并且成为当地多家同类项目的典范。这就勾起了我的好奇，决定要抽出时间去采访一下这个人。当我前去与他座谈时，他才道出了一个让我欣喜的用人智慧。他说，他在项目上场前选人时就想到了这一点。他选了三种人上项目，一种是专家型人才。这类人是整个项目工作的策划者，什么工作应该怎么做，所有账应该怎么算，时间应该怎么排，工序流程应该怎么进行，这种人给你搞得一清二楚；第二种人是风风火火的抓落实人才。这种人不怕苦，有组织能力，说话有号召力，也敢于得罪人，有时还表现得有些霸气；第三种人是文质彬彬的现场监督型人才。这种人说话看上去气儿不粗，很温和，但讲道理时又很严肃，无论你把工作做得多好，只要他想挑你的毛病，他一准能挑出你点毛病来。把这样三组人组合在一起，就是一个相互弥补的完美团队。

这位管理者的一番话，让我想起了柯达公司管理者的一个短处用长的故事：说当年柯达公司为了降低用人成本，提高工作效率，获得更丰厚的利润，他们在面向全社会招收新工人时，有一个盲人来应聘。主考官略怀几分讥笑问："你能做什么？"盲人十分镇定地回答说："黑暗中什么我不能做？"一句话给了明眼人一个很大的启发：暗房工作。冲洗照片时都在暗房操作，对于一个明眼人，这简直就是摧残，可对于一个盲人就得心应手。于是他们最后招收了一批盲人到公司经过短暂培训，就派去专门从事暗房洗相片工作。这一批人不但使企业降低了用人成本，还为公司节省了大量资金，同时创造了许多业绩，也为社会解决了部分残疾人的工作问题，可谓一举多得。

由此看来，任何人的短处之中都蕴含着可用的长处，关键在于管理者是不是能够发现，并挖掘出来。中国有句俗话："人无完人。"因为没有完人，所以几千年来，人们才在不断地追求完美。无论是谁，无论什么年代，由于人的视野有限，总会有这样或那样的不足，在平常人看来，这个不足就是短处，但是，有见识的人就有可能把这个短处看成长处，起码这样的人好领导，因为他不懂，所以，他会完全听你的。

　　清代思想家魏源说过这样的话："不知人之短，又不知人之长，不知人长中之短，不知人短中之长，则不知可能用人。"中国的智慧充满了辩证法，如果一个管理者能从一些小聪明、怪才、甚至为庸才的人身上发现"短中之长"，这就是优秀的管理者，这样的管理者身边会时常杀出许多"黑马"，并最终成为一匹匹令人羡慕的千里马。

　　故而，人们需要不断解放思想，更新观念，掌握用人的智慧，提高用人的能力。有人说过：学会任何一种学问，只能利用一种资源；要是学会了用人的智慧，就能坐拥"天下"——成就伟大的事业。

团队管理者必备的素质

在我们的日常团队中，许多领导者总是会觉得自己的素质是最高的。这本来也无可厚非。如果他的素质不及常人，又怎么会让他来领导这个团队呢？于是，团队领导者就从此认为什么都应该自己做主，团队中的其他人员只要听之就行了。谁人要是不听其安排就视为抗拒，不是以制度处罚，就是劈头盖脸一顿臭骂，结果把团队中的所有团员都变成了机器。他们按点上班，按程序操作，早已成了一种习惯。突然有一天客观环境发生了变化，而人的行为依然以习惯为准绳而不变，就必然会导致事故的发生。

在笔者的生活周围就曾经有这样一件事：那是2008年的一个冬天，早已被团队人员训练成机器型的员工，他们总是按照原订的时间去上班，结果那次火车正好晚点几分钟。本来应该是等火车过去后再进场施工，可是由于火车晚点，当他们到达现场时，火车还没有开过来，当他们都一字排开刚要扒碴换轨时，一列"动车"以每小时250公里速度飞驰而至，结果许多人来不及躲避而被列车撞死，一次死亡十多人。这大约是共和国历史上首次列车撞人伤亡最多的一次。当这件事发生以后，当天中央电视台正点新闻报道说："因施工单位责任人责任不到位而导致事故发生。"事后有关单位来追查责任，最后将该项目的一个分工区负责人带走了——拘留7天。被拘留者出来后就怨声载道，说我上有经理，下有队长，怎么偏偏就我有责任？我成了第一责任人？假如说我是第一责任人，那为什么平时又让我听上面的，工作不能自主？而且又不享受第一责任人的待遇？他的一番话让人们听了为之同情。之后，不过一年多，这个团队终因种种缘故便解散了。

2008年，在美国费城的沃顿印度经济论坛上，印度前总统阿卜杜尔·卡拉姆在演讲中，讲了一个他亲身经历的故事：他说，"1973年，我有幸成为印度卫星运载火箭项目的总指挥。我们的任务是在1980年之前，将罗西尼号卫星成功送入轨道。到了1979年8月，我想我们已经做好了准备。作为总指挥，我去了控制中心来指导整个发射过程。计算机开始了各种技术指标的安检。一分钟后，计算机程序显示：有几个控制部件没有按顺序放好。在场的

5位专家中,有一位告诉我不必担心。他们已经进行了严格的计算,备用的燃料也很充足。于是,我没有在意计算机的检查结果。通过手动操控,火箭发射了。第一阶段,一切正常。第二阶段,出现一个问题:卫星非但没有飞向轨道,反而猛冲进孟加拉海湾。这是一次重大的科研事故!"

"那一天,印度空间研究组织的主席哈万教授召开了一次新闻发布会。发射是在7点,而新闻发布会云集着世界各地的记者——在7点45召开。作为航天组织的主席,哈万教授只身一人参加了会议。让人意想不到的是,他竟然把错误归咎于自己。他说:每个人都非常努力,但是他给予的技术支持还不够。他向媒体保证:明年,他们的团队一定会取得成功。"

"哈万教授的这次新闻发布,使团队的每个人都仿佛注入了一股新的力量,大家并没有因为这次失败而灰心。第二年,也就是1980年的7月份,我们又一次发射了卫星。这一次,我们成功了,举国上下,一片欢腾。并且又一次,我们召开了新闻发布会。我清楚地记得,当时哈万教授把我叫到一边,悄悄地对我说:'今天,你来主持会议!'阿卜杜尔·卡拉姆说:那一天,我学到了关于如何做好团队领袖至关重要的一课。"

当我们看完这两个故事后就不难理解,团队领导者必须具备什么样的素质。尤其是当工作出现失误的时候,团队领导更要勇于承担责任,越是在困难的时候越要体现团队领导者的品格,这个品格是一种凝聚力,向心力,是用金钱买不到的东西,许多时候,往往就是一句话,或一个举动,就能体现一个人的素质。但是,当成功来临的时候,请把它赋予整个团队,把功劳赋予大家,那样,在今后的工作中你的业绩会更加突出,你的团队会更加努力。

管理现代人,不能忽视情感因素

在市场经济条件下,许多人认为只要有了钱,什么问题都好解决。然而,某管理杂志社一位编辑在编稿时,几乎是同时收到来自两篇同是反映企业员工工作环境及工作状态的稿件。由于管理者投入的感情因素不同,结果自然相反。这件事引起了编辑对情感管理的思考。

第一篇稿子来自于陕西省某机械厂,班组员工面对他们的带班人说:"王班长,平心而论,我们不能不佩服你。你秉公处事、技术高超。那天,正在抢任务的进口设备出了故障,就在许多人围着机器团团转却束手无策的时候,你来了。你鼓捣了没多久,设备就恢复了正常。当时,我们对你佩服得五体投地。可是,我们又不得不承认,咱们班13名员工,最少有一大半人不喜欢你,主要原因你面对我们从来不笑,好像我们都欠着你什么,十分难接近。当然,也让我们觉得你以为你是班长,就有拒人于千里之外之感。"他们还说:"上个月,我们加班加点地超额完成任务,本指望你那长年阴天的脸能转'晴',可你把奖金发给大家后,沉着脸说了声:'干活去吧!'就再也没下文了,我们心中好失落!平时,你管理我们,就像管理那台日夜有节奏转动的设备,似乎我们永远没有喜怒哀乐。有时候,我们也尝试着找些话题跟你交流,可是,一看到你那冷冰冰的眼神,便全然没有了说话的兴趣。我们苦闷、我们想发脾气,可又似乎没有理由。厌倦了班组里沉闷气氛的我们想逃离,可是,又无处可去。小李因送母亲去医院看病晚来了5分钟,你就冲着小李大发雷霆,最后扣了小李半个月奖金才算完。你的做法,让全班人心寒,大家上班无精打采,觉着干得好累!王班长,在班组里,我们不想得到你的照顾,也不企求你跟诸葛亮一样,能猜透我们的心思,我们只求你脸上能有微笑,工间休时,能跟我们聊聊天,让班组的气氛不再沉闷!你说,我们的要求过分吗?"

在笔者看来,员工的要求实在是太小了。如果一个管理者连员工的这点要求都满足不了,不得不让人怀疑:这位管理者近期是不是患了与人相交的恐惧症。

第二篇来稿讲的是机关里的故事：坐办公室的人大都有这种感觉：坐时间长了会腰酸背疼，接着就会有人怨声载道，工作很快在一片牢骚声中受到影响。一天，正在大家感到疲惫想聊天放松一下时，书记进来了。顿时，轻松的气氛仿佛突然凝固，大家只好硬着头皮准备挨批。可没想到的是，书记竟然接着刚才的话茬，轻松地跟大家聊了起来。从机关里的奇闻轶事，到"制度化管理、亲情化服务、人性化执法"；从笑话谈到工作，聊得轻松，气氛融洽。后来，大家渐渐发觉，不光书记这样，董事长、总经理都这样。他们在员工面前表现出的平等、亲切的姿态，一下就缩短了员工与领导间的距离。慢慢的，人们在工作中的怨言少了，见上司像耗子见"猫"、有事怕请示、无事怕汇报的现象也悄然消失。轻松的工作环境，产生的是意想不到的工作成效。这使笔者想起台湾诗人余光中一句令人回味的话："不一定要当诗人，但生活一定要有诗意。"生活的诗意，就是"情、才、趣。"诗意的工作环境是人人向往的，而要想赋予枯燥的工作以诗的意境，却不是轻而易举的，要投入情感的因素，实施感情管理，要用人性化的理念宽以待人，要时刻提醒自己：是不是只想做一个成功的人，却忘了做一个自然的人？是不是只想做一个世故的人，却忘了做一个有个性的人？是不是只想做一个完美的人，却忘了做一个可爱的人？

做可爱的人吧，那样我们的工作环境会更和谐；做自然人吧，那样我们的生活会更有诗意。

面对这样两篇色彩鲜明的稿件，编辑在想：一个好的企业管理者，首先应是一个情感管理大师。王班长用自己从不言笑的严肃面孔，为班组员工布下一个沉闷、枯燥的工作环境；而另一家企业的管理者，却以自己谦和、随意、自然的姿态，为员工创造了一个富有诗意的工作环境。前者的员工毫无干劲，想逃离工作；而后者的员工则享受工作、效率倍增。这两件事实又分别从正反两个角度让记者感悟：抓好情感管理，是当今企业管理者的必修课。分析当今许多成功企业的成功点就不难看出，这些企业的管理者，无一不是情感管理的大师。通用电器公司前总裁斯通就非常注重情感管理，他善于利用小事情来感动员工——1980年1月，在美国旧金山一家医院的隔离病房外面，一位身体硬朗、声若洪钟的老人，正在与护士死磨硬缠地要探望一名因痢疾住院治疗的女士。当时按制度拒绝了这位老人探视的护士怎么也不会想到，这位老者竟是通用电气公司总裁、世界企业巨子斯通先生。而斯通探望的女士，并非他的家人，而是加利福尼亚州销售员哈桑的妻子。哈桑后来知道了这件事感激不已，用每天工作16小时的激情，报答斯通的关怀，加州的销售业绩一度在全美各地区评比中名列前茅。正是这种基层情感管理方式，使通用电气公司事业蒸蒸日上。

这两篇稿件陈述的事实还告诉这位编辑，情感管理是人本管理的关键。美国斯特松公司的一段管理实践会让我们更好地认识这一点。作为美国最老的制帽厂之一，斯特松公司的情况曾非常糟糕：产量低、品质差、劳资关系极度紧张。当时，当地的管理顾问薛尔曼应聘进厂调查时发现：这里的员工们对管理层、工会缺乏信任，员工彼此间也如此。公司内的沟通渠道全都堵塞，员工们对基层领班极度不满。通过倾听员工的心声，认清问题所在，薛尔曼开始实施一套全面的沟通措施，加上有所觉悟的管理层的支持，结果竟在4个月内，就瓦解了员工的憎恨责难心态，开始展现出团队精神，生产能力有所提高。感恩节前夕，薛尔曼和公司的最高主管亲手赠送火鸡给全体员工，隔天收到员工回赠的有一张报纸那么大的签名卡，上面写着：谢谢把我们当人看！

美国著名的管理学家托马斯·彼得斯就为此曾大声疾呼：你怎么能一边歧视和贬低员工，一边又期待他们去关心质量和不断提高产品品质？他建议把能激发员工的工作激情当成一个领导人的"硬素质"来考核。

文章写到这里，我们就再来说说什么叫情感管理——情感管理是通过情感的双向交流和沟通实现有效的管理。情感管理注重人的内心世界，根据人情感的可塑性、倾向性和稳定性等特征进行管理，其核心是激发员工的积极性，消除员工的消极情绪。实施情感管理，首先就应该相信：每个人都有自己的专长，无论你多么忙，也必须花时间使他人感到存在的重要。实施情感管理，还要经常鼓励人们去取得成功，诚心诚意地去表扬他人的成绩。虽然物质鼓励也是需要的，但是促使人们取得优异成绩的因素，远远不只是金钱，上台接受同行们的赞扬比接受一份装在信封里的贵重物品重要得多。情感管理是人本管理的具体体现和进一步延伸与拓展，它有助于增强企业凝聚力与感召力，进而推动企业的迅猛发展。

为了让读者完全弄懂并学会情感管理，笔者在此提供九条情感管理的一般法则：

第一、要做上司，先做朋友——员工相互关系的质量和深度对他们的去留往往产生决定性的影响。如果能让员工感到你是他工作中最好的朋友，那么，他才能与你进行沟通交流，一起分享失败和快乐，一起面对困难和机遇。

第二、让员工明确你对他工作的期望——优秀的管理者首先会告诉员工必须要达到的工作目标是什么，然后让每个员工各自决定达到目标的途径，最后再一起商量并确定完成任务最好的方法。这种做法既解决了管理者的难题，又让员工通过发现最适合自己的"捷径"而取得进步。

第三、让员工做他们最擅长做的事情——当一个员工的长处得不到发挥时，他可能很平凡甚至很平庸；反之当他的天生优势与他的工作相吻合时，他就可能出类拔萃并很优秀。了解员工并能让他们做最擅长的事，是当今公司和管理者们面临的最重要的挑战。

第四、要善用当面表彰和赞扬员工——如今，表扬和认可已成为一种新的沟通方式，用来向员工传达公司关注的重点和要求。从某种意义上说，对一名员工的最大伤害，莫过于对他置之不理！如果管理者有一到两个月没对员工说什么，那么将大大瓦解员工的士气，继而从根本上损害产品和服务的质量。

第五、关心员工的个人情况，包括困难——一些离职的员工往往并不是离开公司，而是离开对他们漠不关心的管理者。优秀的管理者应真心关心员工，并在最短的时间里发现员工的才干、长处、个性、特质和要求，包括他们的困难，并通过最有效的方式向员工沟通和传达，以获得他们的真心接受和理解。

第六、勤于鼓励员工，给他们创造最好的发展空间——在机会来临的时候向员工举起一个信号灯，让他们了解自己，抓住机会，展现自己的才华和优势，去获得更高的职位、更优秀的职业、更适合自己发展的行业等。领导者应有足够的胸怀和气量让他们承担与其才干"相符"的工作和职位，哪怕这些工作比自己的工作更好，比自己的职位更高。

第七、跟员工谈论他的进步——优秀的管理者应对员工的进步"看在心里，讲在口里"，定期和员工保持沟通并给予一定的工作示范、辅导和表扬，使员工在默默无闻和单调乏味的工作中得到工作的乐趣并增加信心。

第八、在工作中尊重并采纳员工意见——优秀的管理者会定期向员工咨询对重大决策的意见。当员工的愿望与管理者的决定不一致时，优秀的管理者会解释他们决策的根据，通过决策的过程来帮助员工理解决策。同时，优秀的企业会很重视员工的意见，鼓励员工自由交流，对思想进行加工和完善。

第九、创造机会并帮助员工学习成长——调查显示，大多数人表示他们离开企业并不是因为工资，而是因为在企业里没有成长与发展的机会。优秀的企业创造持续不断的机会让员工学习和成长，并为他们制定了不同的必修课程培训计划，以提升他们的管理水平和工作技能。

以上九条仅供管理者参考。

学会欣赏他人的优点

一个人要是习惯于欣赏他人的优点，这个人就会变得更聪明，他人也会更努力，工作环境会更和谐。这是一个管理者应该具备起码的能力，也是一个员工应有的素质。

二十多年前，我在一家企业里做总经理秘书，一开始还说不上是这位总经理为人好，还是做人圆滑。总之，夸他的人很多，骂他的人很少。在这样的管理者手下工作，自然有一种幸运的感觉。有一次，总经理带我一同出去检查工作，到下属一个单位后，碰到一位朱干事，他见领导来检查工作，腿脚跑得比兔子还快，说话总是顺着领导的口气儿，在我眼里，他就是个典型的"马屁精"。检查工作回来后，总经理向我提出了一个问题："你觉得朱干事这人怎么样？"嗨哟，我心想，你提起这个人呀，你可算问对人了，我太了解这个人了，除了拍马屁，整个儿一个笨蛋，啥也干不了，还觉得自己了不起。记的三年前，他在人事部当干事，上面要份人事管理工作经验材料，他不会写，就买上好烟，炒上好菜，请我去写，写完了，他再抄一遍，然后交上去（那时候还没有电脑），最后上级表扬他材料写得好，他在人前走起路来都挺着腰板，好像那材料就真是他写的一样。由于人事部门是个调查别人多调查自己少的部门，所以，他可以经常在人们面前说一些张三长、李四短、王二麻子没发展等等，反正从他嘴里出来的话，让谁听着都是别人没希望，唯有他最聪明。这样的人，我怎么看着怎么烦。当我侃侃而谈自己的看法时，总经理却打断了我的话说："不不不，他也有优点，他很谦虚好学。"哦，我的脑子里一下子就乱了：是朱干事给总经理"进了供"？还是总经理就看上了这样的"马屁精"？还是总经理有意提拔他做点什么？我不再言语。后来我才发现，总经理在和我们没事闲聊时，不管聊起什么人，他总是只谈人家的优点。比如，苏部长干事有魄力（他不说他欠三思而后行），冯副总办事想得周密（他不说他优柔寡断），杨干事办事公私分明（他不说他斤斤计较）等。这时，我才发现总经理看人总是看人家的长处，难怪别人都说他为人很好，人人都说他聪明，人人都说他有思想。原来他是在每个人身上学习优点，并不断地完善自己。真的，没过几年他因工作成绩出色被提升为集团公司的副总经理、经理、董事长。而我，依然是个秘书。因为我的特长是写作，后来被调到宣传部，经常接触一些报社的记者，杂志社的编辑，和人家在一起时总觉得人家说话咱插不上嘴，人家说什么咱都感到新鲜，就觉得记者、编辑就是有学问、比咱强。下决心好好学！不怕苦，不怕累，不怕跑腿，积极深入到基层去采访，人家干了半辈子的经验几个小时就都倒给你了，或者人家干了几年才能总结出的一条经验，你来一会儿就告诉你了，你整天都在做着这样的工作，于是，我的思路就被打开了。这时，我猛然想起，记者、编辑为什么聪明，正源于此。他在学习别人的优点，又在思考别人失败的教训，只有这样，记者的稿件才写的有深度，才能给读者以启迪。从此，我就热爱上了这份工作。我不是想让自己变得聪明，而是想给更多的人提供一种做人的思考方法。当然，这时，我也明白了我原来的总经理是因为什么在几年时间里就被提升为集团董事长的原因了。

其实，这样的做人方法我们本应该早知道，早年就有这样一个故事，说台湾作家林清玄去一家羊肉馆用餐，老板对他说：“你还记得我吗？”

林清玄说：“记不起来了。”

老板拿来一张 20 年前的旧报纸，那里有林清玄的一篇文章，那时他在一家报社当记者。这是一篇关于小偷的报道，报道中写道：小偷手法高超，作案上千次，次次得手，可见他的思维和常人不同，足以证明他的方法也与众不同。最后栽在一个反扒高手的手上，只能说明山外有山，天外有天。文章还感叹道："像思维如此细密，手法如此灵巧的小偷，做任何一件事情都会有成就的吧！"老板告诉他："我就是那个小偷，是你的这段话引导我走上了正路。""多少年了，我一直在找你，苦于我位卑人贱，不敢张扬，今日有缘相见，我不知如何感谢你才是。"

我们可以想一想，连一个可恶的小偷身上都有值得让人可欣赏的地方，连小偷也能在欣赏的引导下走上正道，我们周围还有什么人不能欣赏、还有什么人不能被引导呢？

学会欣赏他人的优点吧！欣赏你的同事，你和同事之间会合作得更加亲密；欣赏你的下属，下属会为自己手中的工作做得更加努力；欣赏你的上司，上司会感到你是可造之材；欣赏你的爱人，你的爱人就会在你面前更加展示出（她的美丽）他的力量，你的爱情生活会更加甜蜜；欣赏你孩子的优点，你的孩子说不准将来就是某方面一个了不起的人物。

让员工说出真心话

聪明的管理者是想办法让属下说出真心话，而不聪明的管理者是想办法不让属下说真话，这就是差别，也是真正聪明与否的标准。有这一样件事，某单位中标 2 亿元工程，一个项目经理带着两百多人去执行这个任务，到那里后，他公开声称，他就是"老大"，谁不听他的话就让谁"滚蛋"——下岗。在 2009 年这个全球经济危机的特殊情况下，员工就怕下岗，下岗就等于丢了饭碗（其实 21 世纪以来，下岗对于员工来说已经是一个非常可怕的结局了）。于是，员工工作都看他的脸色，他高兴了，大家多说两句，他不高兴了，谁也不说话。开会的时候人们只听他说，讨论的时候，无论什么议题，大家都不发言。如果他非要大家都说两句，人们就同声齐赞项目经理英明，观点正确，方法得当等等，一片附和声。他觉得他这是统一了思想，他还觉得这是他高人一筹的地方，别人都不如他，到工地检查工作时，看谁不顺眼，罚你 100 元，如果有谁敢顶嘴，他就指着鼻子说："你再说，罚你 200 元。"你要是还不服气再顶嘴，他就会加罚到 800 元。那里好像没有制度，他说出来的话就是规定，就是制度。人人心中都不服，但都敢怒不敢言。只在私下议论："昨天夜里有一台机子一下烧了 8 桶油，这可能吗？肯定是他们倒腾着卖了。""昨天夜里材料库里少了十吨钢材，你知道吗？"："不知道。哪去了？""那么多钢材领导不说话，谁能偷走。"反正这些事也没有直接影响到员工的利益，员工睁只眼闭只眼，你只要到月底给我发工资就行了。

这正像孔子的嫡孙说"君主自以为是，臣下也不提出自己的意见并一味附和"，这叫"君主糊涂，臣下谄媚"。君主自以为是，就排斥了众人的意见；众人都附和，就助长了邪恶之风。如此这般，百姓就不会同心同德。

于是，员工明明看到大桥下面有一堆木材，桥上搞焊接时容易引起火灾，但他们不说，有一天就真的起火了。现场员工明明知道挖基坑时，站在边上看热闹的人可能会出事，但他们不说，结果没过三天，大型机械在施工时，当地有小孩子站在边上看热闹，由于地质松软，下面一空，上面自然滑塌，站在边上的小孩子掉进坑里，被挖掘机的挖斗给碰死了。就是在这样一个工作环境里，有一天，经理突然宣布30名员工回家待岗。他这个决定没有和任何人商量过，也没有开过任何会议，他认为当下的工作应该裁员。可是，员工不认为当下的工作不需要人，经理之所以这么做是为了把员工赶走，他重新招收自己家的亲戚或同学的包工队。员工们早就憋在心里的怒火一下子爆发出来了，很快就形成了员工集体上访事件，有上级领导为了息事宁人，也处于种种考虑，先把这个经理给撤了，但事实上还在履行着经理的责任。没过多久，上司认为工作需要，把该经理的职务又恢复了。员工中立刻爆发出惊人的呼声，不知道是谁，也不知道是从那里发出的信号，向社会举报！不久，地方检察机关就来人把经理带走了。

当这个经理被相关部门带走后，单位里表现为出奇的安静。这是一个静观世态发展的时候，如果发展的结果令员工满意，也许会一片轻松，如果发展的结果不能令员工满意，可能就会爆发一次更大规模灾难。

由此可见，如果这个经理让大家把真话讲出来，上述的不良事件就不会发生。如果让大家把真话讲出来，他就不会为所欲为，最后走向犯罪。如果让大家把真话讲出来，他就会改进自己的工作方法，求得员工的理解，营造为和谐的工作氛围。

让员工把想说的话说出来，并非一件坏事，相反，那是一件好事。员工的"真心话"不一定都是真知灼见，但一定都是肺腑之言。员工的"真心话"价值如何？我们可以从以下案例中发现：比尔·盖茨鼓励员工畅所欲言，对公司在发展中存在的问题，甚至上司的缺点，员工都可以毫无保留地提出批评、建议或提案。他说："如果人人都能提出建议，就说明人人都在关心公司的发展，公司才会有前途。"人称"经营之神"的松下电器公司前总经理松下幸之助有句口头禅："让员工把不满讲出来。"他的这一做法，使管理工作多了快乐，少了烦恼；人际关系多了和谐，少了矛盾；上下级之间多了沟通，少了隔阂；公司与员工之间多了理解，少了对抗……

企业员工的真话无价，但是真话难得。成功的管理者只有让员工说出他们的"真心话"，企业的各项管理才能做到有的放矢，才能避免主观武断而导致决策失误。

问题是管理者如何才能掏出员工的"真心话"？笔者以为，一是管理者要对员工充分信任，鼓励他们发表自己不同的见解，哪怕是说错了也不怪罪，因为他们必定是在思考企业的事。二是要找机会倾听他们心声，对于他们提出的有积极意义的建议与意见要及时给予肯定，这样员工就会有成就感，就会更多地思考企业的工作。三是管理者要与属下交朋友，不要认为自己是领导，担心如果与员工平起平坐，以后怕不好领导。与员工交朋友是亲近属下，人与人有了亲近感才会大胆吐露真言。四是要耐心倾听不同的意见。真言往往让人听着不入耳，但是，如果管理者能耐心听进去，你会通过属下的牢骚知道自己的工作应该从哪些方面进行改进。五是通过与属下交流增进相互理解，也许你的想法是好的，你的初衷是好的，属下不理解你的做法，在与属下交流中可以推心置腹地讲清自己的观点，获得广大员工的认同。总之，让员工讲出真心话，对企业的发展有百利而无一害。

授权，让你的下属有责任感

在我们的日常工作中，我常常听到人们这样说：在这儿干憋气！我情愿找个收入比这儿少，但让我心情舒畅的地方。真的，后来一旦有机会，这个人肯定会走。一个企业或一个单位里的人才就在这样不知不觉中流失了。

这是什么原因呢？我们来看这样两个故事。

故事一：有一天，一位老人独自出门，在机场下楼时不慎摔了一跤，扭伤了脚，坐在地上半天起不来，一时堵塞了通道，弄得过道客流十分拥挤。当班人小C将这一情况向领班人汇报以后，得到指令将老人送出去。当班人小C把老人送出去后，看到老人连上公交车的能力都没有了，想，如果即使把她送上公交车，下车后她又该怎么办呢？看到老人痛苦的表情，当班的小C再也不忍心把老人家放下就走，于是，叫了一辆出租车把老人一直送到家门口，又背上楼，才返回单位。但是，他的这一举动不但没有得到上司的认可，还批评他擅自离开岗位，并不予报销往返打车费。这位企业员工没有要求什么，只是说：算我倒霉吧。

这件事后不久，这家单位的领导有一天召开会议，宣布了一个规定，说以后无论做什么事情都要先请示后办理。如果不请示擅自办理，回来后不予签字。管理者在宣布这个规定时，员工们认为，这意思好像是凡需要花钱的事都要先汇报，如果不需要花钱而能把事办好的可另当别论。于是，这个单位里的所有人碰到凡是需要花钱的事才来向上级汇报，凡是不花钱而要办的事，他们也不去想，也不去办，只等上级安排了再说。有一天，一个航班因在起飞时不慎丢失了一个旅客的行李，下飞机后，旅客因找不到自己的行李与机场发生了口角。旅客不但要求赔偿，而且还要状告该航班工作态度欠佳，赔偿因耽误时间而造成的损失5万元。这事儿惊动了上级。上级的回答是愿意帮助查找一下，如果找不回来，愿意赔偿。后来查到了原因，是因为行李上飞机时，错上了另一架飞机，第二天可以把行李运回来，上级的回复是，到时候让旅客来机场取，如果少了任何一件东西，机场再给找，或者赔。旅客不同意，又与工作人员争执不下，并质问：你认为这样合适吗？工作人员说：这是我们上级的回复，我也没办法。让你再来跑一趟我们也觉得对不住你，因为这是我们工作的失误，毕竟耽误了你的时间，也给你的旅行带来了烦恼，我们应该赔偿你、补偿你，可是，我们上面有话，我也不能越权行事。请你谅解。旅客不谅解，并坚持要求把东西找到后尽快转机送到他要去的地方。机场人员又向管理者汇报，管理人员召开紧急会议做出决定同意第二天将行李送往旅客要去的地方。但从这个机场到另一个机场后，与旅客要去的地方还有三个小时的公路里程。第三天，当送行李的工作人员小E到了另一机场后，由于上级不知道还有一段公路里程，在预算送行李的经费中没有这笔开支，送行李的人也想把这件事办到底，但他又怕自作主张后，回去单位不给他报这一段的往返路费，还可能会因为返回的时候超过出来时上级的计划时间而受到处罚，不愿意重复上次小C的结果，只好把行李寄存在另一机场返回。旅客按照时间又没有收到行李，再次把该航空公司告上法庭，最终获得赔偿12万元。官司结束后，该航空公司管理者责怪送行李人小E，你为什么不按时送到，半路而返。员工委屈地说：你给我的经费只能到达另一机场。那你为什么不来个电话汇报一下情况，我又没和你一块去，不知道还有一段路的实际。小E的回答是：你不但没有支付给我工作电话费，而且，我当时和你联系了，你正关机，我不能越权工作，只好返回。

故事二：在一个无限辽阔的大沙漠，有一辆运送物资的大卡车抛锚了，因没有零配件无法修复，8个人在沙漠中不幸遇难，后来他们在沙漠中行走了10天，也没有走出这片沙漠，而且越走越找不着路，他们看不到一丝获救的希望。这时，车队长守护着那仅存的半壶清水，不许那7个人碰。因为有水就有活下去的希望，干渴的队员再也难以撑下去了，就来抢那半壶水。队长是这一路上唯一带枪的人，他用枪指着那7个人喊：你们谁再敢枪这半壶水，我就打死他。其他人员退却了，但在这7个人中有一个大胡子长得彪悍，他与队长怒目相视，而后大声吼：你为什么不认输？你已经无法坚持下去了。我们先把这水喝了，能活一会儿是一会儿吧。说罢就猛地朝车队长扑过来，伸手去抢那水壶。车队长立即用枪顶着大胡子的头，大胡子无奈地坐在沙滩上。其实，为了引领队员们走出这沙漠，车队长已经连续两个晚上没有睡觉了，他总是在大家都睡着的时候去为大家寻找水，去踩路，天一亮，鼓励大家往前走，又带着大家走他昨夜踩好的路线。其实他也早已顶不住了，但他在心里一遍又一遍地告诉自己：要挺住！然而，由于过度激动和几天来的极度困乏，他终于顶不住而倒下了，手中的枪也掉落在地上，这时，他恍惚中仿佛告诉大胡子：快，请你接替我。然后就失去了知觉。不知过了多久，他又仿佛听到有人在喊他：队长，来喝口水。一个熟悉的声音，一个亲切的声音，那是大胡子。当他慢慢睁开眼时，他看见大胡子一只手拿着那半壶水，一只手用枪指着另6个越来越疯狂的队员。见队长怎么也不肯喝下那口水时，大胡子不解地说：你说过，让我接替你的，对吗？我要把我们这里的每一个人都活着带出去。说这话时，他看到一轮红日从东方升起来，透过阳光投来的一个影子，告诉他们，他们的头上有一架正在寻找他们的直升机……

  这两个故事给了我们一个这样的启示：无论做好什么事，责任感是这个团队最重要的因素。我们有一些企业管理者常常感到自己的属下缺乏责任感，并且在众多场合下，批评员工因没有责任感而给企业造成了许多损失。管理者却从来也没有想过，造成员工没有责任感是因为管理者自己没有授权与员工，光让员工工作，却不给他们工作创造好的环境；让他们工作，却不给他们工作的权力，只让他们承担工作的责任，谁又能担得动呢？因为没有给他们这个工作的权限，他们就很难站在全局的高度来考虑问题，自然难有上司希求的责任感。如果一个企业管理者能够对下属的工作充分授权，让他们站在全局的高度来思考问题，在得不到上级的指令时也能为了维护企业的利益正确地判断自己应该怎么做的时候，这个员工就能表现出高度的工作责任感和惊人的创造价值。

激情源于自我

一个人的工作不在状态，标志着这个人能不能实施高绩效工作。在状态，是高绩效工作的前提。那么，什么是在状态的前提呢？激情！有了激情就有了在状态的工作态度。那么，怎么才能让人有激情呢？笔者以为，让劳动者看到一种满足自我的希望，激情自然就会被激发出来。

这个公式应该是：自我的需要＋企业需要＋社会需要＝自我满足。

这个程序应该是：自我需求——让其看到满足需求的希望——激情工作——产生高绩效。

有这样一个故事：有一年我回家探亲，偶尔碰到了几十年没见的高中老同学，说她家刚刚在城里买了一套住房，正在装修，明天一早过去看看。她长得又瘦又小，当年在学校上学时，最引人注目，原因是她最苗条，走起路来一摇一晃，我常常担心一阵大风过来把吹倒了怎么办？万一有一天她正好遇上旋风把她卷走了怎么办？于是，凡是遇到学校劳动时，人们都不自觉地让她少干一点，凡遇到刮风时，同学们都往她身边走，以求给她挡一下风。后来高中毕业时她一个也没看上，找了一个块头比她大三倍的男人。她认为自己应该是个城里人，像她这么漂亮的女孩子不应该生长在农村，于是，她努力着，直到现在，她终于在城里买上房了。她说，只要在城里买房，就可以把户口办到城里去。这不，她的房子开始装修了。第二天早上我应邀去看她的房子，趁着早上跑步，我跑到了她说的新建小区，正好看到她和妹妹在往楼上抬沙子。"哎呀，你怎么抬得动哟。"这让我很惊讶。她说她已经抬了三十桶了。我说："你家住几楼？我来帮你抬。"她说："好啊，我们家在五楼，正愁没人呢。"结果我仅抬了不到十三桶已经满身是汗了。我回头问："你这么干，累不累？"她说："不累，我的劲还没用完呢。"看看她那娇小的身材，怎么也看不出她有那么大的劲儿。面对这样一个人，我不敢说自己抬不动了，也不能说还有劲儿抬。我就问："你怎么自己往上抬，不雇人把沙子扛上去？"她说："买房子花了太多的钱，能省一点是一点吧。"哦——那天，她让我忽然明白了一个道理：她那么大的劲头，是从哪里来的。"自我！"是一种"自我"满足的需要。正是这种"自我"让她激情勃发，正是这种"自我"让她高绩效工作而不知疲倦。

既然知道了"激情源于自我"，那么，当我们企业的管理者在安排我们的员工去做什么时，有没有想过：你让他们去做这些，能满足他们哪方面的自我？

中国有这样一个文化："人不为己，天诛地灭。"一般情况下，人都是自私的，无论在做什么事之前都是先想到自己（当然这是指一般情况下，特殊情况例外），尤其是在市场经济社会里，人们对于物质的追求更加强烈，只有当物质积累达到了一定的储藏量时，人们的精神才会作用于另一种行动。所以，管理者一定要把握人们的"自我"心理，激发人们的"自我"斗志，最低等的激励是要让员工在工作中看到经济上的报酬，中等的激励是让员工看到政治上进步的希望，最高等的激励是让人们在工作中感受到实现人生价值的快乐。这些都是一种"自我"需要，如果不能满足人们的这种种需要，人们即使在工作，也绝不会有什么高效率，更不会产生高绩效。

现在，不能用奉献说事，更不能一再强调奉献，奉献是在特殊的情况下，人们一次、两次可以，你总让员工奉献，员工只能是在你的压力下奉献，但不会出现自觉的奉献。所以，管理者把握住满足每个人的"自我"需要，让员工在工作之前就能知道我干这些最终可以得到什么，以此来激励员工的工作激情，让员工无论做什么都能在状态，最终实现高绩效的工作。当然，每个人在他的工作中，不论你是否承认，都差不多是主观上为自己，客观上为社会，由此，推动着社会的发展与人类的进步。

激励比批评更有效

有一天上班,看到几位女士同时而来,其中一位穿着一件绿色上衣,衬托着她那红润的脸庞,就如同一朵正在怒放的鲜花。我就面对她的同伴对这位女士大加赞美,赞美她的时尚与前沿,得体与美丽。我并没有说其他几位女士穿着不好,或颜色暗淡,或不太合体,或款式陈旧等。我只是赞美了好的。你看吧,过不了几天,机关就有许多女士都穿着这种绿色、新款的上衣在你面前飘过,或者想听到你对她的赞美,或者想听到别人对她的赞美,总之,她们要充分地让人们感觉到她们自身美丽的存在,她们的行为证明她们的自信,要向他人证明她们同是一道美丽的风景线。

这一事实证明,其实,每个人都爱听好听的话,被你赞美过的女人,总是对你有好印象。多说好听的话其实是对人的一种激励。在我们管理中也可以多试试激励的方法。

记得1999年至2000年之间,我在山西宁武县长梁山隧道工地采访时经常遇到他们召开表彰会。因为那时他们的工期很紧,为了更大程度地调动员工的积极性与创造性,他们开展各种形式的劳动竞赛,几乎是每个月都有一次表彰,每个季度都有一次评比,每半年都有一次授旗仪式,每年终都有一次大范围的戴花送喜报活动。我知道,在那里也确实出现了一些不尽如人意的事情,但那里的管理者更多的是看到主流,表彰单位与个人时大张旗鼓,批评人时总是悄悄地个别谈话。两年中,我几乎看不到哪个管理者在大庭广众之下对哪个个人或哪个小集体批评指责。所以,他们最后出色地完成了任务。有一大批人被提拔使用。干了一个项目,不但是完成了一个作品,而且还锻炼了一批人才,培养了一批干部,让广大员工形成了一种积极向上,奋发进取的良好习惯。这,实在是一件伟业。

1982年美国威斯康大学的研究人员在研究成人学习进程这一项目时,曾做过一个这样的实验:研究人员将一批成人学员组成两支球队,经过短暂的训练后,让两支球队进行了几场比赛,比赛成绩两队都有胜负,由于是比赛,大家都不服输,团队协助也都很好,两队争得难舍难分。针对这一现象,研究人员将全部比赛过程都摄录下来,并将录像带通过剪接,分别提供给了两支球队,以便他们能借助观看他们自己打球的录像过程,来提高他们的球技。所不同的是,分发给两个球队的录像采用了不同的编辑手法,第一球队收到的录像带是展示他们在场上比赛时的一次次失误和互相在配合上出现的问题,让对方在他们的漏洞上钻了空子。以此想让他们发现自己存在的问题,研究对策,纠正他们的不足,提高他们的防范能力。第二支球队收到的录像带则是全面展示他们在球场上出彩的镜头,每个景头都表现出了他们相互协助,互相配合的默契与竞争的实力。

在两支球队都仔细研究观看了录像带之后,通过分析、重组、排队,他们认为在球技上都有了不同程度的提高,双方都迫不及待地要再比三场。结果是通过比赛,第二支球队以绝对优势战胜了第一支球队。

由此,研究人员认为:无论从事什么管理,只要是对人的管理,将焦点定格在失误的过错上,只能使得队员越打越疲惫、越打越厌倦、越打越窝火、越打越使团队之中互相责备,凝聚力减弱,球队人员抗拒的消极情绪会不断增加。这在木桶理论中叫只顾补短板,结果是与别的桶相比,越补越短。而如果将注意力集中在表现人的优异层面上,则会使队员心里更加振奋,人的创造性、人的激情、人的自信心会在充分的肯定中更加激昂,这会使人对成功的欲望更加强烈,在这样的情绪下,一个人身体中的各种积极细胞能够得到极大地活跃,各个细胞的积极因素也能得到充分的调动。那么,在他们的工作中就会出现让管理者意想不到的好效果。这在木桶理论中叫强调长板引领,结果就会使这个桶与另外的桶相比,长板长的越快,后面的短板就长的越快。因为事物不可能完美。长板是因为有短板而叫长板,长板相对于短板而言长;只面对自己,它将很难在短时间内变长。要想使自己快速变长,就要多看看自己的优势,更好地发挥自己的优势,使自己的优势更优,才能有过人之处。

通过这样的实验,我们的管理工作不难发现,激励比批评更有效,激励的方法还更容易产生和谐的工作环境,更容易凝聚员工的心。

上级，应学会用赞扬的方式批评员工

上司批评属下，似乎是天经地义的事。可是，如果上司仅仅依靠权力来发号施令，有时候会产生一定的副作用。如果上司能利用自己的人格魅力和亲和力使下属心悦诚服，效果就会大不一样。学会用赞扬的方式批评员工，就不失为构建和谐工作环境的一招妙棋。

有一家建筑公司的项目长每次开会都强调安全，并且有日检、旬查、月评，可是还是有人不能严格按照规范操作。有一次，这位领导在工地上发现有的工人没有戴上安全帽，他便会用职位上的权威要求工人改正，甚至还狠狠批评一顿。其结果是，受指正的工人常显得无奈，但也表现出不悦的情绪，而且一转身就唠叨：多大个事，值得这么大惊小怪、大呼小叫。等领导一离开，这个工人就又把帽子拿掉，而且引得周围工人哄堂大笑。一种不和谐的工作环境就在这样一个不太注意的小细节中产生了。后来领导再发现这种情况时，不是把那个员工叫来大吼一通，宣布扣发一月资金，而是决定改变方式。他会走到这个工人面前问：是否帽子戴起来不舒服，或是帽子尺寸不合适，并且用愉快的声调提醒工人戴安全帽的重要性，不仅仅是为了个人的安全，也还得考虑到家庭的完整、父母的期待，然后要求他们在工作时最好戴上。这样的效果果然比以前好得多，也没有工人显得不高兴了。

其实，许多人都有感受：上司批评下属，下属不服是经常有的事，有的即便是在这一事情上"服"而在另一事情上不一定"服"，今天"服"，明天未必"服"。遇到这种情况，当上司的该怎么办？凭借权力完全可以强迫属下"服"，但强迫的结果肯定会打折扣，不会得到100%的回报。既然如此，那就得改变用权力强迫为人格魅力影响，使下属真正自觉自愿地"服"。何况批评，是一件令人十分难为情的事情，无论是批评者还是被批评者，在那种特定的氛围中一定都多少有些尴尬。其实，批评的真正目的并不在于批得对方体无完肤，彻底地打倒对方，而是纠正对方的错误。因此，艺术的批评不应伤害对方，而是激励他，使对方表现出更好的业绩。赞扬便是最好的艺术批评。因为赞扬能营造一个轻松和谐的工作环境。

上级，学会用赞扬的方式与员工沟通

心理学家史基诺经由动物实验证明："因好行为而受到奖赏的动物，其学习速度快，学习效果亦较佳；因坏行为而受处罚的动物，则不论怎样学习效果都比较差。最近的研究显示，这个原则用在人身上也有同样结果。批评和过度批评不但不会改变现状，反而还会招致怨气与愤恨。"另一位心理学家汉斯·席尔也说："更多的证据显示，我们都害怕受人指责。"因批评而引起的羞愤，常常使员工、亲人和朋友的士气大为低落，并且对应该矫正的事实状况一点也没有帮助。

给予员工亲切的言词和称赞，对建立彼此的友好关系有很大的帮助。美国佳乐食品公司经理克利弗西斯说："称赞能使对方兴奋，也能使你发现对方的许多优点，而当你批评他时，他会欣然接受。"如果你真想批评员工，不妨用这样的话开始：

"小张，感谢你关心公司的发展，你所提出的建议很好，我们从中收益许多。不过，有一点……"

"小李，你进入公司以来，业绩一直非常优异，大家都是有目共睹的，只有一点要请你改善，相信你也能够理解……"

"小赵，有你在我们公司，我觉得很骄傲，你一直都使我们获得很大帮助，这次发生事故或许有什么原因，你说呢？"

"我知道你一直很努力，不过有一点让我担心……"

如果用这样的批评方式或许能让更多的人感到容易接受，而且会使工作的环境更加温馨与和谐。

上级，学会用表扬的方式指出一个人的不足

有一位建筑工程项目长，最近项目部调来一个人称刺儿头的人，别人对这个刺儿头的评语是：时常迟到早退，工作不努力，自高自大，办什么事总是以我为中心，许多领导都拿他没办法，频繁更换工作单位，这次肯定是在原来的项目部待不住了才到这里来。

项目长这时才开始关注这个人。第一天上班，人称"刺儿头的人"就迟到了5分钟，中午又早5分钟离开班组去吃饭，下班铃声前的10分钟，他已准备好下班，次日也一样。

这位项目长连续观察了两个星期，发现"刺儿头"真的缺乏时间观念，但工作效率却较高，而且焊接的成品优良，搭建的脚手架也无可挑剔，每次工程监理走到他干活的地方都能顺利通过。于是，项目长对"刺儿头"的迟

到早退未置一词，只是微笑着打招呼。时间久了，"刺儿头"反而觉得过意不去了，心想：过去的领导可能早就对我大发雷霆了，至少会斥责几句，但现在的领导毫无动静。

感到不安的"刺儿头"终于决定在第三周星期一准时上班，站在工地的项目长看到他时，便以更愉快的语气和他打招呼，然后说："谢谢你今天能准时上班，我一直期待这一天，这段日子以来你的成绩很好，算是班组的冠军呢！真是一流的技术人才，如果你发挥潜力，一定会得优良奖。也许我的话有些不中听，但是我还要说，为了你的前途应遵守规则，认真努力。"

虽然"刺儿头"没有立刻改掉所有的缺点，但遵守上下班时间和工作情绪方面，几乎判若两人。如果采用表扬的方法改正一个人的错误，就不会伤害一个人的尊严和自尊心。但运用这种方式是需要有段艰苦的学习、理解、忍耐的过程。如果你想获得驾驭下属的能力，就必须付出一定的努力。必须对不同的人和事物做出不同的判断和采取不同的解决方法。总之，用表扬的方式指出一个人的不足不失为一个有效的方法。

上级，学会用信任的语言结束对人的批评

批评人，光有一个良好的开头、善于让人接受的中间部分还不够，当一个领导与员工谈话时，如果不能在友好的气氛下结束对员工的批评，也不能算是真正的结束，不要在事情还没有解决之前，就暧昧地搁置下来，到后来再进行一次讨论，应该在有了结论之后即刻结束批评。当然，结束语最好要给员工一种被信任的感觉。

比如，你可以莞尔一笑："我知道你是信得过的人"或"我相信你能够抓住要领，请你好好干下去"。切不要这样，"我教你之后，不可以再犯错"或"我希望很快就能看到你向上的表现，不然的话……"

批评结束后，千万不要认为没有必要去赞扬员工，如果你善于发现员工身上的闪光点，并加以赞扬，就能有效地激励员工，同时，员工努力的工作会让你收获成倍的果实。

特别是在一些艰苦的行业里，尤其是建筑企业，长年在野外作业，艰苦的环境常常使人的情绪、心态发生变化。我们所相处的对象，并不是绝对理性的动物，而是充满了情绪化、充满了自负和虚荣的人。面对这样一群不同性格、不同文化铸造的人，领导应该理解他们，给他们一个空间表达自己的个性，由于人与人的个性不同，世界才变得五彩缤纷。如果所有的人都是一样的性格，那世界不就成了一种颜色了。所以，领导要学会用信任的语言肯定一个人，这样我们会有意想不到的好收获。

培训态度比培训技能更重要

　　同在一家企业里工作几年甚至几十年，有人成了企业中不可缺少的骨干，有人却成了企业中的包袱。都在同样的环境里生存，怎么会形成这样两种不同的结果？

　　我曾在办公室里接待了两位员工，一个是来让我为他推荐岗位的。他一脸愁容，满腹牢骚。我们就叫他老D吧；我向他投以同情的目光。另一位是中铁十六局集团二公司太原——中卫——银川项目部的工区长李维强，他从工地回来休假来看望我，他情绪高昂，面含喜悦；我向他投以羡慕的目光。

写写一个让我写他的人

　　老D与我同年参加工作，掐指算算也快30年了。按照以往的习惯，一个有着近30年工龄的人，他凭技术吃饭也该是没有问题的了。可他一进门便说：我在家息工已经3个多月了，孩子要上学，老婆要看病，没钱呀。到哪儿人家都不要我，请你帮忙给找个干活的地方吧。

　　看老D那一脸的愁苦样儿，我就心生怜悯。现在项目这么多，正是企业用人的时候，人家为什么不要你？

　　不说不生气，一说老D气就不打一处来：这还用解释，人家都用他们家的亲戚，要不然就用包工队，现在我们老了，干不动了，谁还要我们这些人？你整天写这个写那个，为什么不写写像我这样没有活干的人？让领导来关心关心我们。

　　哦，写你什么？写你的苦难还是写你的困惑？你会干什么？

　　唉，前些年党让干啥就干啥，今天干这个，明天干那个，什么技术也没学上。现在老了，体力活又干不动了，只能在工地看个材料，守个门房什么的。

　　你这些年没有出去培训过吗？

　　有过。不过那都是为了混个上岗证，只要领到这个证，能应付检查就是了，也没学到什么真本事。

　　哦，我无言以对。我为他打了几个电话，没有一个项目再需要这样的人。每个项目上虽然都有这样的岗位，但本来就少的岗位上已经塞满了类似于老

D这样的员工。看着他一脸的愁苦,我两手无策,只能投以心酸的同情。

20世纪八九十年代,老D为了企业的发展,为了社会主义建设,他的确付出过艰辛的劳动。可是,社会发展了,科技进步了,老D苍老了,但他的生存技能却没有随着年龄的增长而增长。他的心理与他的技能一样还停留在过去的岁月。他认为:我搬石头还是过去的搬法,一点也不偷懒;铲沙子还是过去的铲法,一点都不惜力气;拌水泥还是过去的拌法,一点都不曾改变;起护坡还是原来的起法,一点都不敢马虎……怎么就说我干不了呢?他不信,也想不通。但的确没有项目愿意要他。这是因为他没有想到原来需要扛的水泥现在都用皮带输送机了;原来拌的混凝土标号早就变了,现在都用大型拌和站了;起护坡的技术标准也提高了;就连绑钢筋的方法都不一样了……在这个科技为先的年代,一个人还停留在过去的岁月该怎么生活?如果让他再到具体的工作中操作,结果只能是干返工活,既浪费材料,又耽误工期。老D忠实于这个企业,他希望为这个企业再做一些事情。可是,他已经丧失了做事情的能力。加上随着年龄的老化,体力不支了,谁还愿意使用一个虽没到退休年龄,却无法适应工作的人再来工作?企业给过他学习的机会,可他没有珍惜,而是把这样的机会当作儿戏放弃了;在工作的实践过程中,他也有过技能进步的机会,但他任时间从自己的生命中流逝。当然,企业没有给他一个从头到尾都专一的工作,也是对他的一种耽误。可市场经济条件下,谁还能为他再来补偿?同情,我也只能抱着一种同情,即使为满足他的要求为他写点什么,又让我写他什么为好呢?

写写一个不让我写他的人

人事间就有许多十分巧合的事,李维强也是与老D同年参加工作的人,几十年来,他在铁路上干过线路工,当过车工,干过焊工,也拔过丝,制过钉……一样的服从组织分配,在那个特殊的年代里,他遵守着党让干啥就干啥胸怀。可是,有一点他没有忘记——学习!无论在什么岗位上他都没有放弃自学。他学过给排水,也学过桥梁道路,后来他由一名工人转为技术干部,成了一位现场工程师。由于他好学上进,几十年来不停地钻研施工过程中的各方面知识,突然有一天上级发现他不仅有技术能力,同时还具备了一定的管理能力,于是提拔他担任了分公司的经理。如今太原——中卫——宁夏铁路开工了,企业中标后,有一座悬在半山上的隧道开掘任务,另有一座50多米高的大桥需要采用悬灌技术从深沟壑中架设,李维强就成了最好的人选。这项任务虽然艰巨,但领导安排他去是对他的信任。他去了,虽然感受着压力,但一样感受着快乐。今冬的陕北格外冷,寒风吹透了他的棉衣,但永远也吹不透他那颗炽热的心。他一头扎进工地修便道,建工棚,开洞门,挖地基,干得满头大汗,卷着黄土高坡的尘土风吹来时,他脸上的汗水就变成了黄泥。同事们劝他歇会儿,他只憨厚地笑笑,继续带领工区员工工作。有一天,施工的疲劳加上突然变冷的天气,一不小心,感冒了。高烧39.9度,他正在工棚里输着液,洞里一炮响过,现场的几个人找不着隧道中线了,施工不得已就停了下来。他在山下听到这个情况后,马上让同事举着吊瓶,"走!我去看看。"他去了,问题就解决了。他说,他现在在那儿很艰苦,但他心里很充实。这不,又该休假了,由于现场任务紧,他匆匆回来休息几天。李维强在向我述说工地情况时,脸上始终挂着欣慰笑。好像在那儿受苦的不是他自己,而是别人似的。

我说那儿我去过,我来写写你吧,他说:"没什么好写的,在那儿工作的人都很辛苦。我现在就是实实在在为企业干好活,至于企业给我什么,那是企业领导想的事。"

他走了,看着他的背影,我无限感叹:只管设法干好自己的工作,该给你想的,领导一定都会想到,社会该为你想的也一定会想到。因为你是企业的支柱。

几十年来,李维强享受过企业对他的培训,他把这样的时候当作成长的极好机会,每一次送他外出学习,他都喜出望外,学成归来满是欣喜。他觉得学习一次,他的腰杆就壮一寸。企业没送他外出学习,他也在自己的岗位上学习不止。他把学习当作快乐,于是,时代进步了,他也在进步。可有的人把学习当负担,一说学完还要考试就感到头痛,一到考场就想法去抄谁的答案,结果是同在一个环境中,有的人进步了,有的人随着社会的进步在退步。

企业有用人的权力,也当有培养人的责任。但是在市场经济社会中,人才流动频繁,哪家企业老总都不愿意花钱培训员工,一旦给了哪个人机会,那应该说是一种奖励。可是有人竟然没有意识到这是一种奖励。重要是因为这样的人没有转变思想观念,没有改变学习态度。其实,笔者以为,培训一个人工作态度比培训一个人的工作技能更为重要。如果他有了好的工作态度,好的学习习惯,企业去培训他,他的学习效果一定事半功倍;如果他的工作态度不变,即使企业送他去培训,也是白花钱。老D不就是一种典型的例证?可见,无论在什么岗位,学习都是要靠内因的,虽然外送培训也具有一定的推动力,但外界的推动终归不起主要作用。

让人尽力靠权力，让人尽心靠人格

　　2009年的一天，我到石家庄至武汉铁路客运专线体验生活，听人们讲了这样一个故事：有一个工区刚刚开工不久，当地有一些村民因为拆迁补偿款还没有到位，迟迟不愿意离开自己住了几代人的处所。但工程期限不等人，项目经理决定先开山修便道。由于山是石头山，开山需要放炮，尽管这一炮距离那家没有搬迁的农户有一段距离，但为了安全起见，还是需要在放炮时通知那户人家离开房屋的好。然而，那户人家有个老太太就是不离开。她认为这是要求尽快给她足额补偿的一个极好机会。于是，现场有位年轻的带班人前去说服老人家，但是半个多小时过去，一点成效也没有。他回来了，向领导汇报说：我尽力了，嘴皮子都磨破了，人家就是不听。这位年轻人一边摇头一边说，显得十分无奈。这时有一位老职工，看到领导孤独无策的样子，心里都替他着急。

　　职工替领导着急，它体现的是一种替领导分担责任。一般情况下，职工可以不着急，领导派活，我干活，能干时干，不能干时不干，上级也怪罪不得。因为不具备干的条件。这时，职工主动替上司着急一定有他的道理。经过了解，我发现，这里的职工特别敬重他们的领导——半年前，这里有一大批职工是在另一个项目上工作的，当他们正在风风火火工作的时候，那里的领导突然进行工作调整，人员结构重组，实施人员精减，一夜之间几十名四十岁以上的老职工回家待岗了。这些老职工上有老，下有小，他们正是生活负担最重的时候，让他们回家待岗，等于夺了他们的饭碗。于是，这些老职工怀有意见，找到上级党委要求讨个说法。不久后，石家庄至武汉铁路客运专线上马，这些老职工又被安排到石武线工作。结果到那里后，上级对他们格外尊重，干不干活不要紧，要紧的是大家都远离家乡，先把他们的生活安排好，对于客运专线这样的新技术怎么干，先行培训，保证凡是来到这里的每个人都有岗位。这一举动让职工们特别感动。于是，他们就格外珍惜自己的岗位，每个人在自己的工作岗位上都尽心尽力去工作。好像把工作做不好，不是对不起他们眼前的上级，而是对不起自己。正是怀着这样的心情，有位老职工什么话没说，跑到那户人家中，背起老太太就往外跑，等把老人家放到一个很安全的地方，高喊一嗓子，可以放炮了！等炮放完，他先回那户人家看看房子没有任何问题，又把老太太背回家。这个举动让这里的领导大为感动。因为这个员工尽心去做了。这是尽力与尽心的差别。

有人曾说过：尽力与尽心是做事的两种境界，最后的效果也不一样。有这样一个故事，说的同是这个道理：传说埃及修建金字塔时，法老先派出了第一批人。这些人兢兢业业，铺石修路，汗流浃背，无怨无悔，人人都夸赞说他们是埃及国最勤劳的人，是全埃及人学习的榜样。但是，当他们需要把最后一块石头搬到塔顶上时，怎么也搬不上去了，他们费了九牛二虎之力，也没有将最后一块石头搬上去。然后回来向法老报告；"我们许多人累得筋骨都断了，实在没办法，我们尽力了。"法老看到他们无奈的样子，又是同情，又是恨。但法老什么话也没说，只是每人发给他们一笔奖赏，让他们回去休息。又派了第二批人去继续修建。他们到现场后没有急于用手托举、用肩扛起，而是集中起来先讨论，再论证，反复推敲，制订方案，最后确定用三个支架装上一个滑轮把最后一块石头吊上去。这个方法使他们轻松地完成了任务，并请法老到现场剪彩。法老当场为第二批去的人们佩戴荣誉奖章，并号召全埃及的人民向他们学习，称他们是埃及当时最伟大的集体发明。这两批人的差别在于，第一批人看上去很劳苦，很卖力，但只是尽力，没有突破；他们所干的，一般人都能干。而第二批人轻松完成了工作，而是尽心，收到了事半功倍的效果；他们所做的是一般人没有做到的。每个领导都希望自己的属下能尽心工作，问题是我们靠什么使属下尽心工作呢——人格的魅力。

西方有权威专家研究表明，领导力可分为以下几种：

奖罚权——领导的奖罚权是以人的利益心理为依据的，它虽然很直接，也很重要，但很容易引起抵触情绪。

法定权——领导的法定权是上一级的组织赋予的，与个人无关，所以，这样的权力是很脆弱的，一旦这样的权力被拿掉，原来享有权力的人就会感到很大失落。

专家权——领导的专家权是与法定无关的，是一个领导者长期从事这项工作所积累起来的经验和通过分析、整理确立起来的理论观点，这是自己的知识和智慧，这样的权力是长久的。

人格魅力权——领导者的人格魅力权是以人的道德心理为依据的，是自身通过长期生活实践给被领导者心灵深处留下的震撼，是以上几种权力中最具有力量、最持久的权力。这样的权力靠他人树是树不起来的，只有靠自身的行为来树立。

古人曰："官德乃为官之本，本固则德厚，德厚则威高。"人都有善良的本性，人都尊重高尚的人，如果一个领导者的人格魅力得到了众人的认可，众人就会发自内心愿意跟着你、并追随你，这时，领导者向他们发出号召，大家就会群起而应之。

以上两个案例正好应验了这样一句话：一等人做人，二等人做事，三等人做样，四等人做假。做人的人是最高尚的人，做人的人是最能把事做好的人。

不让其知情就是不让其创造

如今在许多企业里常常能听到一些管理者十分无奈地说：现在的员工呀，工作责任心太差，工作激情太低，更谈不上创造性工作了，只知道月底要钱。唉——

笔者就在长期思考，员工的责任心为什么差？工作激情为什么不高？是这个时代的必然？还是市场经济的利益驱使让一些人的素质渐渐降低？

有一天，笔者到黄骅港中铁十六局集团二公司七分公司工程项目部采访，发现那里无论有什么事，项目经理蒋荣宏和项目党工委班子成员总是先拿出几个方案来让全体员工讨论，然后通过投票确立最后方案，通过讨论确定工作制度。其实，让大家讨论就是还员工知情权，让大家讨论的过程也是一个让大家学习的过程，同时也是给大家全面参与的管理权。为了完善项目部的民主管理，他们专门印发了工作问卷调查，例如：项目部要不要严格遵守考勤制度？项目部如果不用考勤，月底全部按照满勤计算发放工资、奖金与补贴吗？领导除因公开会学习外，要不要与员工同样参与考勤，并接受大家监督？项目部要不要像军队一样搞好内务与环境卫生？食堂就餐是沿用8——10人围桌吃饭，还是采取分餐制更卫生？全体工作人员在项目要不要统一着装等等，把这些问题提出来让大家讨论，再填写各自意见与建议，最后形成制度，大家共同遵守。由于这些制度都是大家讨论制定出来的，大家都知道制定这些制度的背景，也知道制定这些制度的意义，再加上这些制度本就是由员工自己制定出来的，所以大家执行起来都很自觉。有时候往往为了维护自己的尊严，如果有人不慎违犯了制度，就会有人提醒他立即改正，否则他们觉得这有违于全体员工的尊严。

他们不但在行政管理中是这样，在工程管理中也是同样，他们在海边干的大多是软基处理工程，在软基上推载需要大量土方，有一些拉土的司机为了投机，先是要求量方。员工提出量方不准，建议领导投资买秤称方；之后又有司机拉一车土转两圈，过两次秤，算两车土。有员工提出必须发票计车，先称重载车，然后再称空车去皮。就此还堵不住漏洞，后来又有的司机来过秤时重载 15 吨，回皮时把小票倒在 13 吨车上过秤。员工们发现这一问题后又建议领导加派人手，每辆车都发两个票，一个是过秤数，一个到现场卸车后，再发一张收材料票，用这两张票来计账算钱。这样一来就完全堵住了拉土车的漏洞。工作中这一个个细小的变化，如果不是员工强烈的工作责任心与主动的参与意识，谁能将此事发现得这么及时？谁又能将此事解决得这么彻底？是工作在一线的那些可爱的员工，只有他们的共同努力才能为企业把住每一道关口，哪怕是最小的漏洞。这正如企业领导提出"权力不可独揽，工作要靠大家"的理念一样。当年，中国共产党的小米加步枪为什么打败了敌人的洋枪洋炮，就源于让人民知道了共产党的军队是人民自己的军队，是为了解放人民而战斗的集体，所以获得了人民群众的支持；如今，我们想要做好任何一项工作都必须紧紧依靠全体员工的力量。

其实，企业中的每一个员工就像我们家庭中的成员，他只要在这个"大家庭"中生活，就具有对这个"大家庭"建设发展的知情权与参与管理权。可是，我们现在许多项目往往把这个权力高度集中起来，只让员工做事，却不让他们知情，只让大家干活，却不让他们参与管理。于是，太多的人们都失去了思考的机会，失去了建言的机会，失去了创造性工作的机会，变成了机器，你推一推他就动一动，你不推他就不动。其实不是他不主动，而是他想动却不知道该怎么"动"。于是，上司埋怨部属不主动工作，部属怨恨上司安排工作一相情愿，脱离实际，导致工作环境极不和谐，怨声载道，企业凝聚力减退。如果企业管理者能还本应有的知情权与参与权，员工的工作热情是很容易被子调动起来，工作责任心也会大大加强。

老好人不能当领导

有一次，我到五台圣地去旅游，发现有一个领导干部模样的人跪在菩萨塑像前，双手合抱，举在胸前，极其虔诚地向菩萨祷告：我们县下个月要换届了，请大慈大悲的菩萨保佑我这次能够顺利连任，然后他匍匐在地连磕了三个头。

这时，我看到庄严的菩萨没有说话，那尊塑像依然那么慈善地伫立着。

这位祷告者双目微闭，心中默念良久。他以为这样菩萨就保佑了他，而后起身而去。我望着他远去的背景，发现菩萨依然没有说话。我心中默想，菩萨，你保佑他了吗？

在这时，又有一位满面惊慌而又满脸疲惫的人急匆匆从外面走来，也向菩萨述说什么，他只管自己先跪在中间的那个跪垫上，双手合抱，举在眉间，极其虔诚地向菩萨祷告。我好奇地向他旁边靠近，有意识地想听听这个人又是来向菩萨诉说什么，却惶惑听到他向菩萨说：我杀了人，逃出来二十多天，总感到有警察在追捕我，整日心绪不宁，希望菩萨能保佑我，别让警察抓住我。我虽杀人有过，但那实属无奈。求你了，菩萨，你大慈大悲，大仁大义。如果你真能保佑我平安，日后我必当厚报。然后他双眼微闭，心中不知默念什么，我想他大约念的是如果菩萨保佑了他，他日后发财了怎么来报答菩萨吧。

但是，这时我发现菩萨还是没有说话。那个人也许以为他这么虔诚地向菩萨述说了他的心愿，菩萨就保佑他了吧，于是，他深深地埋下头向菩萨表示言而有信。而后也离去了。望着他离去的背景，我看到菩萨还是没有什么反应。

这时，我就在想：这样的人，菩萨怎么也会保佑呢？如果你想当官，那你应该去想方设法为人民办好事，让群众支持你，让人民信赖你，你不就自然受到群众的爱戴了吗？为什么非要求菩萨帮忙呢？想当人民的官，却不敢面对人民群众，是不是在人民面前做了什么见不得人的事？假如说这是真的，菩萨又怎么会保佑你呢？

还有那个杀人犯，你明明杀人犯罪，理当问斩，怎么还敢来向菩萨求情保佑你不被警察抓住呢？

菩萨以慈悲为怀，乃正人君子，怎么能与你们这些小人同流合污呢？假如菩萨要是保佑了你们，那菩萨到底是个什么样的人呢？如果菩萨保佑你们这些坏人，那菩萨到底是好人还是坏人？应该说，按照众多历史资料记录，菩萨应该是个好人。既然是好人，那这些坏人来向他吐露罪恶，菩萨又为什么不惩罚他们，并给他们心理上的安慰呢？既然菩萨你是好人，那为什么还有这么多的坏人来找你呢？

就在我百思不得其解时，我突然想到了一件事：无论什么人来向菩萨诉说什么，菩萨都没有说话。菩萨没有说要保佑你，也没有说不保佑你，至于是不是真保佑你或不保佑你，你自己去想。所以，大家都说菩萨是好人，好人说菩萨是好人，坏人说菩萨也是好人。这让我又想到了一点，如果一个企业，几百、几千甚至几万人，下属有事找你，你都不表态，让企业员工看着你和善的表情，按照自己的理解去办事，那这个企业不就乱了吗。所以，说菩萨，是因为菩萨什么也没说，什么也不说。在我们的工作中，什么也不说的人，也许他不惹是生非，能当个好员工，能当个好劳模，但绝不能当个好领导。领导要说话，是好是坏要给大家一个明示，要引导大家往那儿走，告诉大家怎么走才是正确的，这是领导的责任。如果连这个责任都不敢承担，或不想承担，又怎么能当好企业的带头人呢。

所以，老好人不能当领导！

面对财富的选择

　　面对财富,有人选择了生,有人选择了死;有人把财富当成享乐的工具,有人把财富当成实现个人价值的铺路石,也有人把财富当成提升人生质量的阶梯,你将怎样选择?

　　从前,有几个好朋友相约一块儿外出郊游,他们分别为牧师、农民、两个战士与一个企业老板。他们一路走来欣赏着沿途风光,虽然他们各自身上的钱并不多,但他们每个人都没有因为钱的事而让谁不愉快,在一个小镇吃完饭时,他们几乎是异口同声地说:我来付钱!他们在一起旅游气氛格外融洽。

　　突然有一天,他们走进了深山老林,各种植物为了争夺阳光竞相上长,有的吐叶,有的展枝,有的攀着别的植物的躯干往上爬,那景象可爱又可敬,他们越走越兴奋,由于住久了城市,一下子冲出了钢筋混凝土的包围,总会觉得大自然格外亲近,于是,在不知不觉中就走到了中午。他们准备搬几块石头垒一个临时炉灶,把锅支起来,然后大家围坐下来准备午餐,可当一战士搬来一块石头时,牧师和企业老板同时发现这块石头的一面呈银白色,像是银矿石,大家都很兴奋。因为他们都听说过,这座山中蕴藏着丰富的铅和锌,如果真是发现了铅矿或者是锌矿,就等于发现了一笔巨大的财富。如果将来成功了,五个人可以各得一份。面对这样的欣喜,他们约定好,在事情没有完全被证实之前,谁也不能把这件事给说出去。但是,由谁去证实这件事呢?他们讨论来讨论去,认为士兵办事太生硬,企业老板太利益化,农民反应稍稍有些慢,回去以后,还是由牧师拿着去鉴定。在这期间,谁也不准单独再到这个地方来,并约法三章,向天起誓:谁要是违背了今天的承诺,当被上天处以绞刑。牧师回家后东奔西走,那四个人回家后各自怀着异样的心情焦急地等待。半个月后,那块石头鉴定结果出来了,说它不是铅石,也不是锌石,而是一块银石,这就是说那里就是一座蕴藏很丰富的银矿。哈哈,牧师很高兴,并想尽快把这一消息告诉他的朋友。他知道,在他的这几位朋友中,那位农民最憨厚,还是先去告诉他吧,可当他跑到农民家时,那位农民告诉他，企业老板私下跟他说："不可能有这样的美事让咱们碰上。"我也想，怎么会天上掉馅饼掉到我的头上来呢？我们俩人在喝酒时，我就说，如果你真信，你给我100美元，我把我的那份给你了。可是如果将来鉴定出来不是什么铅矿和锌矿，你也不能再要这100元了。他答应了，给了我100元。我觉得这就够了，100美元，我能过好一阵子的好生活。

牧师摇摇头跑出去找企业老板，想尽快把这个好消息告诉他，并告诉他可以获得他们原定的两份财富，可到老板家时，发现这位老板已经死了。说他有一天喝酒，特别高兴，认为从此以后就什么都不要做了，只在家坐着享受就可以度过这一生了。这一高兴，就喝得太多了，在回家的路上马车翻到沟里摔死了。

牧师又摇摇头，赶快往一士兵家跑，希望把这个越来越好的消息告诉他们。因为，从目前的情况看，来分这一座银矿的人是越来越少了。可当他跑到一士兵家时，他的家人告诉牧师，一个士兵已经将另一个士兵枪杀了，目的只是想多分一份财富。由于枪杀成功，那个活着的士兵在两天前已被关进牢房了。

面对这一突如其来的变故，牧师的心像打翻了的五味瓶，真不知怎么来处理日后的事情：死去的已经走了，而没有死去的却不能很好地活着。人啊，人！当你面对财富的时候，怎么就不能平静地对待？于是，他决定让那座还没有被人发现的银矿永远埋藏在大山深处，他并且不断祈祷：真希望那座银矿让人们知道的越晚越好。

这是一个被老人们讲了许多年的故事，也许我的父辈就听父辈们讲过这个故事，而现在的我也已经成了父辈，我又在讲给我的儿孙。其实这个故事的本意是想告诉人们不要因为拥有了财富就丧失了做人的本分。可是，面对今天这个市场经济的大潮，它的本意已经大大的有了延伸。我们来看看，市场经济的竞争说白了是人的竞争，人是企业中最活跃、最核心、居支配地位、起着决定性作用的因素。可是，不少企业中把上天赋予他的人（财富），当成了实现企业中某个个人晋升的工具，或者说是为了实现某个个人的某种价值而充当的一种工具。这就是一些人在面对财富（人）时，丧失了做人的本分。这就是前人对于贪婪者的预言。因为这样一来，有的人把原本一笔巨大的财富变成了一片黄沙，往往就是这样的人还天天在喊：现在的企业领导不好干哟，尤其是国有企业的老总更难。

面对这样的企业管理者，我真的不知道他明天还能与谁再合伙创业并获得发展。

　　总之，我们每一个管理者，都应该正确地看待自己面前的财富，要把财富（人）来当财富（人）用，而不要把财富来当工具用。如果谁人把财富当成了自己享乐的工具，也就是把财富变成了黄沙，最终可能会将自己的身体埋葬在这黄沙之下。如果你将财富当成提升自己人生质量的阶梯，你就会更加珍惜你身边的每一个人的存在，并为之可能在无意中找到下一个金矿。

难时别想太远，顺时别想眼前

　　人的一生不可能没有难事，大人物有大人物的难事，小人物有小人物的难事，也许大人物把大事当小事，小人物把小事当大事，无论多大的事，只要是想办而却办不了的，都是难事。这就是人生旅途中的沟沟坎坎。但是，人生也不可能一生不顺畅，想使自己过得平和，避免大起大落，就得遵循"人在难时别想太远，人在顺时别想眼前"。难时想得太远，你就会觉得过不下去，越想越悲凉，越想越无奈，最后就有可能发生悲剧；如果人在顺时只想眼前，就会目光短浅，没有更大的追求，贪图一时享受，误了终生幸福。

　　我听说有一个人，家里过得很不宽余，丈夫在外工作，妻子在家照料多病的女儿，孩子27岁了也没有找到一个合适的工作，虽然在外面打些零工，但老板给的报酬十分有限。找了几个对象，都因为家穷，买不起房而"吹"了。这位母亲每每想起此事，就觉得对不起儿子，父子俩挣回来的钱都让她和女儿花了，反倒弄得儿子娶不上媳妇，成不了家。她左思右想，女儿是她的心头肉，从小就得了小儿麻痹症，好日子没过一天，光去医院打针吃药，以后的日子还有很长很长，还要花很多很多钱。无论如何，她得活着。如果自己死了，倒可以减少一个人的花费。真的，有一天，她写了一封遗书，告诉儿子钱留在哪里，存折上的密码是什么，然后上吊死了。面对这样一种情况，儿子哭得十分伤心。他从来也没有埋怨过家穷，从来没有觉得自己的妈妈是生活负担，他只觉得自己没有本事早早肩负起这个家的发展，让年过半百的父亲休息，让妹妹快乐起来。他一边哭诉，一边掉下痛心的眼泪，让在一旁帮忙的人们都十分感动。处于同情与关爱，事后有人帮助这位年轻人找到了一份收入还算不错的工作，加上他的聪明与努力，两年后，有位可爱的姑娘与他定了终生。

　　这本来是个完整幸福的家，就是因为母亲在艰难的时候想得太远，越想越觉得有压力，没办法，于是，只好用死来为自己解脱。假如她不要想那么远，过了今天说明天，也许哪一天就会好起来。有这样一个故事：日本有个当代杰出的存在主义作家、诺贝尔文学奖获得者大江健三郎有个智障的儿子，儿子每天半夜都要起来撒尿，如果到了天冷的时候，他常常因为不注意，而在半夜起来撒尿时受凉,因此又患了慢性支气管炎。为了让儿子避免遭受此罪,他每天都要在儿子起来时,自己先醒来等着儿子醒来撒尿时给他穿上衣服。后来时间长了,他就形成了习惯,每天夜里一到那个时间他就会自然醒来。这样的日子他一直坚持了40多年。当他70多岁后在回忆这件事时,他说,"20多岁时,我如果知道这样的日子会成为永远,我也许会没有勇气面对;如今。40多年过去了,回头看看走过那些真实的日子,我反倒不觉得悲苦。对于儿子的照顾倒增添了我无穷的乐趣,从而让我的生活变得更有意义。"

以上两个故事给了我们这样一个启示:我们许多人做事往往半途而废,不是因为困难太多,压力太大,而是因为我们觉得成功离我们太远,好像那样的成功只是故事中的一种传说,只是一种想象,不切合我们自己的实际,于是,我们自己先行放弃了对这一理想的追求。也就是说,我们许多人的半途而废,不是因为失败而放弃,而是因为看到它太遥远,认为自己坚持不下来而自觉放弃,形成失败这样一个定局。所以,面对困难,不要想得太遥远,今天和明天怎么过,你都没有想好,你想那么遥远有什么意义?你应该先顾眼前,把今天的事情做好,天天就想今天的事,相信自己每向前一步,总会接近成功的大门一步;相信自己一步步向前走,总会有一天会走出这片阴影。如果我们做好了每一个今天的事,若干年以后,我们回头一望,我们走过的那条路一定闪着金光。

什么事情都不是绝对的,有痛苦就会有快乐。我们可以这样想,一个经历过痛苦的人,通过自己持久的努力,最终就会走出痛苦的包围圈。当那时,你再回头看,所有的痛苦都将化作幸福的回忆,所有的痛苦都将成为你人生最丰富的经验,每一滴痛苦的眼泪都将成为教育后人最鲜活的案例。

而顺,常指顺境,想办什么事就能办成什么事,这几乎是人人都在追求的生活目标,但那实际上是有人顺心,有人不顺心,这是由人心所定的。奢求太多,无法实现,就以为自己不顺,可是,在别人看来他已经很顺了。而有的人心平气和,顺其自然,也许别人看着他不顺,但他认为自己很顺心。

我曾遇到过这样一个人,年轻时他兢兢业业,工作勤奋,也做出过不少成绩,但上级在提拔使用时,总也没他的份儿,理由是他"锋芒"太露,还不"成熟"。他以为自己这叫"不顺",后来有机会承包了一段工程,手里有了钱,见了当官的就送,见了有用的人就送,再后来他发现,他办什么事儿都"顺"了。从股长当成科长,然后当了副处长、处长,当他认为他的能力还可以当局长时,他却需要更多的钱来"打点"方方面面的关系。于是,他凭借手中的权力对属下单位与个人重重设"卡",谁想打通他的关节,送钱是最有效的方法。如此一来,他就有了"打点"上司的基础,加上他个人权力范围内的资金流动,所有从他手中经过的,他都要扣一部分留作机动用款。扣来扣去,用来用去,他已经感觉不到这是在用公款了,好像就是在用他们家的钱。在他心里,公家的就是自己的。那个阶段,他青云直上,又当劳模,又升官,又有名来又有钱,还常在人前介绍经验,人人都说他"顺"了,他就夸耀自己说:"知道是怎么顺的吗?现在的人呀,眼前的事都办不好,还老是想的那么远。"结果,没出两年,他被检察院带走了。紧接着从检察院传出消息说:他贪污数额巨大,都别再来说情了,谁说情让检察院会怀疑谁和他经济上有关系。后来就真的判了二十年。他在监狱里悔恨交加,就像湖北省黄冈市原副市长操尚银当庭流下悔恨的泪水,念出了自己所写的《悔恨诗》:"忘其宗旨,触其法律,悔其自己,伤其亲人,苦其心志,劳其筋骨,做其新人。"又像广西壮族自治区贵港市原副市长李乘龙在绝命前写过一首诗:"钱遮眼睛头发昏,官迷心窍人沉沦。功名利禄如粪土,富贵荣华如浮云,如君能出赍赦手,脱胎换骨重卧薪。"也只有这时,他才领悟到雇凶杀人的河南省平顶山市委政法委原书记李长河的那句话:"《红楼梦》上讲'柔弱是立身之本,刚强是惹祸之胎'的深刻含意。"这些人都是属于在"顺时"做事,没有想得太远,只图眼前顺,故而"顺"的时间就不会太长了。

我们再来看这样一个案例:资料上说,郑州市委纪律检查委员会主任王治业没有看好自己的家,在夫人处理废品时把茶叶盒里的四百万存折一起卖给了收"破烂"的人,结果遭遇到了"破烂王"的敲诈。王的家人不是息事宁人,而是觉得自己有权有势,办事顺利,在当地这个小圈子里,他想办就没有办不成的事,一个小"破烂王"也敢和他叫板,这简直就是不要命。于是,他动用了警方,导致事态扩大,引火烧身,受到降级处理。

古人说:谋大事者思远,谋小事者思近。想做大事,又贪图小利,只顾眼前,没有一个正确的奋斗目标,不把自己的理想建立在建功立业上,而建立在投机人生上,这都是不思远的结果。一个人"顺"时,要懂得是为什么使自己"顺"起来的,是你做了符合他人的事,做了符合群众的事,做了符合人民大众的事,并把做这样事的方法当做自己的快乐,你的人生肯定是"顺"的;如果你坑害他人,坑害集体,坑害国家,也许你眼前会"顺"一阵子,根本就不可能让你"顺"一生。所以,每当顺境来临时,你就要想得远一些,不但要想到正确的明天,更要想到正确的后天,你才有可能使人生继续"顺"下去。

积极参与改革，人人分享成果

改革不是管理者一个人的事，是大家的事，既然是大家的事，就应该让大家都来参与。谁让全员参与改革，谁的改革就一定是成功的，谁关起门来自己在办公室改革，谁的改革注定要失败。凡是这样的改革领导不能存有私心，凡是存有私心的改革，国有资产肯定会在这场改革中流失。

我曾采访到这样一个案例：那是2008年，中铁十六局集团二公司空港项目部对施工队实施重组，结果一年后，企业得到利润，员工得到了实惠，也让民工成功转身，成为企业中的一员。这不但增强了每个工作的安全感，工程安全质量完全受控企业，青年人才得到充分锻炼，培育了员工的成本意识，企业职工获得更多实惠，一举多得，人人拍手称快。

近年来随着企业的不断扩大，大量包工队涌入企业承包起了工程，起初他们通过偷工减料赚取利润，后来市场竞争激烈，最低价中标，包工队就克扣民工工资赚取利润，激起民工不满，企业不稳定，造成社会矛盾。如今一切都在不断规范，市场材料价格又难以把握，包工队感到靠以往的方式挣钱越来越难，就想方设法制约企业，先上场再索赔，牵扯了企业很大精力，还挖走了企业大量资金。由于包工队施工缺少操作规程，还造成一些不安全事故，最后还要企业承担一定的经济费用与信誉损失，使企业发展举步维艰。

那年他们提出施工队重组，把民工编入企业班组，把技术人员划归施工队，由项目党工委统一领导，施工队行政组织施工，工会全面监督，让每个年轻的项目副经理到队里担任施工队长，让有经验的老同志担任副队长，工程技术人员到队里现场技术指导，预核算人员到现场负责成本测算与控制，所有的工资都在施工队领，把人的责任与收入捆绑起来一起计算。每次承揽到任务，项目部通过预算，先把盈利部分切除，从零利润开始计算，等工程干完了，如果是盈利的，算成绩；以盈利多少论贡献，盈利越多贡献越大。对于盈利部分，40%抽回项目部留做该施工队项目滚动发展使用，60%作为施工队奖金发放，但在这60%中，20%作为施工队队长奖励，另80%由施工队长根据工作表现向员工发放；如果是亏损的，算过错；扣除预先向企业交纳的全部风险抵押作为惩罚。

由于制度明确，奖罚分明，措施得力，他们在工作中人人都是技术员，又人人都是操作手。有一次，在挖土方工程时，由于人手不够，技术部的5名技术人员就下坑挖土。以往，像这种情况，他们就会等待有民工来了时再安排6名民工挖土，一人一天80元，一天就要消耗成本540元，可是，现在，他们自觉跳下坑去挖土，不等不靠，不但减少了扯皮，加快了进度，而且降低了成本，最后增加了自己的收入，每个年轻人在工作中都得到了锻炼，通过自己亲手操作也丰富了自己。这个施工队一年干了9个项目无一亏损。不但为企业赢得了效益，职工年平均收入突破6万元，最高收入可突破10万元，这是施工队改革重组前职工年收入的一倍。

而民工由于被编入企业班组施工，与企业职工同待遇，原来的包工队长只在企业班组担任班组长，所有的技术都由技术部门把关，所有的施工都由施工队统一组织安排，所有工资都由企业负责统一发放，从而改变了原来民工工作由包工头分派，工资由包工头确定的方式，施工中不但不会出现质量问题，安全操作也得到了保障。民工觉得这才是跟着企业干，而不是把自己的身份卖给包工头，从此再也不要担心工资没保障，不会被人骗，从编制上看，是企业把自己当工人，自身的成分实现了真正的扭转。这也大大增加了他们工作的安全感。

该项目这样做的结果是，不但他们各自得到实惠，也成为企业的先进单位。

然而，笔者这些年常常听到中国建筑企业天天都在喊：悠悠万事，订单为大，是说承揽任务太难。可是，近年来，在人们都大呼小叫着要把企业做强做大的劲风中，许多企业却依然把好不容易通过投标竞争揽到手的工程任务交给包工队干，结果是有不少包工队上坑国家，下扣民工，中间要挟企业。造成了今天的"民工不敢惹，包工头惹不起，职工顾不上爱，企业光受害"。为了给人们留下企业不断发展的好印象，只好"舍本求样"，最后也只能是死要面子活受罪了。然而，让国有企业这么长久地扛来扛去，什么时候才是个头？

由此，笔者想到，改革不是裁员，也不是有意拉大管理者与操作者的分配额，而是让每一个员工都知道企业将采取什么方式改变旧的模式，同时，让每个员工都参与进来，并积极实践，把经济分配的权力交给全员。

第 3 章

操作者篇

第一节　操作者的创造源

操作者是真正的创造者，因为任何一个细微的环节里都渗透着操作者的智慧与汗水，只有操作者最明白哪个地方应该改变，哪个地方应该保持，哪个地方可以创造。多少美好事物都是由操作者来具体实施，直到完成。谁经营好了操作者，谁就为经营市场奠定了坚实的基础。本节将为你解读让操作者创造的源头在哪里，同时为你解读操作者如何操作自己的人生质量。

人品的样子

一个人的人品值多少钱？没有人说得清楚；一份诚信值多少钱？没有人能给它下个确切的定义。但是，社会还是在不断地提倡人们要有诚信，企业要有诚信，看一个人好不好要先看他的人品。那么，人品到底是个什么样子？

2000年初，有一家企业的副总经理带着一群员工到天津保税区承揽任务，有一次，他们在天津空港物流加工区承揽到八千万的道路工程，正准备上马开工，天津保税区带着一群外商来现场察看，其中有一个日本商人看到满眼的芦苇荡，心里一下就凉了，心想，这样一个环境，什么时候才能建成？我投几亿美元在这里建厂，什么时候才能见效？因此，就想撤资。但是，他一开始和中日友好城市天津的相关单位谈好了，又怎么好说撤资就撤呢？于是，他提出了一个条件：三天，如果三天能让人从这公路上走进去，我就在这里投资，如果三天之后让我走不进去，我就撤资。三天后我再来看。日本商人在说这番话时直摇头叹息。

外商走后，保税区相关人员当晚就找到了这家企业的副总经理刘峰，说："你们一定要在三天内把道路修进去，否则，人家撤资。"保税区本身不想让人家撤资，因为拉住一家投资商也并非易事，拉住了更多的投资商，这是他们的成绩。所以，保税区提出了这个连他们本人都不太相信能够按时完成的任务计划。

第三天，保税区的同志陪着那个日本商人真的来了，他一看，哇——不但人能走进去，而且还能开着车子进去。"中国人太神了，太了不起了。"当日本商人说这话时，保税区的同志们脸上洋溢着的表情自然格外自豪。从此，这家企业就给人们留下了一个特别能战斗的队伍印象。后来他们同在此地与另一家施工企业承担盖两栋一万多平方米的纺织工宿舍大楼，同样的楼房，同样的面积，同时开工，他们提前一个月就竣工了，另一家企业还迟迟不能完工。这又让业主再次感到这家企业是信得过的企业，这家企业的人是信得过的人。他们说到做到，是那种看上去不太张扬，但绝对可以长期交往的朋友与合作企业。于是，他们就地滚动发展，一年完成一亿多元投资，一干就是好几年。到了2008年，他们在那里做了大小几十个项目，有时候都让他们忙得真想躺下来好好睡几天。可就在这时，说奥运会火炬传递到天津时要到保税区的金融街通过。于是，金融街改造工程又开始投标了。这家企业没去投，因为他们在手任务多，时间紧，没有精力再承揽其他任务。可是，一个多月过去了，说当时中标金融街改造的那家企业人员进住二十五天了，放线还没有放完。上级领导掐指一算，如果按这个速度，一年也干不完。但是奥运火炬传递到天津只有半年时间了，不行，为了确保奥运会火炬传递从此顺利通过，必须重新投标，邀请信得过的企业来竞标。上述说的这家企业就在被邀请之列。但是，他们当时手头任务多，压力大，不愿意去投；另一个原因是时间也太紧，如果在有限的时间里干不完，或者干完了干不好，还会丢了企业的信誉。但是业主一再邀请，他们也抹不开面子，勉强答应下来。但他们在做标书时多做了200万元的赶工期费用，心想这样如果报价比别的竞标单位高，业主也就不会没面子，自己也能自然退出。但是，没有想到的是，虽然他们的报价比别人高出了200万，业主还是愿意把这个项目交给他们干。因为只有这样，业主感觉到工期才会有保障。如果不能保证工期，奥运火炬传递不能顺利从此通过，那可麻烦大了，在职人员丢的不仅仅是自己的名声，恐怕还会丢了自己的位置，更可怕的是影响了天津的形象。于是，只有给刘峰所在的这家企业中标心里才踏实。踏实是什么？是刘峰所在的那家企业里的人平时做人做事给他们留下的印象。印象值多少钱？没有人能算清这个账，也许这一次又一次的印象最少就值2200万元以上。所以，他们就又中标了。

这时，让我想到：企业的品牌就是企业的品格。品牌，是对（营销）承揽任务者的一种承诺——硬实力与软实力的结合。既然中标了，他们就得实现自己的承诺。他们科学组织，规范作业，用"答应了人的就做好"这一文化的甘露滋润着企业的品牌。最后，当奥运火炬传递从此顺利通过后，业主向他们竖起大拇指，表示赞赏，他们只是坦然地长长舒了一口气。既没有表现出十分激动，也没有表现出万分喜悦，挂在脸上的都是兑现承诺后的轻松，过度紧张后的疲惫。那时，他们的期望只是想回家去好好睡一觉。这一脸的表情丰富而又光艳，业主们面对这样丰富的一脸表情，有喜悦，有敬佩，有感动，也有心痛，他们不知道用什么样的语言来表达他们对这一企业和这一支队伍的感谢，他们只能说："认识你们是我们的福，能与你们交上朋友是我们的荣幸。快回去休息几天吧，等你们歇过来了，咱再结算。就你们这一群好人，咱们以后还得合作。"

试想，他们这样努力，为的是什么？人家一句"咱们以后还得合作。"他们心中有多少疲劳不被他人发自于内心的信任而驱逐？

这些说起来都是大事，其实生活里也有不少小事，处处体现着人品，处处体现着诚信。还是这家单位，有一次业主的上级来此检查工作，雪后天晴，路上泥泞，一台小车被陷到了泥坑里，旁边就有一家他们熟悉的施工企业，他们请求来几个人帮忙垫一垫路，把车推出来。人家也答应了，可过了半个多小时还是没来一个人。他们等得着急了，就有人说："叫我们保税区的王牌施工企业。"真的，打了一个电话，不到十五分钟，刘峰派人来了，很快把检查组的车从泥泞中推了出来。当检查组的人开着车远去的时候，电话中传来一片感谢声。

该企业在当地七年干了73个项目，总投资达七亿多元，其中外商投资的项目占了一半，议标项目占了53%。靠的就是人品。

由此，我们可以看到，人品的样子是什么？是承诺后的兑现，是站在别人的角度思考，是以他人为先。但是，他们又着实感觉到，当他们不论遇到什么事总是为别人着想时，最后获得更多利润的又总是他们自己。

一个企业是这样，一个人何尝不是这样？

人生征途无弱者

人生征途上没有绝对的王者，也没有绝对的弱者。

在市场经济这个特殊的环境里，企业中员工所处的位置让多少人看来都是弱者，不信吗？随便说件事给你证明一下，有的管理者想怎么定规则就怎么定，根本不考虑员工的感受，也不考虑是否真的合乎实际，规则一旦宣布，就成了企业中不可更改的"法律"，所有员工必须在这个规则的框架内活动。这就是弱者的无奈。但是，有的时候，如果这些规则大多数人都无法遵守，那么，这个规则就成了一纸空文。由此可见，弱者不弱，强者不强，人生征途上没有绝对的弱与强。

记得有一次，一家企业的某个项目正在热火朝天的建设着，突然有一天，管理者宣布三十个人明天回家待业了，理由是现场不需要这么多人。被宣布回家的这些人认为，这是管理者的个人意愿，并非现场的真实情况。他们认为，这时的施工现场正在进行大干，任务很多，时间很紧，人手并非富裕，在某种程度上说，还显得人手不够，怎么会让一部分员工回家待岗呢？"弱者"毕竟就是弱者，不给你发工资，你干了也是白干，不得以，这些员工回家了。可他们在家待不住，因为父母年迈多病，儿女上大学都需要钱，于是，他们集体找到上一级单位反映情况，要求上岗。这在员工眼里，要求上岗本来就是件很普通的事，但这在上级领导者眼中就是一个政治事件，这就是不稳定因素。于是派出相关人员到实地调查了解情况，以便应对。就在这时，由于现场的管理者一厢情愿，把一些员工"开"回去了，工地上真的就缺了人手，管理者一些细小的环节没有想到，各种事故接连发生了。首先是有一台挖掘机在挖掘桥墩机坑时，没有在周围拉一道横线，也没有写告示牌，有些从没见过这种大场面施工的小孩子们在周围看热闹，挖掘机挖着挖着，机坑边的土随着挖掘机的进一步挖掘突然出现滑塌，站在机坑边的一个小孩随着掉进机坑，而挖掘机司机照常操作，旁边也缺少安全员现场监控，挖斗一下把滑进坑里的小孩给挖死了。紧接着又是六号桥墩由于加固模板的螺丝没有上紧，为了赶时间，在拼装模板时，少上了几个螺帽，结果在桥墩打混凝土时墩蹦了，几位正在脚手架上施工的民工掉了下来，钢模板砸在民工身上，有两名民工当场死亡，同一天又在现场发生一起翻车事故……连续发生的三起事故引起了上级机关的高度重视，当场免除现场经理，等待处理。如此看来，强者并非强者，弱者也并非弱者。后来有人分析说：平时正常管理中，看上去管理者是强者，但在实际工作中，真正的强者是操作者。只要操作者想让管理者成为弱者，随便弄出几个事故来，你这个看上去是强者的人就会成为弱者。操作者随便浪费一点材料，你这个项目在结算时就会出现亏损，你这个经理人的业绩就会大打折扣。

　　人世间是这样，其实大自然中也是这样。让我们最早懂得这个道理的是儿时下动物棋，狼吃鸡，虎吃狼，大象吃老虎，但最小的老鼠又吃大象，这是一种循环。而在海洋中，有一种鳗鱼，叫做盲鳗。因为鳗鱼有一对细小的眼睛暗淡无光，看起来如同"瞎"了。在弱肉强食的大海中，体小、眼"盲"的盲鳗其境况按说是朝不保夕，岌岌可危，其实不然，对某些生物言，盲鳗的生存虽谨小慎微，如履薄冰，岂料正因其小，它却成为海洋中最凶猛的动物——鲨鱼的克星。当鲨鱼张开大口朝鱼群袭来、众鱼纷纷逃散时，盲鳗反而靠了上去。盲鳗的嘴有个椭圆形的吸盘，里面长满税利的牙齿，盲鳗用吸盘式的嘴吸附在鲨鱼的体外，不知不觉中钻进了鲨鱼的体内。进入鲨鱼腹中的盲鳗开始吞食鲨鱼的内脏，细小的鳗鱼食量很大，每小时吞食的东西相当于自身的两倍。鲨鱼忍着剧痛却完全拿钻进自己体内的这个小东西没有办法，最后，慢慢地被盲鳗从里到外一点点吃掉。

　　再来看看大海里的水母，水母属于软体海洋动物，长着细长的胡须，一般体重在10公斤以下。而生活在美国加州附近深海里的水母却不同，它们的触须有人的手臂粗，每只水母重达50公斤。它们不仅体形大，肌肉也比其他地方的水母强健有力。同为水母，为什么会这样呢？通过长期的观察和研究，有关专家惊讶地发现，这里水母的生活环境较之其他地方并非想象中的舒适，反倒更为严酷。与这些水母朝夕相处，如影随形的竟然是弱小生物的天敌，比如鲨鱼、虎鲸等。这里的水母之所以如此强壮，完全得益于它们天长地久为躲避捕杀而"马不停蹄"的"奔跑"！然而，即使是快速的"奔跑"，也难免不时被吞食和咬伤，但伤痛却刺激了新陈代谢。许多水母在求生过程折断了触须，伤痕累累，但不久又长出了新的触须，伤口也迅速愈合。这里的水母就是在这样严酷的环境中磨炼，并在与之抗争中变得渐渐强大起来。

由此可见，在人生的征途上根本就没有弱者，企业员工在他人为自己设定的规则中生存，要不停地被别人呼来唤去，要不断地学习，掌握生存技能，丰富自己的人生，到最后也许就成了一个组织中不可或缺的人才，成了技术能手，成了专家，成了发明家。这是因为"弱者"注定拥有"强者"没有的魅力。所以说，这个世界上没有真正意义上的弱者，只有软弱的心理和方式。人生征途本没有弱者。

用心工作是智慧

大千世界，人们为了生活东奔西走，几乎每个人都在忙碌着，忙碌着找一个能够维持生计的"饭碗"。但是有人一找就找到了，而有的人找了一生都没有找到一个安定的"饭碗"。这是为什么？

记得我曾有一个同事，有人说他很聪明，表现在他只要到现场一看，就知道什么活，需要多少人，干多少天。比如要搬掉一座山，他看一眼就知道需要多少台车，拉多少天可以拉完。有人不信，结果就真如他所说的一样。有一次，管理者安排在一座山体上起一面护坡，按照计划工期一个月，计划下达后，他到现场一看，说完不成，最少需要 50 天。这个计划排的有点理想化。现场指挥官说他没有信心，没有决心，把他"批"了一通。为了证明管理者的计划是正确的，现场指挥人员特意为这个项目用了心事，结果还是用了 51 天。有过这样多次实践，人们都说我这位同事是个内行人。我也曾问过他，"你怎么就知道这一堆活儿需要多少人，干多少天？"他说："用心想想就知道了。"用心想什么？他说，"把石料从几十公里外的地方运到现场需要时间，把石料从山底下抬到半山上也需要时间，二十多米高的一面山坡，全凭人往上抬，搭架子，修便道……都需要时间，再说在山坡上浆砌护坡不比在平地上起墙，随手就可以拿起一块石头垒上去；另外一个原因是夜晚不能施工，没法实行三倒班，所以无法加快速度。其次就是要预防两到三天的下雨天干不了活……"哦，我知道了，他这就是在用心工作。

有的人用心工作，有的人用力工作，用心工作的人常常被人们誉为聪明人，用力工作的人常常被人们评价为厚道人或笨蛋。我看过一个这样的故事，说很早以前在前门大街上有一个裁缝店，里面有两个资历老一些的张裁缝和李裁缝，张裁缝干了半辈子也出不名，而李裁缝刚刚三十多岁就成名了。张裁缝不服气，总跟李裁缝闹别扭。裁缝店老板就开始观察起这两个人来。有一天，门外进来一个客人，张裁缝迎上去问："客人想做什么？"客人不语。张裁缝接着问："客人是要做衣服吗？"客人点头。"想做什么样的？想用什么布料？"客人抬头，依然不语。张裁缝索性拿来量尺准备给客户量身。客户一把把他推开，"我还没想好，你着什么急？"走了。张裁缝在后面骂道："什么玩意，爱做不做，看那样儿，让我做我还不给你做了。"

过了几天，那个客户又来了，进店以后就去审视那一件件衣服，张裁缝不想过去答理他，看了一会儿，那人什么也没说，走了。

又过了几天，那个客户又来了，张裁缝生气地自己嘟囔：看他那高傲的样子，不做衣服，老来瞎转悠，吃饱了撑的。他连看一眼这个客户的心情都没有了。可就在这时，李裁缝走过去迎道："客人喜欢的礼服本店还没有样品。"客人感到惊讶。望着眼前这个貌不惊人的人，半晌不语。李裁缝又接着说："客人您盯着的这些礼服虽然都是本店的上等货，也是当前市场的新潮流，但是还不足以让您这样身份的人穿。"

"何以见得？"

李裁缝说："您进来不是问哪件贵要哪件，而是先环顾四周，慢慢观察，然后把目光停留在本店这些上品礼服上。不瞒您说，这些天有好多客人都来定做礼服。您现在看到的这件就是一位朝中大臣定的。我很早就开始留意来定这种礼服的客人，发现他们的仪态、谈吐、气质、步伐、着装都极为相似。但是你与那些所谓的有钱人却不相同。"

"我和他们有什么不同？"

"他们是什么价格高要什么，而你不看价格，是在看你自己心中的那个样子。"

客人觉得李裁缝有道理，"你说说，什么样子更适合我？"

李裁缝说："适合你的样子现在本店没有样品。不过我可以给你做，并且保证让你满意。"

"你既然有这个把握，那你先给我量量身。"

"不用量，我已经知道了。如果你打算做，尽管留下定金，七天之后来取货就是了。"

客人大为不解，"你又没有给我量身，不知我胖瘦，如何做得合身？"

"真正的裁缝是量心的，而不是量身的。"

客人越发好奇，就交了定金，但李裁缝说，"既然你已经定了要在我们这里做了，我有个小小的要求，我希望能在你的这件衣服上打上小店的标签，你能答应吗？"客人应允。七天后客人来拿衣服时，李裁缝给他端出来一套金色龙袍。客人大惊，"你怎么知道我是皇帝？"回答是："自从新皇登基的消息传出后，我就打听来做衣服的人，开始搜集各方面信息。比如，文官什么喜好、武官什么性格，哪个大臣有什么特点，就连陛下的容貌、胸怀我也斗胆打听了一二。"客人穿上一试，果然十分合身，既大方又美观，既有独到的特点，十分名贵又不显张扬，格外高雅又能融入人群。这套服装与众服装摆放在一起，就犹如一片绿地上托起的一朵鲜花，一片蓝天上绽放的一颗太阳，一堆星星中升起的一轮明月。客人惊喜，问："你是怎么想到了这个样式?"

答："其实你也不知道你想要个什么样式，但是，我能根据你的气度，你的爱好，你的胸怀设计出你想要的样式。就像一座冰山。人们通常能看到浮在水面上的，但更多的、不为人所识的在水下。是水面上的冰山大还是水面下的冰山大呢？我只是挖掘了陛下您不为人所识的层面，并把您潜意识里的梦想变成了现实而已。"

据说，皇帝走后，一直在思考李裁缝的话，有一天，顿悟，于是立即提升李裁缝到朝廷做了宰相。

张裁缝用力干活，干到死也不过一个裁缝；李裁缝用心干活，他就干的不只是裁缝，他量的是人心，裁的是胸怀，缝的是人生的性格与爱好，所有尺、刀、剪、针，在他手中都是智慧。故而，当李裁缝走后，店掌柜大惊："我开了几十年店，竟然不知李裁缝胜在何处，悲呀。"没过几天，这个店就关门了。可见，店掌柜的也开始用心了。

过去的人都知道用心工作与用力工作的差别，可是今天还有许多人不愿意用心工作，把上司说什么就做什么当成一种"听话"就是好员工，"厚道"就是实心人。更可悲的是，还有不少管理者把这种"听话"与"厚道"的人当成模范，用他们觉得省心，放心，用这样的人更不会动摇管理者的地位，唉！

优秀的人不抱怨

我几乎是经常在生活中遇到两种不同的人，一种是对生活充满抱怨，整日眉头紧锁，脸上挂着气愤；抱怨生活说：单位工资低，福利差，工作压力大。一种是对生活充满希望，整日眉开眼笑，脸上洋溢欢笑；高兴地说：挺好的，在哪里都一样，多少钱是个多？够用就行了。对于两种截然不同的人，我在思考，他们同处一种环境，为什么会有这么大的反差的呢？

那是在2004年，我去一个工地采访，正遇到某工程任务量大，工期又紧，为了调动企业员工的积极性，一位项目负责人决定将部分零星工程承包给班组职工个人，如果谁愿意在规定的时间完成这些任务，这笔费用就归谁所有；比如，制作水沟电缆槽盖板13万，从山下向山上倒送片石15万，时间两个月，材料、设备由企业提供，只承包工费，人员自行组阁，人为损坏设备自行修理。如果不能按时完成，分别根据情况处罚5——7万元。告示一出，有的人奋勇报名，相互竞争，而多数人望而却步，能完成吗？如果完不成再赔进去怎么办？

事后，我在天津遇到了当年在那个项目上承包零碎工程的职工，问："你们当时的收入怎么样？"

"还行吧，一年能挣十万八万的，够孩子上学和家人生活了。"

我又问另一位承包者："记得你当年在项目上承包了五千米混凝土盖板，挣到钱了吗？"

"肯定能挣点，挣得不多。哈哈。"

从他那爽朗的笑声里我听到了他心中的满意。他说，因为工作做得好，不但没有耽误企业使用，还为企业提前争取了时间，领导年底又奖励了他5000元，企业还评他为先进工作者，又奖了500元，算算这些都是纯利润。后来又听领导说，那是一个好职工，交给他办什么事都让人放心。听了这话，让我想起了我曾在《北方新报》读过的一个故事。

故事的大意是这样的：一次，在机场，一辆出租车在我面前停了下来。出租车司机下车，为我打开后车门，然后递给我一张精美的宣传卡片："我是沃利，我将您的行李放到后备箱去，您不妨看看我的服务宗旨。"我惊讶地低头看卡片，上面写着服务宗旨："在友好的氛围中，将我的客人最快捷、最安全、最省钱地送达目的地。"

开车之前，沃利问我："想来一杯咖啡吗？我的保温瓶里有普通咖啡和脱咖啡因的咖啡。"我觉得新鲜有趣，就笑着说："我不喝咖啡，只喝软饮料。"沃利微笑道："没关系，我这儿还有普通可乐和健怡可乐，还有橙汁。"我惊讶得有些结巴："那就来一罐健怡可乐吧。"

沃利将可乐递给我，继续说道："如果您还想看点什么，我这里有《华尔街日报》、《时代周刊》、《体育画报》和《今日美国》。"他又递给我一张卡片，"您想听音乐广播吗？这是各个音乐台的节目单。"似乎这样的服务他还嫌不够周到，又问我，车里空调的温度是否合适，还对我到达目的地提出最佳路线建议。

我觉得越来越有意思了："沃利，你一直这样为客人服务的吗？"沃利笑了笑说："不，其实我只是在最近两年里才这么做的。之前，我也像其他出租车司机一样，大部分时间都心怀不平地整天抱怨。直到有一天，我听到广播里介绍励志成功学大师韦恩·戴尔博士出版的新书《心诚则灵》。戴尔说：停止抱怨，你就能在众多的竞争者中脱颖而出。不要做一只鸭子整天只会'嘎嘎'抱怨，而要做一只雄鹰在芸芸众生中奋起高飞。"这段话让他茅塞顿开，他决定要做一只"鹰"。从此他便开始留心观察别的出租车，发现许多出租车都很脏，司机的态度也很恶劣。于是他决心要首先把车内的卫生搞好，端正自己的服务态度，别的出租车司机只是负责把客人送到要去的地方，而他还要加上他力所能及的服务。比如，备些报刊什么的。结果是，这样做的第一年，他的固定客户就有了二百多个，这些人的出行只要给他打个电话，他就会马上到达，如果去不了，他会介绍一位朋友前去送人，这样，当年收入就翻了一倍。

我们现在常常遇到的情况会是什么样子呢？本来可以走近道的，出租车司机以为你是外地人，非要拉着你转个弯，多收你几块钱；外地人到一个新城市去，出租车司机有表却不按表计价，非要站在车站门口拉客，口头谈一个他认为可以的价格才拉你走；如果你谈的价格他认为"黑"不到你，就干脆拒绝不拉你。你在前面走，他还会在后面愤愤地骂声：穷鬼！当然，在他的骂声中你一样听出他心中的怨气。

我们不难想象，在一个城市里跑出租车，如此好的服务，用不了几年，他就会坐等老客户的呼唤了。如果他忙不过来时,他组织一个和他一样服务的团队时,他就是一家出租车公司的老板了。

我们也不难发现,当沃利决定不再抱怨的时候,他那平凡的人生就开始变得不平凡起来,因为一个优秀的人永远不会抱怨。

这个故事再次启发我们,优秀的人总是想着怎么把工作做得更好,这样的心态本身就是值得人们赞扬的,他正是在这样一个心态下,一心一意想着工作,心中哪还会有抱怨。一个人心情好了,工作自然出色,工作业绩有了,上司当然会欣赏,上司欣赏了自然又会给优秀者加薪,一种人生的良性循环就这样诞生了。

没有人会将就你

　　一个人一生中不可能把什么事都做得正确，总会有出错的时候，尤其是不成熟的年龄，出错大概是正常的，你的老师，你的父母都会原谅你。但是，无论你是否成熟，只要你一旦走向社会，做错了事，就没人会将就你。

　　我曾在二十多岁的时候，有一天突然发现了一个特别奇怪的事情，有一个大车司机在崎岖不平的山路上开车，没有看到后面有小车要超车，也没有听到后面的车按喇叭，结果走出大山，来到一片开阔地后，小车超到前面，把大车司机拦下，收了他的驾驶证，还把他狠狠批了一通。这也就算了吧，接着更加奇怪的事儿发生了，这个大车司机的上级单位来了领导，把司机单位的领导"克"了一通，让他们单位停工学习整顿，什么时候整顿好了，等待那位被压在后的小车上的领导人来验收合格之后，才可复工。我就想，这和单位有什么关系？又和这位来布置停工的人有什么关系？你发哪门子火？你定哪门子调？于是写了小说《压车事件发生后》。当这篇小说发表后，工人们人人叫好，可那位当时来布置停工整顿的管理者拿着报纸说："他妈的，我的形象有这么丑陋吗？"马上，我被连贬三级。贬到了车间里当焊工。事后我仍在思考，我真的做错了吗？不论我有一千个理由，我也必须离开机关到最基层去劳动。这时候，没人会将就你，也许，谁将就你，谁也会和你有同样的下场。我只好被人踢到多数人不愿意去的地方去。

　　我还曾看到过这样一件事。有一次到商场去，正好碰上一个老板在批评一个年轻的女孩，她犯了什么错，为什么会被批得一钱不值？我凑过去听听，原来是一个女大学生业余时间去做促销卖化妆品。刚开始。总觉得自己是一个大学生，往人前一站，气质形象就高出身边那些初中毕业的女孩一大截，因此觉得不必吆喝，只要用标准的普通话招呼走到身边的顾客两声，就可以吸引路人眼光。可事实并非如此，人们纷纷拥到那些口齿伶俐又笑得比哈密瓜还甜的女孩子面前，而她这边门庭冷落，一上午也卖不出一份货。领班见了，怒气冲冲地走过来，兜头就是一盆凉水，你以为你是一个大学生，就高人一等，不用张嘴说话，就有人来买你的的东西吗？告诉你。即使你把你的学历写在脑门上，也毫无用处。在这儿，你的身份就是一名用嘴皮子混饭吃的促销小姐、没有任何一个顾客会因为你的身份而将就你。面对这样一种场景，我也在思考：是的，不论你位高位低，在这个竞争激烈的社会里，没有人会将就你。如果你一直在强调你是一个大学生，那别人就只会把你当成自以为是的傻瓜。

其实，这样的事，不仅仅是发生在小人物身上，在那些有名气的人身上一样会发生，只要你做错了什么，同样人们不会将就你。我曾在某个地方看到过这样一个故事；说中国著名作家韩石山有一次在和朋友聚会，饭桌上人们都在吹自己如何英雄，如何好汉。突然一位年轻朋友问说："韩老师，你能不能说说，你这一生在为人方面最重要的一个教训，对我们年轻人来说，这才是最宝贵的。"一句话说得韩石山没了脾气，他想打个哈哈应付过去，可是已经没了可能，一桌上的朋友都在盯着他，等着他的回答。几十年的人生经验告诉他，这种情况下，只能实话实说，耍不得半点滑头。

他稍作思考，徐徐言道：没人会将就你。旁边另一位朋友说道：愿闻其详。

他便举了个小例子。说，"三年前，在北京开一个中学新教材的研讨会，来的大都是中学教学方面的专家，为了听听对中学语文教材的意见，也请了三两个当过中学语文教员的作家，其中就有我。第二天的会上，时间短，发言的人多，会议主持人宣布，每人发言不得超过5分钟。我大概是第三个发言的。前两个人发言都超了时，其中一个还超得较多，轮到我了，说完要说的话之后，我又说了一句，希望大家都严格掌握时间，不要超过5分钟。当时就有一位专家指着我说，韩石山，这你就不够意思了，你的发言已超过了5分钟，你自己先就不遵守时间，发言完了又要别人遵守时间，你把我们当成什么人了。我原以为自己是没有超出时间的，听了这话，羞得无地自容。唉，只怪自己一得意就忘了形，以为这是个中学教材研讨会，自己是个作家，可以显示自己的水平和教养，哪里想到会有人当面指责呢。"

是啊，在这个竞争的社会里，没人会将就你，除了你的父母，除了你的至爱亲朋，除了那些暂时想利用你，过后肯定要诋毁你的人。人生在世，什么时候也不要以为自己就是老大，谁都得将就你。

没人会将就你，因为这个竞争的年代，多少人巴不得你犯个错误，能把你搞下来他上去，好不容易才找到的机会，谁会拱手让人？为此，无论是企业里的员工还是在某个高位上的管理者，都要时刻提醒自己：小心工作，小心生活。即使你已经掌握了企业里的核心技术，成了这个组织中不可或缺的人，也不要过于逞强，因为，古人云：强中自有强中手。明天还有后来人。

拨亮你心中那盏灯

人人心中都有一盏灯，有时明亮，有时昏暗，明亮时情绪高昂，心情愉快；昏暗时情绪低落，心情压抑。谁都想让自己心中的那盏灯永远明亮，但是，谁知道他心中的那盏灯什么时候会突然昏暗？

记的十年前我回家探亲，侄女来看我，处于对亲人的关怀，我询问她的生活情况。她本是个医生，本应到医院去工作，由于社会关系贫乏，就业压力巨大，最后自己在当地的街面上租了两间房，开了一个诊所。这本来是件好事，钱虽挣得不多，但日常生活开销还是有余的。只是想攒一点积蓄还有难度。一说到想盖房子没有钱，她就气儿不打一处来，对社会有许多看法，马上变得情绪激动，不是骂这个当官的，就是骂那个当官的，总感觉人家都是贪官污吏，人家都是贪得无厌，送多少也不够，喂多少也不饱，处处给她出难题，有钱都让当官的挣了，就是不让她这个老百姓好好活着，好像偌大一个社会，人家就是和她过不去。我当时就批评她：同在一个时代中，人家为什么就能挣到钱，你为什么挣不到钱，这恐怕不是一个官与民的问题，而是一个人的观念问题。我认为她应该好好从自身找找原因。

侄女本是好意来看我，由于我们话不投机，侄女一脸不高兴，拂袖而去。当场出现三分钟冷场，五分钟尴尬。面对这样一种情形，让我想起了某杂志上讲述的一个故事：据说有一个生活十分乐观的农夫，每天像吃了蜜似的，总是笑着生活。但是与他做邻居的一个女人与他恰恰相反，整天愁眉不展。哪怕是同一事物，在他看来那是个机会，让她一看就成了问题。让他满意的，往往让她不满，让他高兴的，往往让她气愤。

真的，有一个阳光灿烂的早上，农夫说："看那美丽的天空，你见过这么壮观的日出吗？"他的邻居就表现出高度的担心："好是好呀，可你知道这么热的天，晒上半个月，我们就得抗旱了。再说了，天这么热，晒死人了。"然后就摸摸她自己的脸。她说这话时好像一脸的委屈。

有一天中午真的下了一场大雨，农夫高兴地说："太好了，大自然之母给庄稼免费送来了一丝清凉，还给正在快速生长期的玉米、谷子、豆子送来饮料。"而他的邻居就十分伤心地说:"要下你早点下嘛,我刚刚给地里的庄稼浇过水,它下来了。你说这不是多余吗?再说了,如果它还要这样下下去,雨太多了,我们还得排涝。唉,要知道天老爷会这样,早些时候我就应该为庄稼买份洪灾保险。"听着邻居满嘴的唠叨,农夫有一种说不出来的滋味。

农夫有一天上街赶集时买了一条狗,在家经过训练,成了一条特别懂事的狗,也成了农夫生活的好伙伴。为了让邻居有个好心情,他邀请她来看那只狗的精彩表演。他脱下自己一只鞋往湖里一扔,然后命令狗去拿回来,狗迅速跳入水中,轻盈地游过水去,把主人的鞋叼了回来放在主人面前。农夫得意地问他的邻居:"怎么样,这只狗不错吧?"她犹豫了一下,皱着眉头,像是发愁似的说:"如果它要是不会游泳,淹死了怎么办?"

如果一个人心里光明,看什么都觉得清澈透亮,如果一个人心中昏暗,看什么都会感到阴暗。但是,要让自己心里明亮,需要不断清洗自己的心灵。记得我小的时候,村里根本就没有电灯,如果是村上搞什么活动,像大的演出场面,就会用一些汽灯,我们晚上去学校上自习,或是晚上在家里写作业就靠一盏煤油灯。虽然灯火如豆,但在漆黑的夜里,山村的灯光也显得十分明亮。我和哥哥姐姐在灯下做功课,母亲就在我们旁边借着那煤油灯做针线活。煤油灯的灯芯是用若干条棉线做成的,燃烧时间长了,灯芯上就会结满黑黑的积炭,也就是灯花,灯花会影响灯光的亮度。灯花只要积到一定程度,母亲就会用缝衣服的针把已经烧结的灯花慢慢拨开。灯花一被拨开,火苗立刻会腾地一蹿,煤油灯就会恢复原来的光亮。母亲说:"灯不拨不亮,理不辩不明,人不学不聪明。人和这灯火一样,时间长了,心里会装许多东西,有好的有坏的,你们应该把好的东西留下,把不好的东西清除,心里不能装一些乱七八糟的东西,要经常清理,心里才会亮堂!"

是啊,妈妈文化不高,不会长篇大论,话虽不多,但细细想来,妈妈的话里蕴含着很深的道理。一个人心灵上的尘垢并不是一天两天生成的,而是长时间的积累。还有那些大大小小、该有和不该有的欲望,也是一天天滋生并繁衍的。因此,一个人只有时刻反省自己,经常清理心灵上的"积炭",心灵的灯光才会明亮,才会富有朝气,富有生命的力量。拨亮你心中的那盏灯吧,那是你开始美好生活的前奏。我为侄女写下这篇文章,不知道她是不是能够看到,如果看到了,她也许会拨亮自己心中的那盏灯,变得快乐起来。如果强行让她改变自己,也许是一个难题。事情往往就是这样,不经意间得到的更显得可贵。

堕落也是痛苦的

有一天，我请几位朋友来家里吃饭，其中有一位在我们这个朋友圈里算是混的最好的，只要他愿意，几乎每天都有人请他，请他喝酒，请他唱歌，请他洗澡，请他旅游……但是，他觉得他活得最没有意思：整天为了吃吃喝喝，他烦死了，但又舍不得放弃。大家在讨论中有一个共同的理念：人的奋斗，就是为了把生活过好。眼下这位朋友生活得不愁吃、不愁喝，好像什么都有：有权，别人得敬着；出门，别人得陪着；吃喝，他得坐在上席；只要他张口，别人都得想法满足他。还需要啥？可他还是觉得没意思。真是不可思议。

这时，让我想了一件事：那是1995年，去北京开会，会中有个安排——爬慕田峪长城。其实，这是我第二次爬慕田峪长城，1990年我在学校上学时爬过一次，那次因为是学生，羞于囊中空空，对缆车不敢视之，还佯装不屑一顾，嘴里还念着：爬山，爬山，要是坐缆车还叫什么爬山。真的，那次，我们都是爬着上去的，只是刚爬到半山，许多人就大汗淋漓。尽管这时我们已经感受到了爬山的艰辛，还有人调侃说：奋斗嘛，哪有那么容易的时候。要是容易，还叫奋斗吗？说来也是，大家便树立一气呵成之勇气爬到了山顶上。这一路有多少好景色，同学们也顾不得欣赏了，只在到顶后统一了同一个感受，那就是——好累！好在游完长城下山时，大家庆幸遇到了一位《中国环境报》的记者，她看到我们那一副副疲惫不堪的样子，动了恻隐之心，找了熟人，拉我们坐着缆车下山了。那天大家回到宿舍，侃侃而谈人生跋涉的艰难。虽然艰难，但谈起当天的爬山来，每个人的脸上都洋溢着无限的幸福，虽然疲惫，但每个人心中都强烈地感受着人生的充实。时隔几年，我们又来到了慕田峪长城下，不过这次不是专程来旅游的，由于是会议安排，本不想失去与同事们共同登山的机会，也就尾随而来。哪里知道，到了山下，会议主持人说：考虑到有许多参会代表年龄偏大，爬山不容易，我们为大家购买了缆车票，你们可以坐缆车上去，游完后下山时走着下来。因为我有过上次爬山的教训，对这样的处理暗中心喜。哪知下山时，开始还觉得挺轻松，后来越走越觉得两腿不听使唤。当走了一大半时，两个膝盖发痛发酸，有点像失去知觉似的，心里明明白白知道一条腿提起来了，可就是不知道腿在哪儿，非得眼看着那条腿放到哪儿了，后一条腿才敢抬起来。但是，这时的每一条腿和每一只脚都早已失去了它原有的支撑功能，好像只是一个摆设，一个心中的物件，我心中明明白白知道，这是两腿过度疲劳所致，那膝盖和小腿肚子的酸痛，使我每迈出一步都钻心地疼痛。这时稍有不慎，就会从石阶上滚下去，后果不堪设想。我赶紧两手抓住下山的栏杆，用两眼看着抬起的脚再踩下去时是否完全踩稳，再向前倾身体的全部重量。由于下山的栏杆只在一边，两手把住往下走十分不方便，我就干脆两手抓住栏杆倒退着走。哎哟，那个笨重的形象引得许多路人大笑不止。这时，只有在这时，我才深深地体会到，一个人的奋斗固然不易，可一个人的堕落也是同样的痛苦。要不然怎么会有那么多没有追求的人总是显得那么空虚和无聊呢。站不住，坐不下，来回在地上转圈儿，空荡荡的心里像是没有着落，那个劲儿也好难受哟。

这时，我才真正理解了古人说的那句话："上山容易，下山难。"我的这位朋友眼下莫不就是处在堕落的时候？他空虚，他无聊，是因为他心中没了追求。对未来的追求其实就是一个人生活的灵魂，一个人一旦失去了灵魂，空壳的生活自然是无味了。

走捷径与过坎坷

　　人人都在寻找生活的捷径，比如，成功的捷径、挣钱的捷径、恋爱的捷径……到底什么是人生的捷径？大多数人回答是：少流汗多出活，少出力多挣钱，不费力就出名……然而，人们祖祖辈辈，世世代代，找到了吗？答案是：每个人都还在苦苦地寻找，难怪佛说：今生痛苦是为了来生不苦。

　　记的20世纪90年代，我有许多同事都遇到了这样的问题：那时，中国建筑企业开始走向市场，大量的工程任务需要大量的劳动力，由于企业要不断扩大规模，又不愿意背着沉重的负担，大量农民工为了改善自己的生活，又纷纷走出家门到外面去寻找新的世界。就在这样的环境中，建筑企业就地招收农民工充实自己的队伍。工人多了，管理人员就显现出严重不足，许多原来企业班组的工人就自然成了带班的班长。由于身份发生了变化，"班长"就可以背着手监工，但收入依然不减，甚至还会比以前略高一些。于是，有人说：这就是捷径。能不干活拿到钱，为什么还要像从前一样下大力、流大汗呢？企业里也没有明确规定，非要班长亲自干活不可，只要你完成了当天或当月的任务，工资一分也不少。于是，这些曾是企业中起骨干力量的人，在长期的带班中放弃了自我实践，水泥标号从150已经变成500了，所有的施工工艺早已发生了变化，但带班人的思想没有变，带班人的技能没有变。在这二十年的发展中，科技进步突飞猛进，施工工艺一再更新，人的技术能力也在不断发展，当然，原有的工人年龄也在不断增加，如今，当年那些企业的中坚力量已经成了年过半百的老人，可是，他们的能力没有变化。他们当年曾经在民工面前耀武扬威，如今民工不听他们指挥了，说听他们的外行话，老让民工返工，民工罢工了。在这个铁的事实面前，企业管理者要求这些老职工下岗。老职工在年轻的民工面前尽管心中不服，但事实上确实有些力不从心了。然而，这时候是他们生活负担最重的时候，上有老人，皆身体欠佳，下有儿女都正上大学，需要消费，还有的儿女虽然已经毕业，也急于成家买房。就在这个节骨眼上，真让这些当年为企业作出贡献的老职工下岗，又怎么忍心？可不下岗他们的体力、脑力又都跟不上社会需要，无奈在企业的照顾下生活，自然收入不高，家庭生活依然十分紧张。看看他们今天的日子，我们总在说，当年你干什么去了？为什么不在岗位上边工作、边学习？回答总是：那时候不用干活也有钱呀。谁知道今天会落到这个地步。

这让我想起一个故事：从前，森林中有一只云雀，它在唱歌的时候遇到了一位手提盒子的农夫，农夫听到它美丽的歌声就停下来休息，它便与农夫搭话："老人家，你提着盒子到哪里去呀？"

农夫答："我昨天晚上捉了许多虫子，把它们装在了盒子里，今天我想到集市上去用这些虫子换些羽毛。"

云雀听后，马上想到了追求幸福生活的捷径，"我身上有的是羽毛，我拔一根与你交换吧。"它想到这样它就完全可以省去捉虫子的辛苦。

农夫把所有虫子都给了云雀。云雀拔了一根羽毛给农夫。它想它身上有的是羽毛，一根羽毛换那么多虫子，太值了！于是第二天还是同样的交换，三天、四天……直到有一天云雀身上的羽毛被拔光了，它再也不能自由地飞翔了，更不能随时随地去找虫子了，别说闲下来唱歌了，就连如何能让它活着都成了问题，不久，它便离开了这个世界。

这个故事让我想到：平坦的旅程会让人们习惯周围的事物，进而失去了发现机会的双眼。不断变化的环境才能让人保有敏锐的嗅觉，及时捕捉到端倪，实践契机。云雀认为得到虫子的简单方法是它生活的捷径，但事实证明，那在它今后的生活中是一种更加艰难的生存方式。在我们的生活里也隐含着太多同样的道理：那就是当我们在多次寻找捷径之路时，最终使我们的生活更加坎坷。

同样是我当年的同事，他们那时虽然也有当甩手领班的机会，但是他们没有这样做，而是选择了与民工同劳动，搅拌水泥，弯钢筋，搞电气焊，电工修理。爬高山，上大桥，钻山沟，历尽艰难与坎坷，用半生的辛劳，练就了一身本领。如今，他们真成了企业里的宝贵财富，什么机械坏了，别人修不好，他们一修就好；电路不通了，别人查不到原因，他们一去就发现了问题所在；同是打混凝土，别人打出来有蜂窝麻面，他们去打就又光又滑……如今，企业不但争着抢着要他们，还给他们最好的待遇，唯恐有所得罪而出个难题。

面对这样两种截然不同的结局，笔者想：一帆风顺的人生旅途只能酿就墨守成规的思维，而人生中的捷径从来都是在经历了颠簸与坎坷之后才会赫然闪现的。

试着走条新路

这是一个竞争的年代,多数人都在感受着竞争的残酷,并不断地叹息:现在的人,活着真难!真是这样吗?

成功的人们都不这样认为,他们的观念是:难,说明你在前行。如果当你在一条路上走不通时,千万别一筹莫展,不妨换一种思维:试着走条新路。

试着走条新路,就是说我们每个人都应该去想一想,哪条路前人没有走过,你去走,走过去了,你就是成功人士,没有走过去,也会给你的人生积累一大笔丰厚的财富。或者说,人生中有许多条路,但是哪条路更适合你走?你找准了,走对了,就会走得轻松。

有一年春天,中国铁建有一个小伙子,大学毕业后来到这家企业,兢兢业业地干着与其他人同样的工作,五年过去了,他觉得自己在这个企业里没有什么"进步"。要盖房都盖房,要建桥都建桥,这么多人都在干着同一件事,尽管怎么努力,也很难显示出他的与众不同,如此这般,何时才能熬出个头?于是,他开始动摇了,他想调走,但还没有想好要调到什么单位去才好显示自己的与众不同。于是来找人商量。晚饭后他与他的上司沿着马路散步,一直向前走,不知不觉已经走到了郊外,突然有一辆大卡车从他们身边急驶而来,他们为了躲避汽车,稍不留神,一脚踩到了田地里,一个深深的脚窝印在那里。面对这个脚窝,他们两个人面面相觑,相视而笑。笑完了,就踩着田地又往前走,他们共同的感觉是公路上尘土太多,也许走在田地里空气还清新点。于是,他们在田地里大约走了百余米,领导问:"在这虚地里走路和在柏油马路上走路有什么不同?"

他说:"好像累一些,难一些,走得沉重一些。"领导说那就返回去吧。

当他俩返回到公路上时,领导说:"你在公路上找找我们俩刚才走过来时的脚印。"

小伙子的神情里流露出少许的疑惑,既而说:"找不着。"

领导说:"那你在田地里找找我们刚才走过的脚印。"

他一下就看到了,"那不就是嘛,我们刚刚踩过的两行脚印是那么显明地留在大地上。"这时，领导拍着小伙子的肩膀说："其实我们的脚印就留在公路上，只是这条路上走的人太多了，我们的脚印就被太多的脚印淹没了。如果我们去试着走一条新路，也许这条路走起来很艰难，也许让你感到有些疲惫，或是走得有些沉重，哪怕会在你的脚上染上泥泞，但只要你走过去，就一定会留下深深的脚印。"

小伙子拍了一下脑袋，显得极为动情，像阴沉了许久的天空在他的心里一下子亮了。他说："今天的谈话到此为止，我先回去了，往哪里调的事以后再说。"他走了，走得昂首阔步而又充满激情。望着他的背景，他的领导在想，这个小伙子有希望了。

真的，小伙子回到单位后，在工作中求变求新，经常提出一些全新的观念、意见和建议。使得单位人们对他刮目相看。在保阜高速公路施工时，经常要接待上级领导和业主、监理和地方相关部门人士。在与人碰杯时，他提出："领导随意，我干了"的理念。这看上去是一种豪气，其实另含有对客人的一种真诚、热情与尊重，同时表现出了他对工作的信心与保证完成任务的决心，这是一个很好的表态方式，也是一种请领导放心的明示。仅这一理念就在全线广泛流传，家家效仿。当然，他们的工作在全线也是做得最好的。如今，这个小伙子已经从技术员、工程师、总工程师上升到项目经理。他的进步，给许多人留下了自主创新工作的思考。

自信，是一种力量

几年前，我曾听朋友讲过这样一个故事：有一位农民朋友拉着沉甸甸的板车疲惫地来到了一个坡下，望着前面那一段长长的上坡路，不禁畏而却步。他心想，今天靠自己一个人绝对拉不上去了，肯定得有人帮一把才行。于是，他坐在坡下等人，等了好久也没人来，正在为难之际，有一个热心人正巧过来了。那位农民说："哥们，帮一把吧。"热心人说："行！我来帮你。"说着，便伸开两臂，将手扶在车上，拉开一副推车的架势。于是，那位农民朋友就咬紧牙关使劲地拉车。在热心人"加油，加油"的鼓劲声中，他们终于将车拉到了坡顶上。当农民朋友发自于内心地感谢这位热心人的鼎力相助时，热心人却说："你用不着感谢我。这两天我的腰扭伤了，根本就不能用劲。我只是喊了喊'加油'而已。能将这趟车拉上去，全靠的是你自己。"

"你说什么？是我自己拉上来的？不可能。"农民瞪大了疑惑的眼睛。

热心人重复着自己先前说过的话："真的，你看我的腰，到现在还打着夹板。"

哦——那位农民真不知该说什么，也不知该不该完全相信自己的力量，更不知还要不要感谢这位热心人……

这个故事就告诉了我们这样一个道理，自信，就是一种力量。一开始农民缺乏自信，不敢一个人拉着平板车上坡，坐在坡下等人，其实，最后真正拉上坡去的还是靠了他个人的力量。如果他有自信，他也许就不要坐在坡下等那么长时间了。

类似于这样的事儿不但发生在农民朋友们身上，其实在城里人中也常常有类似的情况发生，只是自己没太注意，许多事儿都在我们的记忆中滑过去了，最后连自己都没有弄清自己是不是也缺乏自信。

有这样一个故事，在英国的一个小城里，有一个姑娘叫珍妮，由于她总是缺乏自信，认为自己长的不漂亮，走路时总也不敢抬起头来，时间一长，她走路的姿势就形成低头的习惯，不注意的人几乎看不清她的脸，更看不清她眼中流露出的青春火花与善良纯朴，也看不清她白皙的脸上镶嵌着一对美丽而出神的大眼睛，但她心中对美丽的憧憬一直没有改变。有一天，她到饰物店去买了只绿色蝴蝶结，店主为了把他的货卖出去，就不断赞美她戴上蝴蝶结是多么多么的漂亮，珍妮虽然不信，但是，当听到别人这么夸赞她时，她心中也一样充满了喜悦，不由得就昂起了头，急于让大家看看她戴上蝴蝶结就变得漂亮了许多时，出门时与一个刚要进门的陌生人撞了个满怀。但双方都没有太在意，她一路昂着头跑回学校。当珍妮在走进教室的时候，迎面碰上了她的老师，"珍妮，你今天真漂亮！"老师爱抚地拍拍她的肩说。那一天，她抬起头来学习，抬起头来生活，那天，她得到了许多人的赞美。她想一定是蝴蝶结的功劳。回家后，她第一件事就是首先往镜前一照，她想看看别人都在夸她时，她究竟有多美丽，然而，镜子里显示她头上根本就没有蝴蝶结，她想了想，一定是出饰物店时与人一碰弄丢了，可是，怎么还有那么多人夸她美丽呢？

看来，自信本来就是一种美丽，这种美丽首先来自于自信的力量。

中国这样，世界也这样。别人这样，我自身也是这样。

1990 年春天，我在中国社会科学院研究生院新闻系学习的时候，学校向同学们征求意见与建议，计划在北京周边地区准备组织一次春游，看大家愿意到哪里去。通过班小组会的热烈讨论，多数人一致建议到慕田峪长城去春游。这就成了最终的事实。

临出发之前，班长在讲台上给大家布置了一道作业：春游回来后，每人交一篇作业，不论消息、通讯、深度思考、游记或散文，由相关媒体给提供版面，择优发表。这本是件极好的事，可是我有点底气不足：班里的同学大多来自各省市不同的媒体单位，只有三个人的单位与媒体不沾边，还有其中两个是政府部门的，只有我一个人来自于企业，我有什么条件与大家同台竞技？报社的版面毕竟是有限的，我想还是算了吧。

然而，说那是作业，就必须是要做的，无论这个作业做得如何，最后能不能被报社的编辑选中，那是另一回事；如果不交作业，那就是学习的态度问题了。假如这次春游没有作业，又为什么要组织春游呢？想想还是该做，无论能否做好。于是，一上车我就透过车窗开始观察。

汽车驶进了城北山区，路边、山上的梨树、杨树、栗子树、松树……满山遍野，虽然远比不上南方的山林那么稠密，但也为这大山显示出了勃勃生机。我在寻思：这既是满山的石头，又怎么会长出这么多树呢？

汽车拐了个弯，我忽然看到一片紫红色的岩石上爬着一条长长树根。这根似乎咬紧牙根使出全身的力气,艰难地穿过一道石缝。也许是因为吝啬的石头从来容不得别人闯入自己封闭的生活,它使劲缩小着自己的所有空间,把那条树根挤得疤疤点点。也许是树根承受不住庞大山石的挤压,被迫暴露于日光下。可它不甘心失败,另找了一道石缝钻进去。不久,它又被挤得遍体鳞伤,赤红色的根梢像挂着还没有滴完的一点点血迹。但是,长长的树根与石头进行着不懈的抗争,它弯弯曲曲地伸出自己细长的身体,硬是把一双脚塞进另一道刚刚能容下它的石缝间,去寻找哪怕一点点可供自己生存的土地,好像从来就没有想到过会失败。我顺着这条根往上看,那是一棵板栗树,它挺着腰杆,苍劲翠绿,尽可能舒展着它的臂膀,展示出傲然屹立的风姿。这时,我知道了,这山林里所有的树木都像这棵树一样,顽强地生活着,点缀着祖国的山川,年年结出丰硕的果实。

植物都如此,人又何不是这样呢。从山下爬到慕田峪长城上共有石阶一千二百级,也许是我起初爬得太快,刚爬到八百级就气喘吁吁了。刚要停下来休息,忽然发现一个挂着双拐的年轻人也在爬长城。他不让守护在他身边的人们扶他,执意要自己上去。我看见,他把双拐的头放在与脚平齐的台阶上,身子往下一松,两腋下的拐杖一顶,蜷起那条完好的腿,身体往前一悠,再立刻放下蜷着的腿,那双脚便准确平稳地登上一级台阶。他就这样一级又一级地往上攀登着。

我赶紧走了几步与他搭话:"你何必受这份罪?"

他极平和地说:"我能登上,不信吗?"真的,他最终登上了长城。

我禁不住感叹:世上所有的生命都有自己生存的权利和热望,生命的力量正源于此,这就是自信的力量。

回来我撰写了《树·人·生命》,成为班里春游作业最好的一篇,也是唯一发表在人民日报(海外版)的一篇作业。这次经历告诉我自己,自信,也是一种力量。

你的工资从哪里来？

有一天，我在单位里碰到有七八个从基层来的职工，一见面他们就问我："董事长在哪间屋办公？"

我问："你们有什么事？"

"要工资！"

"单位没给你们发工资？"

"发什么呀，都半年多没有上岗了。"

"是没有任务吗？"

"领导说没活儿。我不管你有没有活儿，我是这个企业的职工，你就得给我发工资。有活你让我干，没有生产任务那是你领导是事，跟我们没有关系……"他们气呼呼地说着，好像再不给发工资他们就要到哪里去闹事似的。

这些职工们走后，我在思考一个问题：你的工资从哪里来？

记得1995年我到京九铁路工地去采访，那时一位刚从大学毕业来的小贾钻在装载机修理，一身汗水，一身泥土，汗水与泥土搅拌在一起，你几乎看不出那是一个在高等学府里接受过教育的人，活像一个刚刚走出大山的民工。这样的人原本并不能引起我的注意，但逢人就讲，小贾是个好同志，能吃苦，不怕脏。但就他的修理技术有多高，没人说过。我四年以后在山西的长梁山隧道工地见到他时，他已经是一名主管工程师了。在我国当时的第二条长大隧道里施工，机械化程度较高，但也难免机械总出故障。有一次有一台德国进口的装载机坏了，说要进口这种配件还需要从德国空运，从做计划到运来工地最快也需要两个月。两个月对施工单位来说那简直就是不可耽误的工期。还有就是单价。说买这样一个配件得八十多万。小贾就自己焊，自己磨，自己打眼，最后通过计算，强度一样达到了使用要求，一下给企业节约了材料修理费60多万元，同时节省了大量的时间。这一下他在工地出了名，全工地有六台进口机械，包括瑞典的钻孔台车，什么机械坏了都让他修，哪个国家的机械他都敢修，结果是只要他修理的，都能正常投入使用。无论冬天多冷，无论夏天多热，他一干就是忘了吃饭。在那里工作三年间，他修理进口机械为企业节约了上千万元的资金，企业提拔他为机械总工，又给他发放特殊奖一万余元。但就在这时，有一家外国住中国公司高薪聘他工作。那时，单位一月才两千多元，而聘用他的单位包吃包住，一年给他八万余元。上世纪90年代中期，年薪八万就已经是一个令人羡慕的收入了。

　　由此，我想到了，一个企业员工，你的工资从哪里来？一是从企业的利润中来。你的劳动为企业产生了效益，你才有收入，假如你的劳动不能为企业产生效益，还让企业亏损，你就得不到工资。二是工资从工作绩效中来。在市场经济条件下，你的劳动必然产生效益，如果你的工作绩效高，产生的利润大，企业管理者自然心中有数，自会给你更多的劳动报酬。三是工资从职业精神中来。无论你从事什么工作，多做一点，表面上看好像你吃亏了，其实你并没有亏。因为你干得多，你就锻炼的多，你就掌握技能多，提高工作能力快。这是一种心态，也是一种精神，更是一种习惯，它是你成就每一件事的必要因素。多做一点不但不会让你吃亏，相反，你会得到更多的回报。四是工资从创新工作方法中来。没有一个企业的老总愿意工作方法一百年不变的，他们都愿意不断改进方法，提高工效。你要有这种创新的思维，有创新的意识，主动改变工作方法。使创新工艺、提高工效成为自己思考的习惯，由此来推动企业发展。企业效益好了，你的工资自然会增加。五是工资是从高尚的品德中来。人的一生中最重要的为人诚实守信，这是企业的要求，也是国家提倡的，更是自己在职场立足的基本条件。如果一个人没有诚信，到哪里都嘴上说的一套，手里做一套，见了企业的好东西就拿，到外面去购买材料就吃回扣，损害企业的利益，一旦被企业发现了，你肯定会被企业辞退。由此，我们不难想象，忠诚不仅是你对企业的回报，更是你自己最大受益的前提条件。六是工资是从优质的服务中来。现在在社会上流行这样一句话："让客户满意是我最大的心愿，让客户感动更是我努力工作的方向。"你挣的是客户的钱，只有客户满意了，你才能挣到更多的钱，员工也才能挣得更多的工资。

　　为此，你的工资从哪里来？我们每个人都需要扪心自问：你脚踏实地地付出了吗？你的付出为他人带来多少方便？为企业带了多少效益？

老师就在你身边

取人之长，补己之短，越补己越长，这是一个千古不破的真理。但是，我们现实生活中却往往有一些人苦于在生活中找不到老师，还有的人认为只有坐在教室里听老师讲课才是学习。其实，非也。我们生活中的老师无处不在，无时不有，问题是你能不能认识到你身边的老师。

20世纪90年代中期，我为了写作买了一台电脑，但好多程序调不出来，我们办公室有一位小伙子，他懂英语，在键盘上敲了几个键，那个程序就出来了。后来，凡是在电脑上有什么不懂的，我就向他请教，他就成了我学习电脑的老师。社会知识太丰富，一个人无论怎么学，这一生都不可能学完，你总有不会的，总有不懂的，但是，社会大了，做什么的人都有，学什么的人都有，你学这个，他学哪个，大家凑在一起，一件事就办成了。所以，我们身边的每一个人都是我们的老师。即使我们同学一样知识，也许有人学得比我们好，比我们学得好的，也是我们的老师。

还记得我们在读马克思书的时候，读到过一段马克思给女儿讲的一个寓言故事：说有一个船夫驾着一个小船送一位哲学家过河到对岸，哲学家问船夫："你懂历史吗？"船夫说："不懂。"哲学家非常遗憾摇摇头说："那你就失去了生命的一半！"哲学家又问："你研究过数学吗？"船夫说："没有。"哲学家便进一步说："那你就失去了一半以上的生命！"这时，一阵狂风吹翻了小船，船夫和哲学家都落入了水中。船夫喊道："你会游泳吗？"哲学家说："不会！"船夫则说："那你就将会失去整个生命。"这个故事想要告诉人们的就是：尺有所短，寸有所长。每个人身上都有自己的不足，每个身上又都有他人所不具有的优点。

有一次到石家庄至武汉的铁路客运专线现场了解情况，就发现了这样一件事：有一位2006年从大学毕业参加工作的年轻人，他说：与老职工在一起工作是一种依靠，他们有着丰富的人生与工作经验，以前在大学上学时，课本上说"开挖基坑时边坡比例为1比0.75或1比1。"到实际工作中后我们也是这么做的，可将图纸下达到作业层时，职工们不按他们下达的图纸那样做，年轻人就说他们干活不按规范，违章操作，必须罚款。这话一说，老职工就不干了，并和他吵起来。他回到项目部把现场职工不听指挥，违章操作的事报告给经理。经理一听就恼了，这还得了，一个班组都敢不听技术员的话，还怎么将其他计划执行下去。经理马上驱车赶往现场，年轻的技术员也想趁此机会到现场出口气，可是，到现场一看，听职工们一说，经理一点火气也没有了，还拍拍年轻人的肩膀说："按他们说的干，没错。"好久，这位年轻人不理解，难道是我们在学校里学的东西错了？不会呀？要是错误的东西怎么可以写进大学教材呢？其实，在大学里学的东西与实际工作中的许多事不能死搬硬套，开挖基坑的坡度留多大，要根据不同的地质而定。地质好的边坡比例就可适当放大，地质不好时边坡比例就可以再行缩小，不能教条地坚持1比0.75或1比1。这个数字只是一个参考。通过这件事，这个年轻人学了一招。还有一次，他们刚到现场不久，上级要求放线先修一条便道，由于他们所担负的地段都在山区，要考虑两个问题，第一是线路怎么走才能更省，第二是怎么走才会不影响施工。年轻的技术人员先提出方案，让老同志论证，结果大大超出了他们的想象。他们原以为便道紧贴着大桥的路线走，老职工却认为修便道要避开曲线大桥一段距离，原因是这样以后在施工中停个吊车架个梁，桥边堆放一点临时要用的材料什么的，都不会影响道路畅通。真的，假如不是老职工现场的一番话，他们无论如何想不到那么远。老职工有工作经验，经验就是知识。向老职工学经验，就是学知识。

　　由此我们可以看到，无论是谁，他们身上都有许多可贵的东西，只要你想学，老师就在你身边。

机会，就在你的不断追求中

我们常常在谈到一个人、或一个企业的发展时，会说到一个词——机会。尤其是在市场经济条件下，机会似乎显得更加重要。于是，有人苦叹：想发财，没有机会呀；想升迁，没有机会呀；想调动，没有机会呀。机会好像很神秘，很神奇，来无踪，去无影。说机会就像风，当它从你面前滑过的时候，你抓住了它，你就等于抓住了机会，当它从你面前滑过的时候，你说回家想一想，回去研究研究，或者是回去开个会再定，这个机会就有可能在你面前失去。意思是说，市场经济社会中竞争的人太多，我们只有看准了时机，正确决策，当鱼从我们的面前游过时，我们才能一把抓住它。然而，当有一种机会来临时，谁又能真正正确地决策呢？你决策对了，你就可能发展了，也就可能坐上了一个什么官位，或者实现着一个什么样的梦。可是我听到多数人在说，只因当时考虑不周，又上当了。

那么，机会到底在哪里？我们到底应该怎样来把握人生的机会呢？我认为，机会就在一个人对生活、对事业的不断追求之中。

近年来人们常常在讲这样一个故事：不久前，意大利的《机会》杂志创刊，主编策划邀请当今世界首富、微软董事长比尔·盖茨撰写一篇关于"抓住机会"的发刊词。同仁们立即拍手称好，并赞美主编确实是块当主编的料儿，语出惊人。如果这个策划能够成功，这本杂志一创刊，就肯定能在社会上引起强烈的反响。

但是，发出发刊词撰写邀请函之后，迟迟没有回音，焦急中的等待就显得时间格外漫长。后来真的石沉大海。《机会》杂志社为了实现这个策划，专门派出记者到西雅图比尔·盖茨家去跟踪求写发刊词。果然去后在家里堵了个正着。比尔·盖茨就在家里接见了这位记者。他说：我已经买好了去非洲的机票，如果你愿意，我可以在飞机上接受你的采访。

《机会》杂志社的记者用不着再请示主编，立即决定买一张同去非洲的同航班机票，与比尔·盖茨同行（如果要是在中国，可能还必须要向上司汇报一下这一去的机票能不能报销）。

在飞机上，记者为了实现杂志社既定的计划，提出早已拟订好的几个问题：第一、你是怎么想到不等大学毕业就抓住机会离校创办微软？第二、当时你对这个发展机会有多大的把握？有没有想过万一有哪个方面没有想到，而在后来的运作中会失利？第三、万一失利后你将怎么面对你的母校和父母？第四、是什么条件让你抓住了这个机会？第五、你对机会与人生、机会与事业、机会与社会的关系怎么看？……记者画了一个圈，让比尔·盖茨围绕着"机会"这个内容多谈自己的经验和个人早期对于机会的认识。

但是，当比尔·盖茨听完记者的发问后，他说了几点让记者感到与"机会"扯不上边的话。比尔·盖茨说：听了你的发问，我想谈如下三点，第一、最近我母亲病逝，我深感对母亲的孝顺是不能等待的。第二、我认为在爱情问题上也不能等待，只要你爱她，就不要迟疑，直接去向她求爱，不然她就会成为别人的新娘了。第三、就是企业要回报社会了，不能等待，如慈善事业，只要你认可这是很重要的，也不要等待，立即投入并开始工作。说到这里，比尔·盖茨觉得自己有些疲惫，他说：我稍稍休息一下你不介意吧。然后，蒙眬着眼而睡去。

飞机在云中穿行，记者的思维也在茫茫的空间游走，他百思不得其解，为什么比尔·盖茨连一次"机会"都不谈起？

这个故事让后来许多人在思索：机会在哪里？在一个人对自己的人生事业不断的追求之中。坐在那里等待机会到来时你像捞鱼似的一瓢从河沟里捞起一条大鱼，这是完全不可能的事。

笔者曾有过这样一次经历：二十岁当兵前，希望考进山大艺术系，对音乐的爱好与苦练令当地多少人感动。后来因种种原因没有如愿。年终被到地方带兵的人看中，在众多人争相不让，谁都不肯后退半步的情况下，双方都不得不放弃，而意外地将我推上了录取榜。到部队后新兵三个月训练结束要分兵下老连队时，谁都希望到机械、运输连队，但条件是这些连队也想要有特长的新兵，我曾在连队的一次春节联欢晚会上演奏过一次二胡独奏《赛马》被部队的一些首长看中，是他们决定将我带进机械连队。有人羡慕，有人不解，他为什么能去机械连？现在想一想，机会就在一个人对人生的追求之中。后来由于种种原因，我又开始喜欢写作。起初，我本想成为一名著名的作家，整日苦思冥想，编造故事，夜点明灯写小说，但屡屡以编辑部的退稿而告终。后来我常常被生活在身边的人和事所感动，就开始写自己身边的事，结果就被编辑屡屡选中，后来就成了歌唱劳动者"快乐的歌者"（一位人民日报的记者写书评时这样说）。这一写就是几十年，这几十年中再也没想过要成就什么名人，只是觉得，一个人如果只在默默奉献，从不被人知晓，这个人的奉献就是可悲的；如果你的奉献被更多的人知道了，你的奉献就是令人尊敬的。我的作用就是架起这两者之间的桥梁。我不但找到了自己写作的情趣，更多的是找到了写作的社会意义，后来就写进了作家协会，写成了中国企业文化研究会的研究员。这之前，我并没有想到要进什么协会，当什么研究员，只是在不断的人生追求中为社会、为人类发展研究有了成果的时候，许多机会就自然会找上门来。只到这时，我就想：机会在哪里？在你对生活、对事业不断的追求中。机会是什么？机会就在你对自身生活的把握中。

做好小事就是做大事

　　人人都想做大事，什么是大事？其实，把一个个小事都做好了，然后把一个个小事都加起来那就是大事。人世间本没有多少大事，更多的人还是要去做小事。我曾在一个宾馆里采访，就发现那里的每一个人都天天在做小事，但他们却都在做着同一个大事业。

　　在秦皇岛原本有一家宾馆年年亏损，于是，企业在改制时该宾馆从上级机关编制中剥离到基层。基层一家单位接手后通过转变经营思想，挖掘内部潜力，狠抓企业文化引导和各项制度落实，当时该宾馆经理柯火金认为，服务行业本没有大事，但每一件小事就是大事。于是，提出"做好小事就是做大事"的经营理念，然后，人人实践。这一理念如同一缕崭新的清风吹进了人们尘封已久的心灵，他们从减少各项不必要的开支入手，原来上级为宾馆领导每人配备有一台小车，为了节省开支，他们主动提出"不图享受，不摆阔气"，实行交通费包干制，两年下来就节约了近40万元。大厦是个人来人往频繁的地方，招待人员多，开支大，新的领导班子上任后严格把关，按市场机制运行，两年下来又节约了42万余元。起初他们这么经营，有的员工不同程度地有意见，认为这样一来卡了他们的招待权，一些亲朋好友来住不方便了，有抵触情绪，工作积极性不高。到年底后，领导认为，这些钱是大家节约下来的，理应由大家来分享。于是，把节约的80%资金作为奖金奖给了员工。这一下，员工们的气儿顺了，劲儿足了，干劲高了。在年终开会讨论时有不少员工主动建言，把客房洗漱间的灯全部改成节能灯，既亮又省电；把洗澡的喷头改成高密度的喷头，出水面积密，范围大，但却省水。仅此水电费，一年就节约4万元。同时，他们还对市场了解后决定对宾馆24小时供热水与冬季取暖的锅炉提出改造，虽然一次投资22万元，但一年就可节省烧煤8万元。一项项成本支出减少了，企业的利润也就突出出来。

　　同时，该宾馆更加注重诚信经营赢得顾客。他们全年开展卫生评比活动，全年开展热忱对待客户服务，提倡文明服务，拣到东西要交回，重要东西要交到前台。有一次，有位女士在这里住了几天，结完账，上了火车才发现自己的一枚钻戒不见了,她打电话到宾馆,说她忘在住房洗脸的台面上了。可服务员在整理房间时并没有在洗脸间看到那枚钻戒。那位女士着急了,她断言:"肯定是你们的服务员拿走了。请她交出来。因为那是我结婚前丈夫送给我的结婚礼物,价值2万余元。那个钻戒对我太珍贵了。"可是,服务员说的确没有拿。于是就报了案,派出所来人把那位服务员也看守起来,其他人员在房间里翻箱倒柜地搜,结果在床头的床板和床垫间的夹缝中找到了。到了晚上打电话给失主,说在床头的床板和床垫间的夹缝中找到了,失主惭愧地说,"可能是我在晚上睡觉时把钻戒放在了枕头底下了。"可是,她这一忘不要紧,那位楼层服务员委屈得一天都没有吃饭。几天后,失主的爱人陪她一起来取回她的钻戒,并十分感谢宾馆人员的诚信,当即拿出200元现金表示感谢那位服务员,被服务员谢绝了。类似于这样的故事,在宾馆不知发生过多少次,有人因喝醉酒,走时忘了钱包的;有人走的匆忙忘了手机或充电器的;还有的人因为突发心脏病需要帮助叫120救护的等等,宾馆员工都如同对待亲人般热情服务,毫不计报酬。后来有许多旅客来住宿登记时第一句话就说:"我是李经理介绍来的,他说上次在你们这里丢了14000块钱,你们一分没少给他送回来了。在你这里住,我们有安全感。"前台问这位客人:"你和他一个单位的?""不,我是他的朋友。"

  该宾馆原本像一块荒弃的土地并逐年退化为沙漠,寸草不生,人们年年往那里栽树却年年不活的样子,如今,宾馆还是那座旧有的宾馆,人还是那些人,地方也还是那个老地方,他们凭着自身的热情服务,凭着对客户如亲人般的关爱,把一个个小事做细,当年客户入住率比往年提高了41%,第二年客房入住率上升为67%,第三年上升到82%,而员工年收入比两年前提高了13.79%。员工从企业发展的三年中感受到这块旧有的"老土地"要长"新芽"了。

  采访完这个宾馆,我在想,宾馆里的每一个人看上去做得都算不上什么大事,说来都是一个个小事,可就是这一个个小事都做细了,都做好了,那就是大事,那就是伟大的事业。谁肯于从做小事开始,坚持做小事,并把小事做好,谁就是做大事的人。

帮助别人就是成就自己

在这个市场经济的社会里,谁都知道竞争的残酷,加上中国人口众多,岗位有限,于是,一些人怕失去自己的岗位,总是不愿意把自己的真本事教给徒弟,其实,这是一种错误。

我当年在车间工作时,有一位刨工师傅技术很好,厂长让他带徒,他带了,但是,这个徒弟跟了他三年还没有学会磨刀。还有一位汽车修理工师傅,他也带了两个徒弟,每次修理汽车时徒弟都不眨眼地盯着学。看上去他也教徒弟怎么修,但都是些不重要的基础修理,每逢修到关键部位时,他就会说:小董去找一根线来,小黄去打一盆水来。当两个徒儿把东西都给他找齐了时,他的问题也就解决了。上述两位师傅之所以要这样做是怕徒儿学会了,顶了他的饭碗。于是,徒儿总也出不了山,师傅每天都累得很。厂长骂小徒弟不好好学,师傅则暗中心喜厂里离不开他。

后来厂里针对这个现象出台了一份文件:文件规定导师带徒三年必须出师,师傅每带一徒,每月增加20元,师傅每带两个徒弟,每月增加40元,以此类推。如果三年期满,徒弟仍不能出师,扣回三年的师傅带徒费。师傅们想,钱先领着,到时候要扣再说。三年满了,徒弟仍无明显长进。

厂里又修改文件:三年徒儿不出师,师傅下岗!三年过去了,徒弟仍不出师。厂里觉得如果开除这些老师傅,新人又顶不起来,遇到难题,谁来干呢?

企业里后继人才匮乏,产量上不去,效益平平,老师傅在这个企业里工作了大半辈子,一月也就千余元收入,心里难平。

有一天,企业里请了一位培训师来厂里帮助诊断,厂里的老师傅们心想:我有技术不传,看你有啥法子。培训师通过与老师傅们座谈,了解到师傅们不传技艺的原因是怕教会了徒弟自己就下岗了。他们认为,他们今天教徒弟就是为自己明天"死亡"掘墓,为此,不论厂里采取什么措施,他们就是不传技艺。培训师告诫该厂长从外请一个师傅来帮助带一年。真的,当时正好厂里车工正忙,厂里外请了一位车工丁师傅,条件相同,带一名徒弟一月增加 20 元。丁师傅问，你有多少车工徒弟？

答：19 名。

我全带！真的，第一个月，丁师傅天天穿着工作服，走了这台车床又上那台车床，到了第二个月，他仍然这样，过了半年，他连工作服都不换了，天天穿着西装革履，在车间摆一壶茶，只坐在那里喝水抽烟和说话。只在哪个徒儿遇到问题时确实需要他起身时，他才起来。一般，他只坐着告诉你怎么做，如果不行，他再重复一遍要领请你再试验一次。就这样，徒儿们学习的积极性很高，不怕累不怕苦，一年之后，丁师傅就不来坐班了，谁有什么事给他打个电话，他在电话里告诉你怎么办，问题照样解决了。车间里的任务完成得很顺利，年轻人工作情绪特别高。厂里一分钱不少丁师傅的。这时，原来厂里的那些老师傅们觉得怪，丁师傅不来上班，车间任务没落下，还创高产；丁师傅工资一分不少，徒儿们因是计件制，完成得多，拿得多，现在他们的月收入都超过老师傅了。怪！

这时，培训师给他们讲了一个《关于钓鱼的故事》：说有两个钓鱼高手一起到鱼池塘垂钓，这两人各凭本事，一展身手，隔不了多久的功夫，皆大有收获。忽然间，鱼池附近来了十多名游客，看到这两位高手轻轻松松就把鱼钓上来，不免感到几分羡慕，于是都去附近买了钓竿来试试自己的运气。没想到，这些不擅此道的游客，怎么钓也是毫无成果。而那两位钓鱼高手，两个人个性大不相同。其中一人孤僻而不爱搭理别人，单享独钓之乐；而另一位高手，却是个热心、豪放、爱交朋友的人。爱交朋友的这位高手，看到游客钓不到鱼，就说："这样吧！我来教你们钓鱼，如果你们学会了我传授的诀窍，而钓到一大堆鱼时。每十尾就分给我一尾。不满十尾就不必给我。"双方一拍即合，欣表同意。教完这一群人，他又到另一群人中，同样也传授钓鱼术，依然要求每钓十尾回馈给他一尾。

一天下来，这位热心助人的钓鱼高手，把所有时间都用于指导垂钓者，获得的竟是满满一大箩筐鱼，还认识了一大群新朋友，同时，左一声"老师"，右一声"老师"，备受人们的尊崇。而另一位钓鱼高手虽然也钓了半箩筐了鱼，不但没有同伴的鱼多，却也没有享受到这种帮助他人的乐趣。当大家圈绕着其同伴学钓鱼时，那人更显得孤单落寞。闷钓一整天，检视竹篓里的鱼，收获也远没有同伴的多。

从这个故事里我们不难看出，当你在帮助别人获得成功的时候（钓到大鱼之后），自然在助人为乐之余而得到回馈。这么美好的事情，怎么还会有人不愿意干呢。丁师傅在向徒弟们传授技术的同时，徒弟们都在帮助丁师傅干活。丁师傅带的徒弟越多，替他干活的人就越多。徒弟们在丁师傅的指导下、在实践中学到了技术，丁师傅在众徒弟的劳动中领到了更多的收入；徒弟们在丁师傅的引导下很快成才，丁师傅在徒弟们的快速成才中获得了更多人的尊重，最终被评为市级劳动模范。让我们静心想一想，帮助别人其实就是成就我们自己。

相信自己，你就成功了一半

人人都想成功，可是，什么是成功？你想到北京去，你到了，这就是成功。你想打拼天下，夺取江山，结果你没能统一七国，而是统一了秦晋，你也是成功的，因为你可以视秦晋的土地为天下。你想挣一千万，结果你挣到了一百万，这也是成功。因为你如果没想过挣一千万的话，那你连现在这一百万都没有。成功没有标准的尺度，它是人心灵的感受。然而，许多人对自己做事却没有信心，每当遇到事情让你去做时，你总在嘀咕：我行吗？像这样的人，十有八九不会成功。所以，笔者以为，一个人想做成事，首先要相信自己能做成事，如果你连自己都不相信，你还能做成什么事呢？

以前有个法国人，40多岁了还一事无成，娶了个媳妇离了，办了个厂子倒了，到外面去打工又失业了……他自己都认为自己一点本事没有，活着已经没有什么价值了。于是他变得古怪，易怒，同时在感情上又特别脆弱。忽然有一天，他听说一个吉普赛人在巴黎街头算命，十分灵验，于是他就想去测测运气。当那个吉普赛人一看他面相和手相后，惊喜的神色溢于言表"哎呀，你是个伟人呀，是个很了不起的人，如果你办企业，你会发达起来；如果你带军队，你会十战九胜。"

"什么？我是伟人？"他也大吃一惊，"你不是在拿我开玩笑吧。"

"你知道你是谁吗？"

"我是谁呀？"他心理想：我是一个穷光蛋，一个倒霉鬼，一个被生活抛弃的废物，一个没人愿意理的臭虫。我能是谁？

"你是拿破仑转世，你身上的血，你的勇气，你的智慧，你的胸怀，都是拿破仑呀！难道你没有发现，连你的长相都和拿破仑一模一样。"

他不信，他以为眼前这是个骗子，肯定是光说好听的，最后让他多掏几法郎。他说："我现在可是穷得无家可归呀。"

"嗨，那是你的过去，而你的未来是了不起的。如果你不相信，你不用给钱好了。不过六年之后，你肯定会是法国最优秀的人才之一。到那时，我今天说的话要是灵验了，你可别忘了找我，给我补上今天的费用哟，当然，还要加上这几年的利息哟。"

他表面装作不相信转身离开了。但心里却有了一种从未有过的良好感觉，回去后，他找了有关拿破仑的书籍读，读着读着，他渐渐对拿破仑产生了浓厚的兴趣，也开始从各方面模仿拿破仑的心怀、举止、思维，后来他发现，他周围的人看他的眼神都变了。真的，他的生活开始发生了变化，许多事都变得顺利起来。这时，他才领悟到，其实他周围的一切事物都没变，变的只是他自己的思维方式和他的胆魄。十多年后，在他55岁时，他成了亿万富翁，成了法国赫赫有名的成功人士。这时，再回头看看他的形象，人们说他连走路说话，都和拿破仑一模一样。可见，一个人能不能做事，先看你自己相信不相信你自己，如果你连自己都不相信，十有八九你不会成为成功者。

我们再来看看拿破仑当年是怎么成功的吧，拿破仑一世于1769年出生在科西嘉岛的阿亚丘镇，他的原名叫拿破仑·比欧拿巴特。他的父亲是一个极傲慢但又很贫穷的科西嘉贵族，他从小就被父亲送进了一所贵族学校，那是一座巴黎军事学校，但在这所学校里与他所接触的都是一些富家子弟，而且这些富家子弟都看不上他的贫穷，并且讥讽他，嘲笑他，他虽然很恼火，但是人言可畏，他没有办法。有一天，他写信给他父亲说："为了忍受这些外国小孩子的嘲笑，我实在疲于解释我的贫穷，他们唯一高于我的就是他们父辈手里拥有的金钱，至于说到高尚的道德和胸怀，他们远在我之下，难道我应当在这些富有高傲的人之下谦卑下去吗？这种日子还要这么持续几年吗？"他说这话是想告诉他的父亲，他想退学，换个学校去读书。然而，他的父亲收到信后，给他回信说："我们没有钱，如果你不愿意一辈子被人这样嘲笑，你就必须在那里读书。"没办法，他只好忍受着被嘲笑的痛苦，坚持了五年。后来到军队后，别人都在赌博，他去看书，别人闲暇都去追求女人，他也去读书。因为他觉得图书馆的书不要钱，读书是件很自由、很美好的事情。由于他读了大量的书，掌握了比别人多的知识，有一次在操场上执行任务，这个任务需要有复杂的计算能力，结果他的工作做得很好，被他的长官发现他是一块好材料，于是，他获得了提升的机会，成了那些人的上司，个人前途得到发展，手中开始有了权力。当年那些讥讽他，嘲笑他的人也来和他套近乎，从前骂他个子矮小没有用，只会死读书的人，现在也想成为他的朋友，当时骂他穷的人，现在也改变观念来尊重他，并愿意成为他忠实的拥戴者。

由此可见，拿破仑并没有得到上帝的垂青，他只不过是用自己的自信来推动自己的人生，使自己走上后来的道路。为此，我们不难理解，失败与成功最大的分水岭就你自身相信不相信你自己。如果你相信自己，你也许就是一个成功者，如果你不相信自己，你肯定不是一个成功人士。

当然，有的时候，一个人想要战胜他自己也不是件容易的事，《喻老》中有这样一段话：子夏见曾子，曾子曰，"何肥也？"对曰::"战胜帮肥也。"曾子曰："何谓也？"子夏曰："吾入见先王之义则荣之，出见富贵之乐又荣之，两者战于胸中，未知胜负，故瘦。今先王之义胜，故肥。"是以志之难也，不在胜人，在自胜也. 故曰："自胜之谓强。"

这段话的意思是：有一天子夏遇到曾子，曾子说：你怎么胖了？子夏回答：我战斗胜利了，所以胖了。曾子又问：你这说的是什么意思呀？子夏说：我在家学习到了古代君王的大道理便很敬仰他，出门又看到荣华富贵的人很快乐又很羡慕，这两种思想在我的心里一直打仗，不知道哪一个才是我追求的目标，所以我瘦了。现在古代君王的大道理在我心里取得了胜利，我从此不胡乱想了，所以我胖了。

由曾子和子夏的对话，我们不难看出，"是以志之难也，不在胜人，在自胜也。"像立志这样的难事，不在于能不能战胜他人，而首先在于你能不能战胜你自己，如果你能相信自己的能力，通过努力，你或多或少都会成为一个成功人士。

学会把握自己的命运

我常常听到人们说这样一句话:"听天由命吧,领导让干啥就干啥,其他,什么都别想。""命苦呀,我们天生就是受人指使的,别想那么多了。"其实,这都是一种消极的人生观。如果一个人把自己的一切都交给了他的上司,那等于你放弃了自己人生的主动权。我们可以想一想,企业里每天都有那么多的事儿要做,有那么多的事要企业领导人去想,他怎么可能想到每个员工该想什么,该做什么呢?

有这样一个故事:一个在别人看来是很平庸的人,但他却一直认为自己是个人才,长期受到企业领导不公平的待遇,心中感到十分压抑。有一天,他听说大山里有一个禅师,算卦很灵,于是就请假去了大山里,好不容易找到了那位禅师,说明了他的来意,问:"我是不是穷命?是不是一生中就该受苦?"禅师让他伸出左手,很仔细地给看了看,并指给他说:"看到了吗,这条横线叫爱情线,这条斜线叫事业线,这条弯线叫生命线,"然后禅师让他把手紧紧地握住,握成了一个拳头,而后就不再说话了。这位来求仙的人不解地问,你怎么不说话了?快说说我的命呀。那位禅师说:不是已经都告诉你了嘛。那人还是不明白,心中升起很多迷惑,你告诉我什么?只说了那几条线代表着什么,并没有说我的命怎么样呀?禅师又说了一句话:"你说这几根线在哪里?""在我的手里呀。""这就对了,你的命运就掌握在你的手里。"那人顿悟,原来命运就掌握在自己手里呀!

我们由这个故事不难发现,一个人的命运好不好,关键要看自己努力不努力,或者说努力的方向对不对头,只要选择的方向对了头,而且你确实努力了,你的命运就会发生变化。因为命运掌握在自己手里。一个企业也一样,如果眼下的效益不理想,企业要改变自己的现状,寻求外界的帮助是可以的,但必须知道,最主要的还是要靠自身的努力,而这个努力的前提是根据自己企业的实际,选准一个方向,让全体员工都朝着同一个方向共同努力,就会改变企业的现状。可见,无论是一个员工,还是一个企业,要把握自己的命运,都要学会根据自己的实际工作能力,根据自己的工作环境和人文环境,选择一个最恰当的方向努力、再努力,那就是你自己的命运,而且是好运。切不可把自己的命运交给别人。如果说苦命的人,那一定是把自己的命运交给别人的人。否则,都是好命运。

找舒服与找发展

人人都想找个舒服的工作，挣个大钱，认为这是最幸福的事。有人是为了找个性发展或人生发展，他不怕艰苦，不计回报，只在乎他今天学到了什么，今年学到了什么，今生学到了什么。当然，收入是他生存的起码要求，只要他用这样的心态工作了，生存肯定不成问题。

这让我想起了这样一件事：有两名大学毕业生同时分配到一家单位后，小袁的父亲是领导，于是他被分配到了机关科室里，每天风不吹，日不晒，雨不淋，一月两千多元工资，着实让人羡慕。而与他同时被分配到单位里来的小黄，他家在农村，从上学到毕业，他的学费都是父亲卖牛，母亲卖猪，姐姐卖鸡蛋，一点一点攒下来的。上班后，小黄被分配到企业的最基层。无论夏天多热，冬天多冷，他都一身汗水，一身泥水，无怨无悔。十年之后，小黄在基层积累了丰富的工作经验，成了企业里难得的人才，练就了一身过硬的技术本领，从一个普通技术员、工程师、项目经理、成长为一名集团公司的总工程师，而小袁由于不懂业务，只会迎来送往，还是在父亲面子的掩蔽下，当了接待科的科长。有一天，同学们在一起相聚时，就说起了自己的成长，小袁在羡慕小黄的同时，又悲情地流下了眼泪。他内心极其痛苦，把酒问苍天，这是为什么，为什么不给我成长的机会？

当小袁在大发感慨的时候，我想起了一个寓言故事：有一天，一只羊到了天堂去询问上帝："我的头上长着一双角，是攻击敌人和保护自己的武器，但我为什么又总是被狼吃掉呢？"上帝说："虽然你和狼都是哺乳动物，但是你是以草、乔木树叶为生，狼以食肉为生。在陆地上，只要是有水的地方，野草和乔木遍地都是，你想吃的时候只要张嘴即可，生存比狼容易得多，所以你不用费力都能保证有生存的条件；为此，你没有像狼那样练习过奔跑，没有像狼那样树立危机意识，也没有像狼那样学会竞争与攻击。而狼是生存在战胜对手，吃掉对手，否则就生命不保的环境里。狼只要不努力就没有饭吃，只要一偷懒就可能会饿死。所以，它们不敢有丝毫的懈怠，无论何时何地，始终保持着警觉。你们太安于现状，又缺乏自我保护意识和能力，虽有羊群，但无群体合力。而从狼身上可以看到它们具有敏锐的发现猎物的嗅觉，向猎物发起攻击的时候，有那种勇往直前的勇气和不屈不挠的精神，它们把凶狠和机智结合起来，提高了战胜猎物的能力，并且狼群有协同对敌的精神和能力。换句话说，你身上只具有羊性，而狼具有狼性，这就是你和狼的区别。"

我不知道上帝和羊讲了这番话，羊是不是真的听懂了，但我从上帝的话语里感受到了，一是做一个人，一定得有上进心，尤其是在自己年轻的时候，一定不能贪图享受，年轻的时候贪图享受，实际上就等于放弃学习，放弃"成长"的机会。其二，人活着，一定要有危机感。也许你今天的客观环境很好，但是社会不可能是一成不变的，总是在发展着的，如果你不能把握你今天的好环境，加快成长，只贪图今天的安逸，明天社会发展了，环境改变了，假如你还想有优越的工作环境，你就只能重新开始接受新知识，学会掌握新知识，再重新跟上新生活。否则，你就只能留在人后。

2001年我到过西双版纳，那是我国的热带雨林区，植物生长枝繁叶茂，一年四季瓜果不断，人们几乎可以不用劳动都有吃的东西，所以，那里穷人不多。但是，如果你想改善生活，你就要珍惜这个好环境，在这样好的环境下再努力学习，积极参加劳动，生活就会更加富裕。我当时打听过，在那里居住的人什么样的人最富有？回答是：从四川过来这里做生意的人最富有。四川人多地少，他们有生活的危机感，即使到了别人的地盘上还必须得小心翼翼，努力工作，才有可能站得住脚。他们正是怀着这样的心态，才取得了今天的成果，得到了今天的好生活。

所以，笔者以为，年轻人今天找舒服，就是给明天找不舒服；今天找成长，看上去艰苦，但那一定是明天的舒服。古人有句话：年轻苦时不叫苦，老来苦时才真苦。为了明天都不苦，今天要学会从发展自己，丰富自己的角度去思考，去面对当前的工作，才能找到真正的自我发展机遇。

凝神静气待秋至

在市场经济社会里，由于受金钱和名誉的驱使，许多人心里难以安宁，总是处于一种狂热与浮躁的状态。这种浮躁使一些人心烦意乱，魂不守舍；使一些人着急上火，不知所措；如果仅仅是这样也便罢了，个人浮躁，只是个人的事，不会影响他人。而有的人干脆就为了金钱马不停蹄，疲于奔命，投机钻营，损害他人；而有的人在梦想发财之后就抢银行，抢金店，拦路打劫，孤注一掷，搞个鱼死网破。抓住了算倒霉，抓不住就"发"一回。在如此浮躁的心理支配下又如何能做好自己的工作呢。

我二十多岁时曾有一个朋友就告诉我：揽工程有提成，能发财。我不懂，他去了，揽了多年，一个工程也没揽到，自己往里花了多少不知道，十年过去了，他依然是个穷人。三十多岁的时候他告诉我做生意能发财，让我帮他联系调动一个单位，我也帮了，他也确实调到了商业部门。可是，又是十年过去了，他依然是个穷人。到了四十岁的时候，他又告诉我要自己办企业，实实在在做事才可以发财，没钱，让我投给他十万，肯定年底让我分钱。由于是如同兄弟般的朋友，我给了他十万，结果干了不到两年，就有赔的迹象，我说：你赶紧停吧，再不停连老底都赔进去了。可他说："这个摊子弄起来不容易，我不死心，还得干。"结果四年后连老底都赔进去了。这时，他也五十岁了。他想回单位去上班，安安稳稳挣点工资。可单位说：你会干什么？有什么特长？他想了又想，什么也说不上来。他感到十分委屈，认为企业不照顾他，不把他当人看。可企业负责人说：论智慧你没有，论体力你也没有，现在都是承包经营，你让我怎么照顾你？半生过去了，他依然过着贫穷的生活。

了解他的人说：你看他天天忙忙碌碌，其实，他心里起火，手足无措，表面风光，内心彷徨，容颜未老，心已沧桑，成就难有，郁闷经常。我回头想想他所走过的路，的确如此呀。内心的浮躁使他一生不能停滞对金钱的追求，到头来，结果是鸡飞蛋打一场空。

所以，浮躁只能给人带来不幸，面对丰富的生活和色彩斑斓的社会，我们还是要静下心来，平下气来，养一点"静气"，不与人攀比，也不要嫉妒别人，更不要在工作中作秀，不自卑，不自大，扎扎实实做点事，学点技能，那才是保证一个人生活的根本。

我们来看这样一个故事：话剧《吉吉》即将在洛杉矶上演，当时17岁的马勒·托马斯在这个话剧中扮演女主角，她很兴奋，可当这个话剧首演之后，她在媒体上看到大部分报道都拿她与她的父亲、好莱坞喜剧明星丹尼·托马斯比较，马勒有一种被压得喘不过气来的感觉，并且想到了改名。当他的父亲得知女儿的情况后，丹尼·托马斯找到女儿说："你看过赛马吗？知道赛马为什么要戴着眼罩？那是为了让它集中精力看正前方。戴着眼罩的赛马看不见观众，也看不见别的马，它只能看到自己的目标。你也必须有这种态度，不要管别人的看法，不要跟任何人比，你需要脚踏实地。"父亲的话让女儿马勒茅塞顿开，内心一下子就释然了。从那以后，她坦然面对观众和舆论，成功地演好每一个话剧中由她扮演的主角。十几年后，她成了世界知名的演员和制片人。

人生的大智慧就是在纷繁复杂的社会里能不被别人的发达与成就影响自己的情绪，使自己变得浮躁不安，面对多彩的世界，自己能平心静气，按照自己的目标去努力。古语云："心宁智生，智生事成""凡遇大事需静气""沉着冷静心自怡"。因为在我们的生活里没有那么多超人，大多数人都是凡人，是凡人就不要想一夜发财，一步登天。在《三国演义》中，廖化就是个平凡的人，他没有天纵神勇，也没有绝伦超群的武功，更没有特别的际遇得到高人指点，但是他却最后成了蜀汉的先锋。为什么？是因为他被刘备安排他留在荆州辅助关羽。他先是在关羽手下做先锋，帮助关羽攻下襄阳，大败曹军。此后又随诸葛亮擒住孟获，出祁山；后来又跟着姜维讨伐中原。他的功劳一天天积累，职位一天天提升，直到右车骑将军，领并州刺史，封中乡侯，最后成为蜀汉的先锋。他大器晚成意味着他脚踏实地，不懈奋斗，最终实现了他生命的可持续发展。当众多少年英雄彗星般划过苍穹时，他雪染双鬓时还能笑傲疆场，经历了蜀汉事业的从无到有，成了三国里面贯穿始终的人物。廖化屏神静气等到了秋天最丰富的收获。

为此，平心静气待秋至是我们创造生活、享受美好生活的必备条件，也是人们最基本的心理要素。《诫子书》中记载，诸葛亮当年给他儿子写信时曾这样说："夫君子之行，静以修身，俭以养德，非淡泊无以明志，非宁静无以致远。夫学须静也，才须学也。非学无以广才，非志无以成学。"这是诸葛亮一生的体会，至今读来，仍然发人深省。可见，静气，不仅是一种境界，一种气度，一种修养，更是一种能力。想做大事者，思考需要心静，多思培养静气。往往心安气静时，思维最为活跃，灵感最易爆发。静下心来思考一些问题，对做好自己的工作大有好处。剔除浮躁，平心静气吧，假如你想获得美好的人生。

第二节　操作者的能力源

　　能力，是一个人在茫茫人海中求得生存和发展的基石，能力大小决定着一个人生活的质量，培育人的能力就是培育人的生活，但是，把能力用好了，那是财富；如果不能把能力用好，那却是一种灾难。能力的源泉在哪里？在头脑？在责任？还是在遥远的希望中？本节为你描述能力的源头。

生命的高度

　　一个人生命的高度有多高，取决于他品质的高度，品质越高，越受人尊重。其实，每个人都希望受到他人的尊重，但前提是你要具备让人尊重的品质。

　　有一个流传已久的故事：有一农家仓库里窜进去一只觅食的老鼠，老鼠意外地发现了一个盛得满满的米缸。这飞来的口福使老鼠喜出望外，它先是警惕地环顾了一下四周，确定没有危险之后，接下来便是一通疯吃猛吃，吃完倒头便睡。老鼠就这样在米缸里吃了睡，睡醒了再吃。日子不知不觉地在丰衣足食的悠闲中过去了。有时，老鼠也曾为是否跳出缸去进行思想斗争与痛苦的抉择，但终究未能摆脱白花花的大米的诱惑。直到有一天它发现米缸见了底，才觉得以米缸现在的高度自己就是想跳出去，也没有这个能力了。

　　对于老鼠而言，这缸米就是一块试金石，这个它无法跳出的高度就是它的生命所不能承受之"高"。如果它只用第一颗心的心态来看问题，即它因为这里有可口的大米而想全部据为己有，其代价就是自己的生命。因此，管理学家把老鼠能跳出缸去的高度称之为"生命的高度"。它多留恋一天，多贪吃一寸，就离死亡更近了一步。

人人都想成就事业，人人都想受人尊重，但成就的目的却各有不同，有的人是为了享受人们对他的尊重，有的人是为了改善自己原本的生活，有的人则是为了提高自己生活的质量，还有的人则不求自己从中得到什么，而是为了方便他人，提高他人的生活，改变他人的贫困现状，减轻他人的精神疾苦和生理疾苦。所以，各自最终得到的幸福感也不尽相同。从幸福感中丈量一个人生命的高度，一样量出了人的品质。

有这样一个故事：有一个暴风雨过后的早晨，三个小孩相约到海边去玩，突然发现被昨晚暴风雨卷上岸来的许多小鱼搁浅在海边沙滩的浅水洼里，它们被困在浅水里，虽然近在咫尺，却无法返回大海。第一个小孩想，如果这些小鱼不能在当天返回大海，用不了半天，浅水洼里的水就会被太阳蒸发，被沙粒吸干，这些小鱼都会被干死。他觉得，对于这样的生命，他不能视而不见。于是，他开始用自己的衣服做成袋子，装上海水，然后一条条去捡水洼里的小鱼，捡满一袋就送往大海，回来再捡……

第二个小孩看到第一个小孩的举动十分不解，他心里想，这水洼里有成百上千条鱼，以你一人之力，什么时候才能把它们都拣回大海去。这些小鱼的生命对你有那么重要吗？还是省点力气吧。你这样做，有谁会在乎你呢？

第一个小孩说："能捡多少是多少，我能救一条小鱼的生命，就要尽我的力量。也许没有人在乎，但我拣回大海的每一条小鱼肯定都会在乎的。"

第二个小孩听后拂袖而去，"那你捡吧，我去玩了。"

听到两个小孩的对话，第三小孩就在心里嘲笑两个没有脑子的家伙，这天上掉馅饼的事不会常有，这是多好的发财机会呀，为什么不紧紧抓住呢？于是，第三个孩子埋头拾起小鱼，把它们装进用自己的衣服做成的布袋里……

20多年后，第一个小孩做了医生。他医术高明，医德高尚，不论患者有钱无钱，他都精心施治。不论上班、下班，只要有人找来，他都会马上放下饭碗先给病人诊断，但从来不提钱的事。他的心中只有病人，如果因为他的能力能使病人的痛苦减轻，他感到那是一种无限的幸福。于是，他后来成了当地群众一提起就赞不绝口的名医。他走到哪里都有人向他鞠躬，走到哪里都有人喊他为恩人，他处处受到人们的尊敬。他的脑子里也经常浮现出多年前海滩上的那一幕。他常常对自己说。"我救不了所有的人，但我可以救一些人，我有能力减轻他们的痛苦，我又为什么不做呢。"

第二个小孩也做了医生。有一次，在他值班的时候，他因为嫌一个交通事故后送来急救的家属带的钱太少而拒收一位生命垂危的伤者，致使伤者因没有得到及时治疗而在他的眼前眼睁睁地死去！为此，当地媒体对此事纷纷报道，报社收到读者大量来信，严厉谴责这位见死不救的医生。迫于舆论压力，医院开除了见死不救的他。他心里觉得委屈，他想到了多年前海滩上的那一幕，始终不愿承认自己错了。"那么多的小鱼，我救得过来吗？"他常在心里想。

第三个小孩长大后经商，他很快就发了横财。暴发后，他又用金钱开道，杀入官场，并且一路青云直上，最后，却因为贪污受贿事发，被判处无期徒刑。在监狱里，他的脑子里也经常浮现出多年前海滩上的那一幕：一条条小鱼在他用衣服做的布袋里垂死挣扎，一双双绝望的眼睛死死地瞪着他……

有一天，第一个小孩叫着第二个小孩一起到监狱里去看第三个小孩，他们都同时想起了当年在海滩上的那一幕，叹息之中，他们认识到了，正直的品格是聪慧之人成就事业的力量，拙劣的品格多半是愚蠢之人陷入泥潭的罪因。一个人品质的高度决定着这个人事业的成败和这个人生命的高度。

你想提高你生命的高度吗？请你站在他人的高度为他人多做些有益的事情，你为他人做得越多，你生命的高度越高。这个高度不是用尺子去量的，是要用心去丈量的。

内圣方能外王

　　一个人要想获得人们对他的尊重，就必须心甘情愿地为他人做事，并且要做出让别人值得尊重的事儿来，同时要坚持长期为他人，为属下，为群众。如果是为了达到个人什么目的，一时一事，那叫做样子，不但不能博得人民群众的尊重，反而会遭到群众的耻笑。

　　我曾与朋友聚会时常常听到人们谈起想要做官的念头。人们到底是为了什么想做官？是为了满足自己的私欲？还是为了给人民群众办事？这两者的结果是截然不同的。不久前，我曾遇到过这样一个管理者，他很能吃苦，也懂得工程，潜心研究过项目管理，在几十年的工作中也确实做出过一些成绩，为企业创造了一定的经济效益。但是，就是因为他的一切努力都是为了达到一个个人目的——做官！这个目标在他心中很明确。白天干活晚上学习是为了摆脱头顶那个工人的帽子；白天在现场认真记录数据，晚上回宿舍仔细整理资料是为了给领导交一份满意的答卷；白天跑现场察看，晚上回宿舍总结，是不甘心永远只当一名技术员；他要当行政领导，要指挥别人做事，要一顶戴在头上能闪闪发光的乌纱帽。当这种帽子戴到头上时，他感的不是压力，而是一种高贵，一种自豪，他满足的是自己内心的一种虚荣，强调的是个人的自尊。为了实现这个目标，什么麻烦事他都愿意去理，什么压力他都愿意去担。从表面上看，他工作很积极，热情也很高，如果真的有一天他实现了个人理想，摘到了这顶乌纱帽，他的头就会昂得很高，肚子挺得很靠前，脾气也会随着职务升高而变大，只要是比他官小的人，见谁都可以指责几句，好像批评别人体现的是自己的权力，彰显的是自己的能力，树立的是自己的尊严。起初这个早已被奴役惯了的民族人们不敢与上级顶撞，因为谁都知道今天与上级的顶撞可能会换来明天的下岗。后来环境的污染使这个企业管理者越发为所欲为，尽管这些早被习惯于奴役的人们也开始有了无声的反抗，大家看上去都怕你，但大家都可以不理你。这时的管理者不但没有感到孤独，反而觉得自己更加高贵，吃饭要坐单间，吃菜要炒小菜，主食与大家不同，做工作服也要明显区别于职工，总之，干什么都要与别人不一样，以显示自己是领导。

突然有一天，当地检察院来到他面前说："有人举报你收受贿赂，请你接受检查。"打开他的车后备箱时，当即拿出现金数十万元。面对这突如其来的检察，他不知所措，无论怎么深呼吸，也压不住心脏急促的跳动。这一刻，他才觉得心乱了，一切都乱了。

其实，这些年他的心就一直是乱的，因为他从来就没有把个人的贡献与时代的发展相联系，也没有把个人的付出与企业的进步相联系，更没有把个人的成长与自己人生的丰富与企业团队建设相联系，而是从一开始就确立了一个不择手段当官就行的目标。在进入职场以后，面对竞争的压力和烦琐事务的缠绕，面对出人头地欲望的再度膨胀，面对金钱的强烈诱惑，卑贱的心灵始终在利益和权力面前打圈，从而越陷越深，直到被逮捕。由于他受收贿赂数额巨大，已经走向了人民群众的反面，只得被捕入狱。

这个故事让笔者思考：想外做大王，必先内定于心，目标不能错。想要获得人们的尊重，必先尊重他人的劳动，如果一个人能时刻保持与自己的心灵对话，视天之大，地之厚，员工之优，群众之爱，把这些融入心灵深处，使心灵变得祥和宁静，温厚敦实，浩如海川。哪怕树欲静而风不止，也不会走到今天这个地步。

记得当时企业里一说要学习，他就有事请假，十多年间他好像就没有参加过学习。问他为什么，回答是："狗屁学习，我不学都比你们知道得多。"他也很少参加开会，因为他觉得别人开会讲的都是废话，只有他讲的才是语录。可是，又轮不到他上台讲话。所以，他对开会心中充满了抵触。由于他长期不参加学习，他已经早就脱离了人民群众，早已远离了组织，可他并不觉得，他以为他就是组织，他脚下的员工就是为他实现自己目的的工具，所以他的内心早已成了一片荒漠，他的心灵被膨胀的物欲淹没，走到今天，那本就该是他的定数。

为此，要做一个好的组织管理者，不但要有澎湃的工作激情，还要有激浊扬清的豪迈，不但要心如止水，还要有波澜不惊的淡泊。如果是年轻一点的同志，在入世之初就要"立志为要，养心为上"，因为志不立，不足以自立，更不足以立人；心不养，人生就没有根基，即使构筑了繁华的人生，也迟早会坍塌。所以，一个人无论处在什么地位，都要心有定见，意志坚忍，把个人的目标定在为人类进步，为社会发展，为企业富强，为员工谋福上，在与时俱进中不断升华自己的人生境界，方能内圣而外王。

选择关乎命运

近年来有不少人士强调：态度决定命运，文化决定命运，资本决定命运，胸怀决定命运……说得都对，也都有一定的道理，所以，学生考大学之前都要先选专业。这不是学生一个人的事，也是家长们的大事，他们从头到尾都要全程参与，听专家辅导，听班主任讲解，听朋友、同事的议论，听有经验者的出谋划策，最终在极其痛苦的思考之后不得以为孩子填下还不知是不是真的可以实现的选择。可见，选择对一个人命运的重要。

有这样一个故事：有三个人因犯罪要被关进监狱三年，监狱长允许他们每人提一个要求，并想法让他们实现。美国人爱抽雪茄，要了三十箱雪茄，以为这三年就够抽了。法国人最喜欢浪漫，要了一个美丽的女子相伴，试想这三年中有美女相伴绝对不会寂寞。而聪明的犹太人说，他要一部与外界沟通的电话，因为他不想白白浪费这三年的大好时光。监狱长一一满面足了他们。

三年之后，第一个从监狱中冲出来的是美国人，嘴里鼻孔里塞满了雪茄，大喊道："快给我火，快给我火，我要抽烟！"原来他忘记了要火。其实，一开始监狱长说得很清楚，每个人只需提一个要求，即使他想起了火也是无用的。第二个从监狱中走出来的是法国人。只见他怀中抱着一个小孩子，美丽的女子手里牵着一个小孩子，肚子里还怀着第三个孩子，他们就像是一家人远道归来，虽然看不到他们多么富有，但他的脸上挂满了沉重生活的负担。第三个从监狱中慢慢走出来的是犹太人，他整个儿脸上写着兴奋，一出监狱大门就迫不及待地紧紧握住监狱长的手说："这三年来我每天都与外界联系，我的生意不但没有停顿，反而增长了200%，为了表示对你的感谢，跟我走，我送你一辆劳施莱斯！我们去喝一杯，然后你可以把车直接开回来。"

由此看来，你选择什么，你就会得到什么。有句话是这样说的："如果选择不当，这一辈子也就毫无希望。"与其羡慕别人成就了什么，不如从现在起，埋头打好基础，认清方向，做好自己的选择。当然，选择对了头，还要自己脚踏实地，积极思考，不断积累，才有可能成功自己，也成就社会。

现在，我常常听人们说这样的话："唉，门进对了，路选错了。"这是说一个人可能是行业选对了，职业选错了。

有这样一个故事，一个学建筑专业的大学生毕业后，考虑到建筑行业甚是艰苦，想找一家经济效益好的单位去挣钱，通过关系分到了移动公司。因为专业不对口，到单位后，领导不知道该给他安排一份什么工作，由于来时有一定的人际关系，企业管理人员又不能不重视，无奈之下，让他在办公室打杂。没想到，这打杂的工作一干就是十年。十年，他的许多同学都成了工程师、高级工程师，在各自的岗位上略有成就，其中有多篇论文获得省部级以上的成果奖，还有荣获了国家质量管理奖。有一天，同学们到这个城市来办事，邀他一起相聚，他一脸的委屈，憋足了劲要调走。同学们不理解，移动公司多好，月薪那么高，别人想进都进不去，你进去了却想出来。他就叹息着说："唉，门进对了，路走错了。"他向同学们诉苦道："因为专业不对口，单位没什么事可让我做，整天坐在办公室收发一下文件，不但什么成就也没有，把青春都荒废了，还让人家总觉得我是靠关系进来的，总是被人看不起。如今，当年介绍我进来的前辈们都退休了，单位又面临着竞争上岗，如果争不到岗位，我就得失业。而我又凭什么和人家竞争呢？"

这个年轻人也选择了，但由于他当时的选择错误，后来尽管他很努力地工作，并在工作中不断学习业务，但好像总是比别人差半步。他的命运也因此发生了变化。他后悔地说："我当时如果选择了我所学的专业，我今天应该和你们一样。可惜呀！"

以上的故事让我们不难发现：一个人努力很容易，关键是选准了路子再努力，就更接近于成功。看来，一个人在人生十字路口的选择直接关系到明天的命运。选择你最喜欢的职业吧，那样你会工作很快乐；选择你最熟悉的工作吧，那样你工作起来会轻松得多；选择你最热爱的职业吧，那样你会比他人更直接地走向成功。不要被眼前的利益蒙住了你的双眼。"选择"这个考题本来就是一个人综合能力的一次测试。

把握现有的就是美好的

有一天，我突然接到一个急促的电话，说我的同学陈知博死了，请大家一块去吊唁。我被这样的消息一惊，他才四十多岁，怎么这么早就走了呢？他怎么走的？电话的那一头告诉我他是自尽的。我大惑不解，这样的事儿我怎么着也该去一下。

我去了，听人家说他是投河自尽。原因是他常常羡慕人家活得比他好，就说张远谋吧，家有三套房，有两辆豪华车，有漂亮的媳妇，还有个聪明的孩子。他就叹息："唉，如果我能活到这份上，就不用天天这么愁了。"

其实，有一天，他真的活到了这个份上，他也一样愁。

这不，好些年前，有一天他在单位里看上了一个比他小十二岁的女孩儿，那女孩儿初涉人世什么也不懂，初到单位什么也不会，班长安排他做她的师傅，师傅在徒弟面前自然懂得的东西多一些，那女孩子就觉得成熟的男人真好，加之他对徒弟也关心，就让那女孩子对他产生了恋情。当真情投送来时他不拒绝，两人就变得难舍难分。我的同学回家开始觉得不满足了，媳妇做事看着不顺眼了，回到家里感觉烦了，两口子吵得不可开交，最后就提出离婚。他觉得家已不再是人生避风的港湾，而成了烦恼的滋生地。他开始一夜一夜不回家，发了工资也不往回拿，常常痛苦地在外流浪。就在这时候，女方家长也极力反对，女孩子终因拗不过父母的决定，并从父母那里感受到一些在她听来都是为了她好的道理，她决定放弃她的这段恋情。当她把这个决定告诉我的同学时，他觉得他有被人欺骗的感觉，他觉得他的感情有被人玩弄的感觉，从此情绪十分低落，工作一蹶不振，生活一筹莫展。

这时，另有同学给我说，他现在也快算得上是小康之家了，我们都羡慕他呢，他还不满足。

我问："为什么？"

他说："他老爷子办着一个企业，年收入好几百万元，他不愁吃不愁喝，家里要啥有啥，也许他现在的媳妇长得不如那位姑娘，可在同龄人中也算是年轻漂亮的，给他生了个儿子还让老娘带着，他什么也用不着管，多好。"

这时，我想起了一句调侃的话：孩子总是自己的亲，媳妇都是别人的好。

想想也是，他现在的生活还愁啥？如此美好的生活自己把握不住，如今连这样的好生活也享受不到了。

我常常在单位里也听到一些人在埋怨：叫我干这又脏又累的破钳工，他们倒好，只是来车间里指手画脚说几句，我们得忙好几天，有时候，上面一句话，我们就得跑断腿，月底他们拿工资还比我们高，就这么个干法，什么时候才能熬出头。一想起这些心里就憋气，然后把手里的工具往地上一扔，一边蹲着抽烟去了。

我还在机关科室里听人们这样说：真没意思，天天就是收文发文，上传下达，一月拿不了几块钱，还看不到自己的发展，根本不知道前途是什么，一天八小时还必须的在这儿待着，迟到一会儿还扣工资，上级动不动就朝我发火，凭什么让我干这干那？然后扔下手里文件，一屁股坐在椅子上不动了。

这时，我就想起我曾经读过的一篇文章，那是一个《一双旧鞋的故事》：有个生活非常潦倒的推销员，每天都埋怨自己"怀才不遇"，埋怨命运在捉弄他。这年的春节前夕，家家户户挂灯笼，贴对联，充满佳节的热闹气氛。他坐在海河边上的一张石椅子回顾往事：去年的今天，他就是这样孤单，无奈以醉酒度过那个漫长的黑夜，没有新衣，也没有新鞋子，更甭谈新车子、新屋子了。"唉！今年我又要穿着这对旧鞋子过年了！"说着就准备脱下穿着的旧鞋子扔了。正在这个时候，他突然看见一个年轻人自己滑着轮椅从他眼前走过，看着轮椅上那个人两条空空裤管，他立即顿悟："哈哈，与这个人相比，我有鞋子穿是多么幸福啊！他连穿鞋子的机会都没有了！"对，我不能这样伤感。那天过后，这个人就发愤图强，终于，他成了一名百万富翁。

记的有位哲人说过：昨天已经过去，明天还没有到来，我们唯一能够把握的就是今天。如果连今天都把握不住，我们的生活里岂不是处处充满了危机？

市场经济社会里到处充满了激烈竞争，我们每个人的岗位本就来之不易，许多大学毕业生毕业后找不到工作而四处奔走，有的人甚至跑到大街上去散发产品广告，尽管心中感到委屈，但不得不做，因为他（她）们需要生活。所以，不管是机关的白领，还是车间的钳工，如果你总是这山望着那山高，就总会心生怨愤，每天都在痛苦中度过。如果再不珍惜眼前所拥有的，可能这个岗位明天就会属于别人，你连眼前的都会失去；如果你把握住了眼前的岗位，并想法在这个岗位上有所作为，那就是你的前途，那就是你的幸福。相信任何一个岗位上都会有很深刻的社会意义，否则，生活里就不会设立这个岗位。所以，能否把握住现有的东西，也是一种能力。

不做"不该做的事"

最近，听说有一个人因为倒卖工程材料被人告发了，数额可能超过一千万，国家相关部门进入了司法调查程序，这个人由于精神高度紧张，吃不下睡不着，精神惶惑，好像有点儿精神失常了。没过多久，又听说这个人找不着了，不在单位，也没有回家，没有谁知道他去了哪里，即而就有人想到不幸的事情可能发生了。

这件事让我想到了另一个问题：他为什么会去倒卖工程材料？明明知道这事是"不该做的事"，他为什么还要做呢？只是为了钱吗？他是不是确实穷的过不下去了？如果真的穷的过不下去了，那这个单位的领导在干什么？如果他生活的还不错，只是私欲太重，那企业的制度又是用来干什么的？从古至今有两种办法，一种是通过教化让人认识到什么是好的，什么是不好的，人们都去做好事不做坏事；另一种方法是韩非子提倡的法治要严，严到让你不敢犯错误。其实这两种方法应该说都是有效的，这么多年来我们也一直在沿用着这两种方法，可是，这位员工还是做了他"不该做的事"。那么，是不是我们的制度不足以让人感到害怕？是不是我们的教育不能让人认识到倒卖工程材料是一种错误？且不论是那一种原因，这位员工今天的不幸已经成了事实。

记得曾在一本杂志上看到过这样一份资料，说新加坡有许多制度就是引导型的，比如，新加坡国民在购买政府组屋时，如果选择与父母同住，或是住在距离父母家1公里以内的地方，会得到1万新元的奖励，同时，还会获得优先选择房屋的机会。如果一个家庭赡养了父母，可以获得退税5000新元的奖励。如果申请者是三代同堂家庭，将被优先安排居住，建屋发展局还设计了一大一小两种面积的住房，以满足相邻而居的实际需求。数十年来，这些政策都被严格执行着。这一政策旨在引导人们要行"孝"道，为什么新加坡如此重视"孝"，如此重视家庭？他们认为，孝敬父母的人，才能热爱国家。而在一个家庭中，长辈能够把正确的社会价值观念，潜移默化地传给下一代。父辈们文明生活，儿女就会文明生活，文明，首先从家庭开始，从

"孝"开始。上述这位倒卖工程材料的人做了不文明的事,结果给自己精神上造成了极大的压力。

新加坡除了引导性的政策外,还有特别严厉的政策,比如,谁的家中因为不卫生而滋生蚊子,一旦罪名成立,就要坐牢3至6个月,或处以5000至1万新元的罚款。如果夫妻打架,把物品扔下楼,就犯了"鲁莽行事罪"。为了对付有人在电梯中小便的情况,组屋电梯内装有尿液侦察器,一旦有人小便,电梯会自动停止,困住肇事者。乱扔垃圾的人,要穿上印有"劳改"字样的黄背心,不仅罚其打扫卫生,还要通知新闻媒体拍照登报。据说新加坡的公共场所,到处都有罚款,而且罚款很重,让你不敢违法乱纪。并且这样的处罚大多数新加坡人赞成,对损害公物、严重非礼、偷盗、私藏军火等罪执行鞭刑,以示惩罚。所以,新加坡人生活,普遍文明程度较高。他们从一开始就有一个生活理念:"不做不该做的事"。

在我们的企业里出了这样倒卖工程材料的事,并且倒卖数额巨大,不是国家没有法律,也不是企业没有制度,而是人们没有执行好这些法律与制度,这位员工思想上没有"不做不该做的事"的意识,最后让自己的生活跌入了深渊。由此,我们应该思考这样一个问题,企业虽然有制度,你组织大家学习了吗?是不是真的让这些制度深入了人心?当然,我们自己也要把握自己的生活,让"不做不该做的事"真正成为自己的人生理念。

优秀：需要放眼明天

人人都想成为优秀的人，但是怎么才能成为优秀的人？有一个很重要的条件就是你要习惯于放眼明天，不能仅盯着今天，过"今朝有酒今朝醉"的生活。如果你还能看到后天，甚至看得更远，那你一定是一个与众不同的人。

有一年回乡探亲，刚到家，就听到一件让人揪心的事，说有一个正在上高一的外孙女三天没来学校了，老师不知什么情况，打电话告知家长，问问是不是回家了。家里人一听这个电话就急了，一个十七岁的姑娘会去哪呢？几经周折，有消息说外孙女与另一个女同学到市里打工挣钱去了？打什么工？在哪家企业打工？不知道！这一下家里人更着急了，一个女孩子，能打什么工？高中都没毕业，她们又会做什么？是不是到某个酒店去做工了？家里人越想越害怕，找了另一个女孩儿的电话，驾车就往某座城市奔去……

几个小时后，有消息传来，说是找到了，在一个人家当保姆，连夜把她带回来了。大家又在担心说：这回少不了挨打。我心就又揪起来。这么一个小孩子，哪能经得起父母一顿痛打？再说打是解决不了根本问题的，无论什么事，要想得到根本解决必须从思想上让她认识到危害。果不其然，第二天又传来消息，说把孩子狠狠打了一顿，趴在床上起不来了。我就感到心疼，第三天就去看看。

我到了，孩子一脸的委屈：她说，"我知道家里穷，想减轻你们大人的生活压力，到外面打工挣点钱，以贴补家用，这有什么错吗？"是啊，孩子的想法本没有错，但这事儿做得不是时候，要想真正改变家庭的贫穷面貌，得等到她有一定生活能力、自控能力和驾驭市场的能力以后，才可以去打工，可有谁会给她耐心地讲这个道理呢？我和她作了一个简短的交流。

三十多年前我也是一个十七八岁的青年，当我穿上军装的那一天起，我心中暗下决心，从此不再和相同年龄的人一起玩什么抽烟、喝酒，我要好好读书，把"文化大革命"以来没有读到的书都补回来。真的，我一读就读了二十多年。在前十年里，从数学、哲学到逻辑学，从文学到文学史，从图书馆借到的书我都读。这些年来，我虽然还没有什么可以让人们敬仰的成绩，但大家都知道我是个爱读书的人。于是，同事们来找我玩时，先趴在窗口看看，如果我在读书，他们就悄悄走了，如果看到我没有读书，就进来和我聊一会儿天，临走时还客气地说声："对不起，耽误你看书了。"上级也知道我是个爱读书的人，就有意识地安排我到阅览室，或从事文书工作。再往后的十年中，国家设立了自学考试规定，我就参加了中文自学考试，一门门考，一门门过。到1990年，中国社会科学院研究生院新闻系招收免费生培训，由各省市推荐本省市最优秀的人到该院学习。天津市只有一个名额，我被推荐去了。我抓住这个学习的好机会，埋头学习。也就是从那时候开始，我感到写作不再是一种困难，从那次学习回来之后，我在报刊上的刊稿率大大提高，企业需要写经验材料就抽我去写，这次写了，下次还抽调你，抽调多了，就有人说，把他调到机关来吧。后来又有人说，他这么能写，干脆调到宣传部吧。就这样，当许多同志今天因为缺乏技能上不了岗，生活困难需要企业帮扶时，我却成了教育他们解放思想，转变观念，自我努力，学习技能的人。我不知道我这样的教育是否真的对他们有用，企业里认为必须做这样的教育，而且应该加大教育力度。我在思考一个很简单但又很复杂的问题：这些被人教育的人，为什么会成为组织需要教育的对象？原因就在于，我那时就看到了未来，而今天上不了岗的同志当时只看到眼前。如今社会飞速发展，没有知识，无法适应今天的社会，只有被社会发展所淘汰。

我国有句谚语："早知三日事，富贵一千年。"此话讲得颇有道理。两千年前的范蠡因为有了"贵上极则反贱，贱下极则反贵"的远见，不仅使自己致了富，而且使后来应用这一远见的人也都发了财。如乔家大院的乔致庸，在兵荒马乱的战争年代，慧眼识商机，别人大卖他大买，战争一结束，市场消费需求大增，他一举成了国家级的富翁。《红顶商人胡雪岩》中这样一段话：如果你拥有一县的眼光，你可以做一县的生意，如果你拥有一省的眼光，你可以做一省的生意，如果你拥有天下的眼光，那么你就可以做天下的生意。还有人说：美国人卖头脑想出来的东西，日本人卖手里做出来的东西，中国人卖土地里长出来的东西。可见，目光短浅的人只靠体力致富是永远也富不起来的。

《庄子》书中有一个寓言故事，说的是宋国有一人家，家中有一祖传秘方，那药冬天涂在手上不生冻疮，皮肤不会破裂。这家人靠这个秘方世世代代维持生计。一天，有一个人路过这里，听说了这个秘方，就向这家人提出用100两金子来买这个秘方。买到后就去南方游说吴王，说：吴越地处海疆，守卫国土主要靠海军,他适应这个职位。后来他真的当了吴国的海军司令。到了冬天,吴越两国发生了海上战争,吴国的水兵都涂了他发的药,每个士兵手都不裂,不怕冷,不冻疮,结果打败了越国。此人立了大功,被割地封侯。他用100两金子换了个侯爷,这就是放眼明天的目光。原来那家人只会赚眼下的钱,只会赚一个小镇上的钱,没有放眼看天下,小富既安。而别人则看到了一国,也就做了一国的生意。这就是智者与愚者的区别。

我给孩子讲这个故事时,我问其;"你想当智者还是想当愚者?"她说想当智者。我说:那你就应该好好学习,把自己的头脑先富起来,当你能正确地分析某种事物今天的发展与明天的发展时,然后再出去打工。你今天出去打工只能挣到10块钱,如果你的头脑丰富了,你一天可以挣到100元。你挣哪一份钱?她说:"挣多的。我明天就回去好好念书。"听了孩子这句话,我放心走了。我相信她明天会努力的。

"坐地日行八百里,巡天遥看一千河。"商机就像藏在云里的太阳,眼光远的人就能看见,而眼光短的人就看不见。看不见的人就是愚者。看不见是因为他只用眼睛去看,而没有用头脑去看,所以他看不见。回顾古人,富者,全为目光远大之人。优秀的人都是富人。优秀的人不仅看到了今天,更看到了明天的社会需要。

优秀，是一种良好的习惯

所有不优秀的人都羡慕优秀的人，许多不优秀的人还嫉妒优秀的人，这是因为优秀的人让人关注。一个被多数人关注的人本身就是一种幸福与快乐。其实，许多人都希望自己被人关注，尤其是希望别人关注自己优秀的一面。但是，许多人却从来也没有想过这样的优秀是人们用不懈的努力与辛勤的汗水浇灌出来的，他人将这种不懈的努力与辛勤的汗水凝结成良好的习惯，最终成为优秀的人，成为被多数人关注的人。

有这样一个故事：有一次，有很多位诺贝尔奖获得者在巴黎聚会。有位记者问其中一位：你在哪所大学、哪个实验室里学到了你认为最重要的东西？这位获奖者的回答很出人意料，也很耐人寻味。他说："我是在幼儿园学到了对我终生有用的东西。在幼儿园里我学到了：把自己的东西分一半给小伙伴们；不是自己的东西不要拿；东西要放整齐，饭前要洗手，吃饭时不说话，喝汤时不出声，午饭后要休息；做了错事要表示歉意；老师说话要认真听，学习时要多思考，要仔细观察大自然，是幼儿园老师从小培养了我良好的习惯。"

可见，这位优秀的大师今天取得这样的成绩不是偶然的，而是从小就有一种良好的习惯使他今天成为优秀的基础。世上没有一个人是一出生就完美无缺的，当我们很小的时候，什么都不会，什么都不懂，而这个人一生中为了追求崭新的生活，努力学习，刻苦钻研，理解他人，尊重他人，向他人学习他不懂的东西，并把这样的学习和钻研养成了一种习惯，所以他获得了令人羡慕的成绩，成为优秀人。心理学研究发现：一个人每天的行为、思想甚至情绪方式中有80%以上是由习惯决定的。所以，一个人要让自己成为一个优秀的人，就应该让优秀成为一种习惯。有一句话叫"改变自己就是改变未来"，谁秉承了这一理念，谁就会让自己变得出色、变得优秀。

文章刚刚写到这里，来了一位心中极为懊恼的同事，问其何事？回答说，"真不走运，我们正在投一个铁路标，资格预审刚刚通过，人家突然通知我们不能参加这次投标了，其原因是我们的一个单位里出了质量事故。"回来一打听，才知道，单位里有一个项目在施工过程中没有严格按照规范施工，把该用三米的锚杆用成了一点五米，钢筋绑扎应该是三十公分一根的，现在为五十公分一根，被监理人员发现了，被业主发现了，现在正在停工整改，这起质量事故在全系统通报，处理结果是：两个月不许投标。哇——人们对此都在大呼"太不走运了"。可是我在想，这是我们不走运吗？非也。是我们平时没有形成良好的工作习惯，平时就没有要求操作者严格按照规范施工，每个承包人都想从偷工减料中获取利润。结果被人发现了，受到处罚。

　　这件事又让我想了另一件事：不久前，有一个同事因为早上起床晚了，上班时车速开得太快，不慎与人撞车了，结果把自己撞成了重伤。我去医院看他时，他也是这样给我说："最近不走运，一个月连续撞了两次车，赔进去好几万，还把自己弄成个半残废。"我在同情他的同时，也这样想：是他不走运吗？一个优秀的汽车驾驶员不仅仅是驾驶技术要好，还要严格按照交通规则行驶，这要成为一种习惯。如果能坚持这样良好的习惯，他就不会出事故。日本大街上跑的汽车比中国多，但日本的交通事故却比中国少，这是为什么呢？是日本人人都有一种良好的习惯——让他人先走。这个习惯不但避免的许多交通事故，而且也保护了自己的人身安全。我记得有一次走在俄罗斯的大街上，当穿过一个十字路口时，几个同伴快我几步都过去了，我也想冲过去，当我刚跨出两步时，红灯亮了，这时，我不知道我该退回来，还是冲过去？就在这时，我看到路两边的司机停下车向我挥挥手，请我先过去。那时我觉得特别不好意思，因为我在国外违犯了交通规则，但司机们不但不责怪我，反而让我先行。人家这就是一种好习惯。所以，到了一些发达国家，我们能够真实地感受到，他们在这方面的习惯比我们好。

　　其实，世界上每个人身上都蕴藏着成功的潜能。而成就你自己的这个秘密就是：你只要比别人刻苦一点，努力一点，勤奋一点，并把这种"刻苦一点，努力一点，勤奋一点"养成一种习惯，你就会变成一个优秀的人。优秀的人需要具有这种点点滴滴的良好习惯。

　　毛泽东主席曾说："一个人做点好事并不难，难的是一辈子做好事，不做坏事。"新时期人们把这句话说成了：实干，贵在坚持。只有坚持做下来才能成为优秀。在我们生活里，无论是谁，你打起精神干一两件好事，恐怕都不难。以至于你很难找到一辈子都没干过一两件好事的人。但这些人也干过好事，却为什么没有成为优秀的人呢？是因为他们做的好事被坏事抵消了，好事与坏事的比例不同，形成了不同成色的各色人。古希腊哲学家亚里士多德说："优秀是一种习惯。"如果我们一直习惯性地认真思考，认真做事，尽自己的力量把每一件事都做到最好，那么，优秀就会成为一种良好的习惯。

一个优秀的人是缘于习惯的优秀，一个优秀的习惯便会成就一个优秀的人。

企业靠什么打动市场？

企业靠什么打动市场？不同的人有不同的解释，有人说靠老板的战略，有人说靠企业的待遇，有人说靠企业的发展，还有人说看员工在企业中的成长环境，更多的人说靠产品质量，企业靠企业信誉。我觉得这些说得都对，但都不完整，那究竟一个企业靠什么打动市场？我说靠员工。因为老板固然要有好战略，但实施靠谁？企业固然要有好产品，但产品靠谁来制造？海尔产品维修服务态度好，是谁反映了企业的态度？都是员工！

有一名美国企业管理协会人员来中国考查企业，他被安排在上海五星级华厅宾馆里，这位研究企业管理的专家发现酒店服务人员每天给他发两双一次性拖鞋，他问这是为什么？服务员回答说："我们发现，你的脚比一般人的脚要大一些，一双鞋穿不到第二天就撑破了，如果你为了一双一次性的拖鞋半夜来找我们换，一定会破坏你一天工作带来的好心情。为了不影响你的好心情，我们又不可能为你去单做一双这样的特大号鞋，因为我们的一次性拖鞋是成批量制作的，所以，我们给你发了两双拖鞋。我们观察，有两双拖鞋，你基本上就可以穿到第二天我们为你打扫房间时再更换新的拖鞋了。这位美国专家还不理解，那为什么也给我妻子也发两双拖鞋呢？服务员的回答是：我们还发现你高大肥胖如一堵铜墙，而你妻子却小巧玲珑十分可人，她的脚比一般人的脚又小一号，穿着我们这成批量制作的拖鞋不跟脚，也不舒服，我们给她发两双鞋是让她把两双鞋套在一起穿，这样既省了我们专为她去做一双特小号的拖鞋，也方便了她的生活起居。哦——就这一件小事让这位美国企业管理专家十分感动，后来他走到哪里就把这件事讲到哪里，在他的传播下，许多外国客人来到中国都点名要到上海华厅宾馆入住，并说明他们是听到了这样的故事而选择他们这家宾馆的。他先后六次来过中国，每次来都要求住到那里。那位美国企业管理研究专家走后的第二年，上海华厅宾馆的包房出租率就提高了九个百分点，与往年相比，经济收益提高了1100万元人民币。

有人算过一笔账，一双一次性的拖鞋的成本不足3元，但它在班组员工细心工作下换回了上千万元的回报，靠的是什么？是员工良好的工作习惯，是员工认真的工作态度，是员工善于观察、善于思考、乐于助人的职业品格，可见，当所有的班组员工都有了这样的工作习惯，企业的经济效益与社会效益就会成倍增长；如果企业老总没能把班组员工培育出良好的工作习惯，你的经济效益是从哪里丢失的恐怕连你自己都说不清楚了。

再说企业的环境吧，有人说在企业中成长的快与慢是看这个企业管理者的用人观，如果管理者重视用人又培养人，员工就成长得快，如果管理者只把员工当工具，员工自然就成长得慢，并会积怨。而我个人认为，一个员工在企业中如何成长，有许多因素是自己决定的，我们来看一个故事吧：9年前，袁师勇不明白，从技校毕业来到中铁16局2处后，企业不但没让他从事所学的专业，反而让他去班组与工人一起搬石头、起护坡、砌泥浆。当时，他心中充满了怨愤："自己是有知识的人，企业怎就不把自己当人才看，让去搞技术呢？"心里这么想却不敢说，每天，他都压抑着心中的不快，带着痛苦的心情去工地。

后来，工地测量人手不够，领导叫他去搞测量。从此，他又每天背着仪器翻山越岭，大汗淋漓，只要在工地，就没穿过一天干衣服。看着荆棘挂破的衣衫、划破的小腿，他心生恨意，但他却忍住没说。这时他已经知道，在企业看来，技校生就是工人，现在让自己搞测量了，已经是被重用了，还敢有什么怨言？

那时，项目长看到他能吃苦，也不多说话，就想调他到项目部去，可他坚持不去。其实，他不是不想去，而是憋着一口气，他想证明给把他扔在了班组的领导看："我不是没能力，而是你们错排了位置！"憋着这口气，袁师勇一边工作，一边学习并坚持不懈，从中，他品味到学习的快乐。

随着企业任务量的逐年增多，各项目部开始争抢人才了。当时，工地的一名技术员被调走，他竟然就被推上这个位置，去主管两个大桥的全面技术。他甭提多高兴了，因为自己几年的努力终于为自己赢得了机会！从此，他全身心扑在工地，不眨眼地盯着施工质量，常常通宵达旦。最后架梁那几天，他连续48个小时没合眼，当最后一片梁顺利架设完成后，他竟靠着电线杆睡着了。工程结束时，由他负责的这两座大桥成了全线的质量免检工程。业主夸赞企业活儿干的太好了，希望今后还有更多的合作机会。监理人员也说，与他们打交道，真是让人省心，但愿我们以后还有合作的可能。其实，对于一个建筑企业来说，有一个这样的评价，比现场奖励100万都强。

一个企业要想获得发展，是靠企业里的全体员工共同努力，主动工作，创造性地工作，把每一件小事都做好，所有的小事都做好了，积累起来就成了大事，就成了事业。

相信自己就是对自身能力的培养

我时常听到人们在叹息中说这样的话:"我能行吗?"有时候这是一种谦虚,如果这是发自内心深处的一中怀疑,就是对自己能力的一种抑制。在这样的心境下去工作,即使你在做着什么,也只是抱着试试的心态,而不是一定要想办法完成的决心,结果就可想而知了。

有这样一个故事:一个人在高山之巅的鹰巢里捉到一只小幼鹰,把它带回家并与鸡放在一起养了起来,幼鹰随着时间的推移一天天长大,在这整个过程中,它与鸡一样在地上啄食,在田间散步,在池塘边追赶嬉戏,太阳一落山就回窝休息。它自己感觉到它和这群鸡们只有一点不同的是它的眼睛比鸡好看。但是,就啄食这一类的用处,好不好都不是重要的。重要的是地上要有食,谁都能看得见。它以为,它自己就是一只和鸡们长的不一样的鸡。后来,这只鹰渐渐长大了,羽翼丰满了,主人想让它发挥鹰的作用,可是,由于它终日和鸡混在一起,它已经变得和鸡完全一样了,它既没有腾空而起的愿望,也不知道自己能飞多高,主人曾有几次试着把它抛起,但它都哇哇哇地叫着,摔下来,好像受了很大的委屈,惊恐地嘶鸣着仓皇而逃。最后,主人生气地说:我早知你是这样,当年又何必把你抱回来?最后,主人把它抱着还到了山顶上,一下把它扔出去,这只鹰向块石头一样垂直往下掉,但求生的本能让它在慌乱之中奋力挣扎,全身能用于拯救自己生命的地方都一下子被调动起来,两个翅膀拼命扑打着、扇动着,就在它快掉到深沟底时,它居然飞起来了,这时,连自己都不相信它怎么回飞起来,而且还能飞得很高。这时,这只鹰就又成了鹰。它对自己的能力重新认识,最后真正成为一只鹰。

这个故事给我的感觉是,员工和员工之间或许有一些差别,但差别绝对不会很大,别人能做到的事情,自己通过努力也一定能够做到,也许还会比别人做得更好。问题是每一个员工他会不会去这么想,会不会去这么努力做。如果他总感到自己不行,他的潜能就会受到抑制,人就会产生自卑感。最近在基层一些单位听到有的员工们这样说:"我们这都是四五十岁的人了,还能学什么？现在能做的也就是给别人打个下手，混到月底拿个工资就完了，想学什么也都来不及了。"类似于有这样想法的员工，十有八九在企业里都生活的较为艰难，大多数人是因为没有岗位而发愁，少数人是担心现有的岗位在不久的明天会失去。我们想一想，一个连自己都不相信的人，把自己明天的生活出路完全交给企业来担负，企业又怎么能担得起如同你一样诸多个个体呢。把自己未来的生活交给别人，等于自己对自己不负责。你都不想对自己的生活负责，还有什么理由要求别人一定要对你的生活负责呢。

相信自己吧，相信自己就是对自己能力的培养的第一步，当你充满信心，奋起努力，你的记忆力就会自然增强，你的劳动技能就会不断熟练，这时，你就看到了胜利的希望；当你继续努力，不断探索时，你就会产生更多的想法，为自己设立更多的目标，为着一个个目标在耕耘时，你会发现，你的人生就变得充实了，最终你一定会实现自己的愿望。

企业的事就是我的事

　　四月的早晨在渤海湾西岸已充满了暖融融的春意，但在太行山深处却无不透着刺骨的寒冷。工区长肖华祖踏着朦胧的晨光向隧道口走去，正好被巡夜的人员发现。谁？干什么的？走近后才发现是刚刚上任的肖华祖。巡夜人不无歉意地说：老肖，你怎么这么早就来了，不是来查岗的吧。

　　不是，有你们值班，还要我查吗？我睡不着到洞里看看。

　　哦！

　　他第一天这样，第二还这样，天天这样，有人不解地说：老肖，你不相信我们把工作做好？

　　相信！

　　相信你还老往洞里跑？许多事有我们各把一道关，你宏观上掌握一下，细节的事交给我们办，你放心吧。

　　人们说归说，他还是放心不下，他觉得他是基层的领班人，他到太行山隧洞里是和大家一块干活的，不是只管决策的领导人。

　　是啊，有个刚从迁安——曹妃甸铁路线上撤下来的挖掘机司机，这个人从来没进过洞，第一次进洞到掌子面扒碴、装车，看到那黑乎乎突起的石头就心惊肉跳，细心的肖华祖发现他在扒碴装车时两眼老是往上看，视线根本不在挖斗上，他忽一下跳到车上说：没事，我也坐在你驾驶室里，要有事，你先跑！两排炮下来，这位驾驶员心里就踏实了许多。

　　一天的紧张与疲劳，一天的分析与思考，一天的观察与排序，晚上十点多时，他坐在靠背椅上睡着了。细心的张主任看到他疲惫的样子，想把他叫起来去床上睡，却又不忍心把他叫醒。但四月初的太行山还透着浓浓的寒意，万一这样睡感冒了，明天岂不是更添罪过？叫醒他让他床上去睡时，他说："不，11点我还要进洞去。"真的，再从洞里上来就凌晨一点多了，第二天早晨4点他依然只身向洞里走去。一天这样，两天这样，天天这样。与他一起共事的同事们被感染了。技术部门的人来说：老肖，我想重新调整一下炮眼。

为什么？

上次在洞里你说炸下来的石头块太大，装车慢，不利于提速；光面爆破不好，不是欠挖就超挖，又造成时间上的浪费和材料上的浪费，我觉得这是我的失职。两天来我一直在想，这是我的责任。于是我想了几条改进建议：一是在周边加密炮眼，这样可以提高光面爆破效果，二是增加一组掏心炮眼，可以把炸下来的石头变小，提高装车速度，三是增加通风排烟设备，让掌子面空气清新起来，以便于改善工作环境。

隧洞下的调度员也来了。老肖，都是我的责任心不到让你操心了，往后看我的。上次不是你现场指挥，那块石头下来不知道就砸着谁了。是啊，那天正在出碴时，肖华祖看到接近掌子面已喷过锚的地方有些裂纹，立即命令装载机后退，刚撤出六米，哗啦！一块石头掉下来，让人有惊无险，一次小塌方拉了整三车。这样的教训让现场调度员念念不忘。从此，这位调度员一放炮，总是第一个冲上掌子面观察石质，指挥排险，当打眼一小时时，就提前通知炸药进洞，当炸药装到一半时，就通知出碴车进洞排队，一道道工序，他都提前通知做好准备，先出后进，先实后空，先急后缓，各项工序编组排序，有条不紊。肖华祖受命第一个6天考评，4号斜井就超额完成了掘进计划，连续5次节点考评连续5次超计划完成任务。一个月单口掘进突破341米，是上场以来的最好纪录。许多人不解地问：这是为什么？肖华祖只是淡淡地说：把企业的事儿当自己的事儿去做。

是的，多少年来，他一直坚持把企业的事当自己的事去做，宝兰二线施工紧张时，他去了，工程任务就上去了；兰州引水隧道工程紧张，他去了，任务就上去了；秦皇岛任务紧张，他也去了，问题也就解决了。如今，他在太行山隧道4号斜井正带领员工把企业的事当家事共同拼搏着，他不敢说他这次一定能完成好任务，但他有信心与员工一道把企业的事当成自家的事去办。来工地两个多月瘦了8斤，妻子心疼地来工地看他，劝他别太拼命，别到老了落一身病，留给她的只是侍候丈夫的份儿。肖华祖一面笑着答应着妻子，一面一如既往地工作着。上级领导寄希望于他，让他把工作做好，而他又寄希望于员工，与员工一道把工作做好。如果大家只想着自己，而不想着企业，我们明天哪还会有企业的辉煌，哪还会再有我们可以信赖并依靠的企业。承诺了的就应该全力以赴去做，上级说了的，就该不折不扣去执行，妻子的担忧可以理解，责任心的驱使不可改变。这就是肖华祖工作态度的全部，他正是靠着这样的人格魅力影响着、并带领着太行山隧道4号斜井的全体员工克服着种种困难，力排险阻，一往无前！

如果一个人把外事当家事，这个外事就是家事，家人就会齐心协力把这件事办好。如果一个人把外人当家人，他一定对这个人特别亲切，人们在一起生活的环境就会格外和谐。如果我们把企业的事当自己的事，就没有搞不好的企业。

揭秘挣钱的方法

人人都想挣钱，人人都想挣到更多的钱。但是怎么样才能挣到钱或者说挣到更多的钱？有的人活了一生，怕是到了临死的时候都没有搞清楚这个问题。今天，我将在此向广大读者揭秘这个挣钱的方法。

我先在此讲个故事，不久前我到云南的西双版纳开会，会后人们想组织一次旅游，我随同大家一块去了，发现多年前我曾去的原始森林，有很多遍地跑着的孔雀，如今却不见踪影了。我还和同伴们说，我当年来过这里，有好多孔雀，怎么现在没有了？结果又往里走了两里路，发现一个地方竖着一块牌子，上面写着：旅游景点，观赏放飞金孔雀。人们为了观赏这一盛景，都纷纷掏钱购票，这时，好像没有人问这票多少钱一张，也不问这个票价高不高，凡来者都购票踊跃。商家只是把这里原有孔雀集中在关山上，然后当有游客来参观时，一齐放出来，固定一个地方喂养，就这么简单就把钱挣了。这件事让我想到了，爱尼族祖祖辈辈住在半山上，过着艰难而贫苦的生活，没有谁知道他们怎么生活着，突然有一天，有人说：爱尼族人为什么住在半山上？他有他独特的生活习俗，很快旅游爱好者和城市先富起来的人们从四面八方都涌来探寻爱尼族人的神秘生活习俗，来者都要购票，商家又把钱挣了。在旅游过程中，导游小姐们说：让你们坐车来，看在这里，吃住在这里，购物在这里，临走时，最好把口袋的钱都通通掏下。哇——听起来好像很残忍，但是人们却还是那么自觉自愿地从四面八方汇集而来，一年四季络绎不绝。许多人都羡慕地说：他们这个地方好呀，少数民族聚集区，民族多，各有各的习俗，想要在这里看完，最少要待半个月。

是啊，中国十几亿人口，一半人都要到这儿来待上半个月，他们得挣多少钱？多少游客在羡慕人家的同时，就感叹自己没有生在这块神秘的土地上。而我从另外一个角度思考：他们早就拥有这样的资源，为什么过去就不挣钱，而现在才开始挣钱呢？经过思考，我发现，是他们现在才挖掘出了这个地方存在的独有价值。就像一个傣族人为什么住在山下？爱尼族为什么住在半山腰？他们的背后有一种怎样不同于其他民族的文化？谁挖掘出了这个东西，谁就可以挣到钱了。

不仅仅是西双版纳神秘，缅甸也一样神秘，同是一块石头，这石头表面上看本不值钱，甚至还有人把它当成一种负担。可有的把这块石头打磨了一下，让它的光亮展现出来，就成了玉，这块石头的价值一下就增长了几十倍，甚至几百倍。而又有人把这块石头打磨成玉佩，价值就又翻了几十倍。同是一块玉，有的人把它打磨成了手镯，这个人就挣手镯的钱，有人把它雕刻成了挂在胸前的玉佩，他就挣玉佩钱，而有人把它雕刻成了摆在工艺架上艺术品，就又挣到更多的钱。同是一个东西，就看谁能看到这一事物背后的价值，谁看到了什么，谁就挣什么钱，如果你只看到这一事物本身，那你就永远都挣不到钱。就像我们现在这些上班族，上班时，上级安排什么做什么，到月底，发工资，就挣这一点钱，你永远都不会成为富人。想要成为富人，就必须看到某一事物背后的价值。所有事物背后都有等量不同的多种价值，如，有人拿煤来烧火做饭，有人拿煤来发电，它所产生的价值马上就会发生变化。同是一块土地，有人拿它来种粮食，有人拿它来种大棚菜，还有人则拿它来种中药材，不同的作物当年就有不同的收获。这就是挣钱的"道"儿。

我们可以再来看看这样一个故事：1946 年，有一对犹太父子来到美国，在休斯敦做钢器生意。有一天，父亲看着儿子渐渐长大了，就问他，你知道一磅铜的价格是多少钱吗？儿子回答："35 美分。"父亲说："是啊，整个得克萨斯州的人都知道每磅铜的价值是 35 美分，而我们是犹太人，你就应该把它看成是 3．5 美元。"儿子不解，父亲又说："你把这一磅铜做成门把手再看看它的价格是多少钱。"儿子一下明白了。20 年后，父亲去世后他独自经营铜器店，做过铜鼓，做过瑞士钟表上的弹簧片，做过奥运会的奖牌，他曾把一磅铜做成的产品高价卖到了 3500 美元，这时，他已经是麦考尔公司的董事长了。（现在麦考尔公司在全球都有贸易生意，在中国的上海、大连、常熟和吉林等地也都设有分支机构。）

最让麦考尔扬名的是在纽约州一次处理垃圾事件中，他一下子名扬天下。那是 1974 年，美国政府为清理给自由女神像翻新扔下的废料，向社会广泛招标，但好几个月过去了，无人应标。正在法国旅行的他听说后，立即飞到纽约，到废料现场一看，发现那里面堆积如山的铜块、螺丝和木料，未提任何条件就与政府签了字。纽约许多运输公司对他的这一愚蠢举动暗自发笑，因为在纽约州，垃圾处理有严格的规定，弄不好就会受到环保组织的起诉。就在一些人要看这个得克萨斯人笑话的时候，他开始组织工人对废料进行分类。

他让人们把废铜熔化，铸成小自由女神像，把木头加工成底座，把废铅、废铝做成纽约广场的钥匙。最后把尘土都包装起来出售给花店。不到三个月，他让这堆废料变成了530万美元，每磅铜的价格整整翻了一万倍。

由以上故事我们不难发现，其实，挣钱并不难，就任何一种事物，只要你看到了这一事物背后的价值，然后动手去做，你就可以挣到这一价值等量的钱。这就是挣钱的方法。

员工在企业中，人人都去思考这个问题，思考你所做的工作背后的价值，并积极去实践，那就是创造性工作。你这样想了，并这样做了，你就会为企业带来无限利润，你就会在这个企业的舞台上找到自己人生的价值，并成为上司欣赏的对象。

在磨砺中丰富

任何物件在岁月的磨砺中都会瘦身,就像坚硬的石头被河流一次次冲刷最终成了光滑而小巧的鹅卵石;哪怕是被人们捧起的宝玉,也一样在一次次打打磨中,虽然更加精美,也只在不断的瘦身。只有人生会在不断的磨砺中丰富,丰富人生的是一个人的智慧与能力,思想与经验,还有丰富的想象与人生技能。在中国铁建二十五个春秋的十六局集团二公司卢家兵就是一个鲜明的例证。

当笔者在迁曹铁路工地见到他时,他膀宽腰圆,往那里一站就像一堵墙,当他谈起工程安全时,头头是道,什么意识,什么程序,什么规范,什么保障,如数家珍。而一会儿又谈起工程技术时,他一样从方案优化到海底试桩,从栈桥搭建到钢板护基,当人们又谈起对外联系时,他又提倡要诚信为人,低调做人,让别人方便自己才能方便,让他人高兴了自己才会顺心……你怎么知道那么多事?我只是一种好奇:没想到这倒更加打开了他的话茬子:他说在中国铁建这个特殊的队伍里,他干过多种工作,是这些工作丰富了他的人生,成就了他的事业。他为此感到自豪与骄傲。

那是1984年部队改工时,他刚好高中毕业,他是第一批被招入企业的工人,那时,他是一名修理工。他之所以选择这个职业,是因为他太爱这个职业,一把钳子,几把扳子,一支电笔,几种螺丝刀,那就是他吃饭的家伙,是他人生的全部追求。无论是汽车坏了,或者是哪台机械坏了,他总是第一个跑去检修,尽管他还什么也检查不出来,但是他愿意这样拆来装去,他觉得只有在这样的一次次拆装中才能弄懂原理,找到头绪。寒冬的夜晚十分寒冷,可他钻到车下一干就是三四个小时,父亲关切地问儿子,冷不冷,上来烤烤火。他说:没事,习惯了就不觉得冷了。是啊,他太尊重父亲,因为当他还在小学上学的时候他就知道父亲就是因为有技术,全团、全师的人都尊重他,逢年过节,上级领导下连队来都要到家里来看看他父亲。这是因为他父亲卢军昌就是一个老铁道兵,1952年参加抗美援朝,1953年回国后被派去学习内燃机,毕业后国家正好组建铁道兵,父亲就成了中国第一批铁道兵战士。父亲努力学习技术，几年后成了部队里响当当的修理能手，每天汽车连的汽车都要出去执行任务，他就站在大门口，无论什么汽车，只要从他身边一过，他只需听听声音，就知道这台车是不是正常，能不能上路，如果有故障，是哪里的故障。凭着这身过硬的技术，父亲一生都被人尊重。他也想像父亲那样得到别人的尊重，于是，他把苦当成成就自己的基石。

然而，正是因为他的这种敬业精神，几年后，领导找他谈话说：你父亲那个年代，社会需要一种人，现在处在中国改革开放的建设时期，企业需要更多工程技术人员，如果你想在这个时代更有作为，还需再深造。于是，他就考进了石家庄铁道学院，从此，他又成了一名技术员。1999年企业在山西朔黄铁路长梁山隧道担负施工任务，十多公里的长梁山隧道在当时全国排名第二大双线长隧，隧道跨度大，石质差，工期短，任务重，就在这样的环境下，他去了，去负责加工制作半自动化衬砌台车。这对他来说是一个新课题，他并没有被眼前的困难吓倒，而是把它当成一个学习的极好机会，当成一个挑战人生的开始，他从想象、试验、绘图到下料，从焊接、组装、调试到运行，全程参与，全程负责，别人一天工作八小时，他要工作十八个小时，多少次，他常常伴着那盏灯一直到天亮。有一天夜里两点领导来查岗，发现他依然在思考着如何快速组装台车，拍拍肩膀说："别累着，明天再想。"可他说："不行呀，我今天想不出办法，明天怎么布置别人工作？"真的，那晚他整整一夜没有合眼，但他很兴奋，因为他想出一个在台车上装一部活动电动滑轮，通过这个可以前后左右移动的电动滑轮来实现快速组装。这个难题的突破，让他连续好几天激动与兴奋。台车投入隧道施工后一切顺利，那一阵子，他掉了八斤肉，但他反而觉得自己腰杆硬了，胸襟宽了，头脑更丰富了，技术更娴熟了。正是这个台车的制作成功，大大加快了施工进度。也就是从那时起，他看到别人看他时都投以尊敬的目光。严冬与寒风没有击垮他的意志，倒让他在困难的磨砺中更加坚强，更加丰富。

有一年，企业在新疆执行一项特殊任务，需要十台大型衬砌台车，他去了，十个月就完成了八台，不但为企业节省了大量的资金，还大大方便了施工。组织发现，卢家兵不但懂技术，而且会管理，能协调，不仅晋升为工程师，并提拔他为项目副经理。

2007年，国家决心开发曹妃甸，兵不动，路先行。形势需要先在海上建一座十多公里的大桥，这次施工最大的问题是安全，企业正是看到了卢家兵具有强烈的工作责任心，又安排他担任安全总监，为了保证员工海上施工的绝对安全,他又认真钻研安全知识,如今,这座大桥已经建成通车了,没有发生一起安全事故。工作25年来,他从车间到领导岗位,蹲过现场,搞过征地拆迁,从事过工程技术,也负责过行政协调。他什么都懂,什么都会。他说:艰苦的磨砺只能让人更加成熟。如果不是在中国铁建这个特殊行业里,他学不到这么多知识,他不会有今天这样丰富的人生。

  这件事让笔者想到了,劳动能让人生更加美好,艰苦能让人生更加丰富,一个更多地参加社会劳动,不是吃亏,而是占便宜。所以,工作中不可偷懒,工作中不可应付。

给个平台就成才

成就，是每个人终生追逐的目标。成就，更是青年人大肆向往与全身心投入并为之而奋斗的目标。有人一生奋斗也没有成就，而有人一生奋斗才终有成就，而中国铁建的王亮，给了他工作，也就给了他成就。他觉得工作是一块舞台，那是每个人成就事业的平台，是尽展自己才华的场所，他珍惜这个舞台，并利用这个舞台，也为了美化这个舞台，更为了活跃这个舞台，凭他仅有的青春年华装点这个舞台。企业让他拥有这个舞台是他的自豪，他要让企业赋予他的这个舞台因他而骄傲。11年的孜孜不倦，11年的艰苦奋斗，11年的汗水浇灌，11年的心血铸就，让他成就了自己，也成就了企业，更令他欣喜的是同时成就了社会的美丽，也成就了年轻人的心灵。

1994年7月他大学毕业来到企业，这是一个让他向往已久的企业。30多年前，当他带着人生的第一声啼哭降落于这个人世，苦涩的咸水就伴随着他成长，尽管他不知道什么是甜水，也就无所畏苦水咸水的难喝时，一股清澈甘甜的滦河水由河北流入了天津。当他喝下这第一口甘甜的滦河水之后，他就再也不想喝那苦涩的咸水。当人们都在为滦河水带来的新生活重新品味美好时光时，中学老师在课堂上给他们讲起了"引滦人"的战斗与光辉，"引滦人"的艰辛与荣光，"引滦人"的平凡与伟岸。也就是打那时起，他立志长大要当一名建筑工人，要用他辛勤的汗水为别人创造一片美好的生活，要用他的智慧为改变这个正在变化着的社会。于是，考大学时他填写了工民建这个虽不被同学们理解，但他却很自豪的专业。没想到他毕业后三个月，企业领导就分配他到了天津塘沽工商局综合楼项目部担任技术主管。这是企业给他的第一块舞台，一种幸福与激动充满他的全身，一种自豪与快乐洋溢着他整个身心。白天，他迎着呼啸的海风奔走在工地，他觉得他是那样的轻松，当他伫立在高高的脚手架上，他会感到他是那样的高大；晚上，他夜点明灯伏案而坐，埋头读书时，从来没有感到什么是累，什么是苦。有人说建筑工人地位低贱，可他却觉得建筑工人清纯亮丽，胸怀宽阔。满腔热情燃烧着他的青春，总有使不完的劲，于是，他从不放弃任何一个工作的细节，哪怕它有多麻烦，哪怕同样的事儿让他做上好几遍，他都无怨言，反而倒觉得这是一个反复学习的好机会，却不知他是想尽快在工作上获得新知识，尽快用自己的能力适应企业的需要，适应社会的需要。为了他的追求，虽离家几十里路，他却很少回去。而令他预想不到的是，他的这一行为，被领导们赞赏为工作态度端正，甘愿吃苦奉献。那时，让他想到了一句话：成就自己必先适应企业。一年后，这个项目结束了，这个项目被天津大港区评为优质工程，被天津市评为优质工程。这是他第一次感受到成就的快乐，因为那是他主管的项目。那时，他走路好像都感到轻松，有行人与他擦肩而过，他都能感受到他比别人的高大与宽厚。这是他人生中的第一次成就，也是他个人能力的体现，他自豪，他快乐。

  他怀着这样一个相同的心里又先后担任了6个项目的技术主管和总工，直到第7个项目时，遇到了从未遇到过的困难。那是2003年公司承担天津"引滦入津"水源保护工程，他任项目经理，工程一上场，由经营管理部门测算，合同中标价1250万元，会净亏250万元，如果再加上税金及本级管理费用，预计亏损320万元。哇——这样的项目经理谁愿意干？谁又能干？他去了，他是硬着头皮去了，但他追逐成就的感觉一直没有在心中消失。工程一上场他就主动与业主沟通、与设计单位沟通，与地方政府沟通，最终与市场沟通，管理中渗透到每一个细节，从进材料到排工序，从制订施工方案到现场操作，以降低成为本为主线，以最终盈利为目标，优化施工方案，最后变更合同为2370万元，比原合同增加了一倍。但业主认为要的有理有节，每一项变更都出于对业主的高度负责。一个工程干完了，不但为企业创造了经济效益，而且为企业创造了良好的社会效益，同时为社会人类创造了美好的未来。在一片赞美声之后，天津一家单位提出给他最优厚的待遇，免费相送一套100平方米的住房，再也不用这么辛苦，年薪可达18万，调他去工作。多好的条件啊，这像一道亮光也曾在他心中有过一丝闪烁，但很快他就沉静下来，是的，那里的条件固然很好，可那是他的追求吗？企业在"引滦入津"水源保护工程中第一家突破技术难关，第一家率先完成全部工程，唯一一家获得当地政府奖励，使项目实现盈利，为企业争得了多少荣誉！在这里施工的所有企业人都为此而感到自豪，现在这已经不仅仅是个人的成就，而是企业的成就。而这份成就来自于他个人与大家的共同努力，假如没有这份成就，人家肯给予他这么丰厚的待遇邀他去吗？母亲生养了他们，他们感谢母亲，走到哪里都牵挂着妈妈，而企业培养了他，他能不怀感恩之情吗？一个抛弃父母的不孝儿女会受到人们的唾弃，而一个见利忘义的人不会受到人们的谴责吗？不！他不能走，他也不应该走！这儿有他的舞台，这儿有他的事业，这儿有他的追求，这儿也有他的成就。今天的成就已经不再属于他个人，而是属于企业这个蕴藏着战斗力的集体。

他骄傲，他自豪，他成为企业中的一员。企业给了他工作，就等于给了他成就。他并没有满足于眼前人们赞许的目光，而是寻找新的机遇，去迎接更大的挑战。

这个故事让笔者想到，许多年轻人在某个企业工作不到两年，不是嫌弃单位太累，太苦，收入太低，就是嫌弃上司对他不公等等，从来没有想过他为这个企业做了什么，如果一个人能够珍惜这个生活的舞台，感恩这个给他尽展才华的组织，无论在什么地方，他都会成为这个时代的骄子。

用好你的本事才是财富

人人都在追求人生的价值，价值靠什么来体现？常人都知道，靠知识、靠能力，但是，人们一旦有了能力怎么使用？这里面就有不少学问。我听人们讲过这样一个故事：现在有不少企业内部都在搞"徒弟拜师学艺"或者"导师带徒"活动，有一家企业在这项活动中取得了很好的效果。有一天，有位师傅到了退休的年龄，他的徒弟何冰为师傅设宴送别，让师傅说几句分别前的话。师傅端着酒杯想了半天，说：不管在什么情况下，你都要牢记，少说话，多做事，凡是要靠劳动吃饭的人，都得有一手"绝活"，否则，在这个竞争的年代里，日子不好混。徒弟听了连连点头称是。

结果过了七八年，何冰已经开始带徒弟了，他心里觉得有了一点成就感。又过了七八年，何冰依然还是带徒弟，好像再也没有什么进步。有一天，他哭着脸找到了老师傅说："我一直都是按照您说的话去做事的，不管上级分派做什么，也不管他们分配的多么不平均，更不管我心里多么不痛快，我从不多说一句话，只管埋头干，不但为企业做了许多工作，当然也学得了一套过硬的技术。可是，让我长期想不通的一件事是，许多技术比我差的人、资历比我短的人都升职加薪了，而我依然拿着过去的工资，享受着与平常师傅同样的待遇。这是为什么？"

师傅想了想说："你确信你在企业里的位置已经到了别人不可替代的地步？""是的"。"那你回去请上一星期病假"。"请病假？为什么？"徒弟不解。师傅说："如果你天黑走在马路上，路灯总是亮着，你会觉得这路灯重要吗？""不知道"。"突然有一天，路灯不亮了，你会觉得怎么样？"

徒弟隐隐约约懂得师傅话里的内容。第二天，他突然不去上班了，到了上午十点钟，他让妻子往单位打了个电话，说病了，去不了，需要请假。说完也不管单位同意不同意、准假不准假就把电话放了。两口子就在家里瞎想，这样会怎么样呢……

让他们没想到的是，到了第三天，厂里就派人来他们家看望病号来了，厂里的人一进家门，看到何冰师傅正端着茶杯笑哈哈地看电视呢，看上去没有一点病的意思，就寒暄几句，放下东西回厂了。何冰觉得已经漏了馅，明天干脆上班吧，企业领导要问起来就说感冒发烧刚好，他想好了一切可以对付领导的话。然而，当他第二天上班时，厂长通知他到厂办来一下，他开始心里还有点打鼓，但他又想，不怕，我都想了一夜了，他怎么问，我再怎么答，绝不能漏了馅，让领导看出是装病。他壮壮胆，进去了。厂长先是给他泡了一杯茶，而后请他出任企业的总技师，并决定给他每月加薪200元。这一下让他感到格外高兴。这样的结果是他万万没有想到的。这时，他更加佩服他的师傅了。

后来他打听到，他请假那几天，单位里的各种机械出了不少故障，领导叫到谁，谁都说不会。于是，领导觉得离了何冰很是失手，就派人到家里去看望他，并决定给他提级加薪。当他得知这样的底细后，就每逢厂里有事的时候，他就请病假，而每次请假后，都能得到上级送给他的一个红包（红包有大有小），慢慢地他觉得这是一个挣钱的好方法，就经常请个病假、事假什么的。过了一年半载，就有人听说他已经买车了，下一步又要计划买房子了。因为买房子需要很多钱，他请假的次数就越来越频繁，在过去的两年中，他到底请了多少次假连他自己也说不清了。突然有一天，当他再次请完假要去上班时，他收到门房给他转来厂党委会议研究的一项决议：企业经研究决定，何冰从收到该通知起，停止在企业工作，立即到财务算清账回家。

何冰拿着这一纸被辞之书，不知何故。找到企业领导，领导说："企业考虑到你年龄大了，身体不好，还是早点回家歇着好。"他就和领导据理力争，我不老，我还年轻，我才四十多岁，正是干事的年龄。可领导不听他再说什么，起身走了。

何冰一脑子不解，但又十分无奈地回到家，告诉家人：我失业了。他妻子大惑不解："这日子才刚刚过好，你也刚刚心气儿顺了，怎么说变就变了呢？"他一夜不眠后，又找到师傅说："我都是按照你说的话去做的，怎么会成了这样呢？"

师傅说了以下这样一段话："如果亮着的一盏灯就从来没有灭过，有时候真是难以引起人们的注意，可是，如果一盏灯经常会灭，人们就要开始考虑是不是要换掉它了。你是一个靠劳动来吃饭的人，你已经到了厂里的总技师位置，按说，这就已经引起了人们对你的重视，你该知足了。然而你却不珍惜，你错把自己的技能当资本，用错了体现你现在自身价值的地方，你的生活怎么能没有危险呢？

是啊，一个人的价值是靠能力来体现的，有时候想个点子，把自己的能力展现出来，引起上司的高度关注，也不为过，但你一定要找准体现你价值的方向，当你的能力已经引起人们重视的时候，你就应该多站在上级的角度想想问题，让你的上级感到使用你是放心的，你的价值才能进一步得到体现，别以为自己有了能力，就随意以能力卡人。那样，你的能力就会大打折扣，也许还会因为这个能力没有使用好而成为自己生活的悲剧。

只为成功找方法，不为困难找理由

只为成功找方法，不为失败找理由，体现的不仅仅是一种坚定的执行力，还体现着一个人或一个集体工作的主动性与创造性。2007年笔者在太原——中卫（银川）铁路工地采访时了解到一件事。

近年来，众多建筑企业在极具扩大规模的同时，由于劳动力严重不足，大量使用民工队，十几年后的今天，企业不但没有足够的积累，而民工队却不断发展壮大。建筑企业明天的出路何在？中国铁建十六局集团二公司在"太中银"铁路项目部搞了一次试验，让自己的员工当"包工头"，与民工队相同条件下同台竞争，由自己组阁班组承包部分工程。当时二分公司职工胡国洪通过竞争，拿到了白家山隧道进口1500米任务。白家山隧道全长5321米，分为两个斜井和进出口四个队伍。2007年3月开工以来，胡国洪自己组阁了八个班组，树立坚定的执行力，运用标准的作业法，月月超额完成计划，到2008年1月30日，他们已累计开挖隧道1400米，衬砌1100米，成为该洞四个工区中干得最好最快的一个。得到了上级的赞扬。

他们获得的这些成绩并非一帆风顺，在走过的一年中也历经风雨。但他们在问题面前树立新理念，只为成功找方法，不为困难找理由，从而获得了新生。工程一开始，由于山体石质破碎，他们采用传统的二三台阶开挖法，直到那年6月，工程进度一直缓慢行进。针对这一问题，他们召集技术人员和具有丰富经验的老职工座谈，通过反复论证，认为只要加长、加密锚杆，把网片铺到底角，喷锚达到厚度，仰拱与二衬紧跟，对于三类围岩完全可以实行全断面开挖。他们先是抱着试试的态度，结果一试果真可行，从而大大加快了施工进度。

当隧道掘进到了628米处时，发现石质出现了极大变化，再进5米后，整个拱顶纵横交错出现"龟背纹"，经实地观察，发现此段上部是一条一号斜井的卸碴车道，还有一条河沟，埋层最浅处只有6米。加上卸碴车重载从此经过，洞内就有明显的震动和细砂石掉落。第二天拱顶裂纹明显加大加长。在这样的紧急关头，胡国洪当机立断：掌子面停止掘进，全体工班抢仰拱、抢被覆，一直把二衬打到了离掌子面20米的地方，确保该段安全通过。

如果这是民工队，他们肯定会停下来先向企业讨价还价。如果不能满足他的条件，他们就会顶着不开工，造成人员情绪波动，最终必须增加投入；而企业职工组建的班组则大不相同，当现场遇到问题时，他们不是先想到在这个时候怎么向企业要钱，而是先想到应该采取什么措施保证安全通过。这就是一种境界，这就是一个人的素质，这就是企业员工与民工头的差别。民工是以赚钱为唯一目的，而企业员工虽然也希望自己赚到钱，但在关键时候，他们首先想到的是企业的信誉与形象，想到的是用什么样的办法来解决问题，而不是张口汇报，伸手要钱。

由此向里的170米断层地段，工区工程师李征根据现场石质变化情况，每次打眼放炮之前都要到现场布炮眼，为了搞好光面爆破，他特别点划拱顶、周边、底角炮眼，装炸药时由班组工程师指导装药，保证一炮到位，从而避免了超欠挖。这不但加快了施工进度，而且节省了大量投入，依照科学方法，规范作业，顺利通过了170米断层地带。

这时候有人出于对企业员工自主承包、顺利进展的嫉妒，匿名写信状告白家山隧道进口锚杆长度不够，二衬厚度不够，仰拱中填有大量片石等有质量问题。太中银工程指挥部接到举报后专程派出大量专家来洞内停工破检，结果所检之处全部合格，而断层地带的许多地方还超过了设计标准。专家气愤之余要求查一查污告者。

有的人为了赚钱，偷工减料，不惜损害国家利益；而当他看到别人把这项工程搞好了时，心中反而有失平衡。这是一种心灵的变故，灵魂的扭曲。

白家山隧道进口后来在班组间开展的劳动竞赛中以日进尺5——6米的速度安全挺进，从开工之日到最后没塌一次方，没伤一个人，成为该标段文明施工最好的单位之一。有人就说：胡国洪，你运气好呀！而胡国洪说：要说我运气好，那是我们班组每个人坚持标准化的结果，是坚定执行力的结果。

一个隧道的多工序施工，就像一个长长的链条，哪一个链条扣出了问题，都会影响整个进度与质量。胡国洪自主组阁，大胆承包，细化管理，把企业员工当兄弟，把外招来的民工当兄弟，吃、住、分配、发各种劳保，一视同仁，让员工有了强烈的被信任感，而且让民工感了极大的温暖。他们人人都把上级想做的事变成自己的思考与行动，各负其责，互相配合。到年底一结算，各工班任务承包人除每月及时发放工资2300——3200元和超额奖以外，各工班都略有节余。人人心中充满了喜悦。

由此，我们不难发现，只为成功找方法，不为困难找理由，这一理念是成就人们事业的动力，是提高人们工作主动性与创造性的润滑剂。

生死隔离线

中国有句俗话：好死不如赖活着。真是活着，为什么要赖活着？因为生活本身是美好的。还有我们的许多老人，越老越愿意穿红色，越老越不愿意让别人说他老。原因是他们都想多活几年。其实，只有活着才能享受生活，无论生活是酸甜苦辣。可我们的生活里常常有一些人往往忽视自己的生命。2008年1月23日正在山东胶济铁路线上施工的人员提前进入既有线铁路线施工拨接，几分钟后被正好奔驰而来的"动车组"撞了个正着，十几条人命在瞬间被撞得支离破碎。据说这些当场死去的人们都是外出打工的民工，其实，他们的生活与城里人比也许还有差距，但与其家乡的人比可能就是好生活。但是，由于他们没有按照规范操作，在不知情的情况下提前进入了行车领地，导致了事故的发生。无论他们昨天的生活水准怎么样，在今后的日子里都享受不到了。

人的生死有时候就只有一念之差，站在生命线的外面就是生，站在死亡线的里面就是死。所以，站在线外的人们常常说：好险哟，就差这一点点。这不，笔者在郑西铁路客专线施工现场就听到这样一个关于人的生命安全的故事。

那是6月一个极平常的日子，郑西某项目部安全副经理陈卫东、安全总监汪增辉沿着工程线路一路巡查，从余顶隧道斜井出来，又来到了余顶隧道出口的钢筋加工厂。那天天气格外闷热，虽然太阳光不是很强烈，但整个大地如同一个蒸笼散发着热气，他们一眼望去发现好几个工人都没戴安全帽，其中一向遵守安全作业的先进人物老王也摘掉了每天都戴在头上的安全帽。汪总监急忙跑到老王面前，"老王啊，怎么不戴安全帽？这不符合规定、也不是你的性格呀！"

"汪总监，这天太热了，戴着安全帽不透气，光擦汗了，哪还有时间再干活。再说了，低着头干活，不方便，我们想这也不在隧道里面，应该没事的"。老王还没当回事。

"一会儿半会儿的，没事的，领导。"旁边的老周宽慰着检查人员，也把天太热当成了一种理由。

不怕一万，就怕万一哟。陈副经理说："老王呀，你也是老同志了，更是我们单位这么多年的先进，我也不好批评你，但你确实违反了我们的安全操作规定。"

"我知道，我知道，我会注意的。"

就正在他们说话的当儿，"哗啦啦"一阵由山坡上往下的滚动声响扯走了人们的目光：是一个工人在抽一根长钢筋时不小心拨动了堆放的山坡上的废料，顷刻间废料如山体滑坡般倒了下来，其中一根2米长的钢管砸到了蹲在地上捆绑钢筋的小刘，陈副经理赶紧走上去，大家都急忙跑过来……

小刘在人们的呼喊声中慢慢睁开眼，看到守围在他身边的人们说："我这是怎么啦？"

当他得知是一根钢管砸在安全帽上然后从肩背上滑过时，他说："没事，没事，肩上擦破了点儿皮。太快了，都来不及躲。幸亏我戴着安全帽。"

这时，安全总监汪增辉看到老王和他的工友们不知什么时候都把放在地上的安全帽正正规规地戴在了头上。汪增辉拍拍老王的肩膀："关键时候，安全帽，就像一道生命的隔离线。"

"我懂了。我会的。"老王直点头。谁都看得出来，老王在向汪总监点头的时候含着深深的歉意。但汪总监也更多地从他的眼光中看到了他决心遵守规程的信心。

劳动创造新生活，但美好的生活需要我们活着的人来享受。由此，让我们感受到：珍爱生命就是珍爱生活。

在你的圈子里做一面旗帜

旗帜，是一种榜样，榜样，是一面旗帜，一个人如果在某个方面、某领域、某个场合，成为一面旗帜，那他就是这个圈子里的人人羡慕、人人学习的榜样。榜样可以理解为带头的人。如果你成为带头的人，你一定会感到一种幸福，感到一种自豪，感到你人生价值得以体现的快乐。

故而，笔者以为，一个人活着，起码要有希望成为一面旗帜的理想和目标，你可以不是全世界的旗帜，也可以不是全国的旗帜，但一定要是你活动的这个圈子里的旗帜。旗帜的高与矮取决于你活动圈子的大小，只要你在你这个圈子里能成为一面旗帜，你就是英雄，你就是聪明人，你就是这个时代的受益者。

我身边曾有一位普通的钢筋工，他就是一个最普通不过的工人，但他对钢筋的制作非常内行，无论什么钢筋制作图纸，只要他拿来仔细看看，就会做，而且做成后都十分标准。有的人弯钢筋总是一步弯不到位，不是弯过了，就是弯不够，而不管什么型号的钢筋，只要他去弯，只需一次，肯定成功，效率高，省材料。于是，他成了企业里的红人，哪个单位有钢筋加工任务都想让他去，可是，所在单位不放，需要的单位就私下给他加班费，让他下班后去现场加工。年轻时他还能承受高强度的体力支出，连续工作，后来随着年龄的增长，体力渐退，加不了班了，谁想用他必须经过所在单位同意。那时，他就成了所在单位领导手中的一张王牌——兄弟单位一些经理们都想和他所在的单位领导搞好关系，用他时，希望领导能给行个方便。干活是他去干，但因为他的能力使上级成了许多（班组）分公司领导之间的红人。如此，谁说他不是单位里的一面旗帜？跟着他学徒的人有之，上级厚爱与关心有之，他到哪个单位去帮忙都能受到如同上宾一般的热情与尊重。他不但收获了精神上的快乐，同时收获着物质上的满足。当许多工人都在为下岗后生活无着落而着急时，他却为好几家兄弟单位争着要他先到他们那里去而他又不知道怎么来排好这个时间而发愁。在企业里，他年年是先进；在同事中，他每每是人们尊重的对象；在上级眼里，他是不可多得的人才。虽然他不是中国钢筋制作最优秀的人，也不是年轻人追捧的明星，但在他生活的这个圈子里，他就是一面旗帜，他也充分感受到了生活的意义。

我曾采访他，问其怎么会走到今天这个令人羡慕的地步时，他说：一个人不能只为自己活着而努力，那样永远也成就不了自己，只有你心中常常想着社会，结果，最终成就的就往往是自己。

我曾在《今晚报》上看到过这样一个故事：有一个人在家乡的一家文化学校当副校长。后来，她决定到北京发展，朋友劝她换个待遇更好的工作。她有着名牌大学的响亮招牌，又过了英语六级，而且毕业实习的时候还有过在娱乐公司做商业策划的经历。凭借这些资本，她可以找到一个待遇更好工作更轻松的职位。然而，她却选择了北京一家规模不大的文化学校，从最底层的任课老师做起。由于学校名气不大，她不仅每天要给学生们绞尽脑汁地辅导功课，而且还要强打起精神发放广告传单，不到一个月的时间，人就累得瘦了一圈儿。朋友们不忍心看着她一天天消瘦，便四处搜集适合她的招聘信息送给她，然而她宁可放弃那些待遇更好的岗位，仍要固执地坚持做现在的工作。她的执拗让朋友们无法理解，有人笑她自找苦吃，她却摇摇头说出了自己的想法：只要一个行业适合你，那么你在这个行业里做三年就一定能有小成，十年就一定能有大成！千招会，不如一招熟，别的工作再好，也只是多赚一些钱罢了；而这个工作再辛苦，却是我能为之奋斗一辈子的事业。在自己精通的行业里不断努力，虽然一时会遇到困难坎坷，但人脉、经验、能力却在不断积累，将来有一天你就能成为一面旗帜，同行和客户看到你就会产生信任，得到了别人的信任，赚钱还是问题吗？

再往后发生的一切，就让她的朋友们折服了她当初的决定。她在那家文化学校半年后，学校的负责人有些吃惊地发现，越来越多的家长点名要她给他们的孩子上课，她在学校里的人气指数直线上升。学校的负责人和她促膝长谈了一次。这次谈话让负责人吃惊不小，她从分析学校的顾客群，到讲课的方法，再到跟踪服务等等，都提出了系统而切实可行的方法。她还告诉负责人，自己曾经从事过这个行业，并且积攒了大量相关的经验。这次谈话之后，那座学校的负责人就让她当了自己的助理，他们的学校就在她的一些提议下迅速发展了起来。几年之后，她在这个圈子里就成了名人，越来越多的家长开着车从四面八方慕名而来。后来，她的名气越来越大，干脆自己创业办了一家学校，由于积累了相当多的人气和各种资源，她的事业蒸蒸日上。几年前独自一人拖着皮箱来北京闯荡的她，现在已经是一个人人羡慕的成功人士了。

而在这几年里，与她同时来北京闯荡的一些朋友每年都在跳槽，先后换了几家公司，一会儿做影视策划，一会儿做外贸出口，虽然工资和职位都在不断提升，可是他们心里清楚，在任何一个行业里，他们都是一个可有可无的人，随时都可能被后来的竞争者所取代。同样的时光流逝，同样的心血付出，结果却大相径庭。

由此，让我们想到：一个人从他踏入社会的那一刻起，如何布局自己的人生就决定了他的结局，如何在心中策划自己的未来，也就将收获怎样的未来。要想成为你所生活的这个圈子里的一面旗帜，你就必须选准一个最适合自己的行业或职业，然后不惜一切代价，顶住暂时的困难，坚定不移地在这条路上走下去。在最初的几年里，也许你的工资没有别人多，也许你的岗位没有别人清闲，但是由于你始终在这个行业里努力学习着，实践着，所以你一点点记住了这个行业的每一个细节，一点点学会掌握了这个行业发展的规律，一点点积攒下了这个行业里的人脉。这些看不见的资源，悄悄积蓄在你的生命里，由量变到质变，像暗暗积蓄力量的火山一样，沉寂千年，一朝爆发便直冲霄汉，到那时，你就会成为你这个圈子里的一面旗帜，就会成为人们学习的榜样。

低调做人，高调做事

在人的一生中，能够立直自身根基的事不外乎两件：一是做人，二是做事。通过实践，人们发现了一个几乎全部一致的看法，那就是：做人难！难于从躁动的情绪和欲望中稳定心态；做事也难，难于从纷乱的矛盾和利益的交织中理出头绪。但是，如果在这两难之中想成就自己，那最能促进自己、发展自己和成就自己人生之道的便是：低调做人，高调做事。

因为低调做人，你会一次比一次稳健；高调做事，你会一次比一次优秀。

低调做人既是一种姿态，也是一种风度；既是一种修养，也是一种品格；既是一种智慧，也是一种谋略和一种胸襟。说到底，低调做人就是用平和的心态来看待人世间的一切。这样，不但你容易接受他人，也更容易被他人接受。一个人想要获得顺心、舒畅的生活，就首先要适应周围的环境，适者生存。曲高者，和必寡；木秀于林，风必摧之；人浮于众，众必毁之。只有低调做人才能有一颗平常心，才不至于在被外界左右心中产生逆反，也才能够时时处于冷静，这是一个人成就大事最起码的前提。

有这样一幅对联，可以说是道出了低调做人的真谛。上联是：做杂事兼杂学当杂家杂七杂八尤有趣，下联是：先爬行后爬坡再爬山爬来爬去终登顶，横批是：低调做人。

山不解释自己的高度，并不影响它耸立云端；海不解释自己的深度，并不影响它容纳百川；地不解释自己的厚度，但没有谁能取代它作为万物之载体的地位。

人生在世，我们常常产生想解释点什么的想法。然而，一旦解释起来，却发现任何解释都是那样的苍白无力，甚至还会越抹越黑。因此，做人不需要解释，便成为智者的选择。那么在当今社会，与人相处，关键的就是要学会低调！

那么，怎样做才算低调做人？

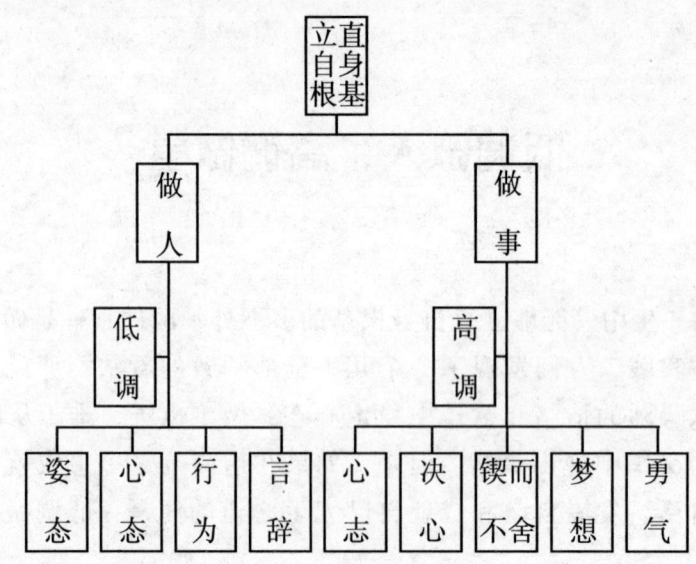

一、在姿态上要低调

谦卑处世人常在，平和待人留余地。"道有道法，行有行规"，做人也不例外，用平和的心态去对待人和事，你对别人平和，别人对你也平和。古人云："欲成事者必先宽于人"，进而被人们所接纳、所赞赏、所钦佩，这正是一个人能立世的根基。根基坚固了，才会枝繁叶茂，硕果累累；倘若根基浅薄，便难免枝衰叶弱，不禁风雨。而低调做人就是在社会上加固立世根基的绝好姿态。低调做人，不仅可以保护自己、融入人群，与人和谐相处，也可以让人暗蓄力量、悄然潜行，在不显山不露水中成就事业。这也是符合客观要求的，因为低调做人才是跨进成功之门的钥匙。

主动"吃亏"是风度。主动吃亏也是低调，看上去眼前你是吃了亏，但是山不转水转，也许以后还有合作的机会，又走到一起。若一个人处处不肯吃亏，则处处必想占便宜，于是，妄想日生，骄心日盛。而一个人一旦有了骄狂的态势，难免会侵害别人的利益，于是便起纷争，在四面楚歌之中，焉有不败之理？我们员工中有许多人年轻时就不怕吃苦，多吃一点苦，多受一点累，从心态上就觉得算不了什么，结果几年之后，他们干得越多，他的技术越熟练，如今成了企业里不可多得的人才。当别人都在天天担心会下岗时，他却被企业里当做宝贝一样，许多项目都抢着要他。这样的"亏"吃出了安稳，吃出了希望。

以宽容之心度他人之过。古人云："退一步海阔天空，忍一时风平浪静。"对于别人的过失，必要的指责无可厚非，但能以博大的胸怀去宽容别人，就会让世界变得更加精彩。人无完人，孰能无过？别人犯了一点错误，不是什么原则性的事，能宽容的就宽容一些，宽容是一美德，也是一种福气，如果老是斤斤计较，同事之间就会搞得关系紧张，也不利于团结，更不利于长期相处。容人之过，方显大将本色：大度睿智，低调做人，有时比横眉冷对的高高在上更有助于问题的解决。对他人的小过以大度相待，实际上也是一种低调做人的态度，这种态度会使人没齿难忘，终生感激。大度与宽容体现的都是一种姿态。

二、在心态上要低调

功成名就更要保持平常心：高调做事是一种责任，一种气魄，一种精益求精的风格，一种执著追求的精神。所做的哪怕是细小的事、单调的事，也要代表自己的最高水平，体现自己的最好风格，并在做事中提高素质与能力。不要有了一点成绩就看不起别人，有了成绩你再谦虚一点，不要恃才傲物，拿你的成绩与人分享，感谢他人对你的支持，这正好让他人吃下了一颗定心丸，感到你的存在不会对他的生存发展形成威胁，他会更加喜欢你、帮助你。如果你习惯了恃才傲物，看不起别人，那么总有一天你会独吞苦果！请记住：恃才傲物是做人的一大忌。

谦逊是终生受益的美德：一个懂得谦逊的人是一个真正懂得积蓄力量的人，谦逊能够避免给别人造成太张扬的印象，这样的印象恰好能够使一个员工在生活、工作中不断积累经验与能力，最后达到成功。所以，在成绩面前，低调处理本身就是一种谦逊。

三、在行为上要低调

与人相处，行为上要低调，过分张扬自己，虽然会引起别人的注意，但也会引来太多的议论与矛盾。行为上张扬的人经常会受更多的风吹雨打，就像暴露在外的椽子自然要先腐烂。一个人在社会上，如果不合时宜地过分张扬、卖弄，那么不管多么优秀，都难免会遭到明枪暗箭的打击。我们中国有句古话："枪打出头鸟。"老百姓讲：出头的椽子易烂。在我们的生活里，时常有一些人稍有一点名气就到处洋洋得意地自夸，喜欢被别人奉承，这些人迟早会吃亏的。所以在处于阳光时期要低调，处于被动境地时更要学会藏锋敛迹，千万不要把自己变成对方射击的靶子。

另外，才大不可气粗，居功不可自傲：我们生活中有一些人刚刚取得了一点成绩就觉得自己是不可一世的人才，别人说话听不进去了，上级有令不愿执行了，这都是不可取的行为。？盛名之下，其实难副：在积极求取巅峰期的时候，不妨调整好人生态度，试图明了知足常乐的情趣，捕捉中庸之道的精义，稍稍使生活步调快慢均衡，才不易陷入过度偏激的生活陷阱之中。与人相处，不要小聪明，让自己始终处于冷静的状态，在"低调"心态支配下，兢兢业业，才能做成大事业。规避风头，才能走好人生路。

四、在言辞上要低调

所谓在言辞上低调就是不要揭人伤疤：不能拿朋友的缺点开玩笑。不要以为你很熟悉对方，就随意取笑对方的缺点，揭人伤疤。那样就会伤及对方的人格、尊严，违背开玩笑的初衷。? 放低说话的姿态。面对别人的赞许恭贺，应谦和有礼、虚心，这样才能显示出自己的君子风度，淡化别人对你的嫉妒心理，维持和谐良好的人际关系。

说话要讲分寸，不要伤害他人。礼让不是人际关系上的怯懦，而是把无谓的攻击降到零。得意时要少说话，而且态度要更加谦卑，这样才会赢得朋友们的尊敬。古人云："祸从口出。"没必要自惹麻烦，要想在工作中保持心情舒畅，并与领导、同事关系融洽，那就多注意你的言行。对于姿态上低调、工作上踏实的人，上司们更愿意起用你，同事们更愿意与你相处。如果你幸运的话，还很可能被上司意外地委以重任。

所以，综上所述，要想先做事，必须先做人。做好了人，才能做好事。做人要低调谦虚，做事要高调有信心，事情做好了，低调做人水平就又上了一个台阶。

不过低调做人的背后又滋生出另一个值得参考和讨论的话题，那就是一再的低调容忍，那又怎能体现自身的价值？如同沙滩上的沙子一抓一大把，哪怕是金子也被深埋底层过着和普通沙子甚至被其他沙粒掩盖的生活。于是，这里虽然强调低调做人，但还需要做到高调做事。

低调只是针对为人而已，对事业却不能低调，如果低调了会让人觉得你不是人才。于是，对于事业，应该有崇高的追求和执著的创新，同时，要创造机会展示自己的才华，展示自己的智慧。让别人说你是人才，那你才是真正的人才！

"高调做事"，是做事即做人，是做人即做事，是因为做事和做人二者有内在的统一，做人是主导，做事是基础。其实，人生就是由一种惯性趋势操纵着，我们用什么样的态度对待做事，这种惯性趋势就会像滚雪球似的，越滚越大。只要我们养成做事的习惯，我们就会拥有越来越多贡献企业、造福社会的资本。

低调做人，高调做事就是把自己调整到以一个合理的心态去踏踏实实做人、兢兢业业做事、并把事做好，所以，树立信念、敢想敢拼、以诚待人、公正处事、努力学习、成熟思考、积极行动、持之以恒。唯有此，则事必成！做人和做事往往都是相互联系的，只有彼此相互融合才能在人生道路上越走越宽。

所以，我们做事，第一要在心志上高调。立高远之志，创辉煌人生。在你还是默默无闻不被人重视的时候，不妨试着暂时降低一下自己的物质目标、经济利益或事业野心，做好一个普通人的普通事，这样你的视野将更广阔，或许会发现许多意想不到的机会。

第二，要有破釜沉舟的决心。世上没有做不成事的事，只有做不成事的人。一个真正想成就一番事业的人，志存高远，不以一时一事的顺利和阻碍为念，也不会为一时的成败所困扰，面对挫折，必然会发愤图强，去实现自己的理想，成就功业，这是一种积极的人生态度。

第三，锲而不舍才能成就传奇。勇于创新、敢冒风险、大胆进取、不怕艰难，既然下决心去做，就要锲而不舍地做到底，想达到目标，没有一颗恒心是不行的。

第四，梦想造就成功。一个人只要努力做事，梦想总会成真的。相反，连梦也没有的人生是苍白的，如果安于现状，害怕困难，不思进取，这种人很难有发达的一天。为此，每个人都应该有梦想，为了一个梦想去奋斗，去努力，去创造，这就是人生的目标。

第五，勇气铸就辉煌：勇往直前总比坐以待毙要高明得多。成功并没有什么秘诀，就是要在行动中尝试、在拼搏中改变、在尝试中总结……直到成功。有的人成功了，只因为他比我们犯的错误更多、遭受的失败更大。追求理想，永不放弃，这是一个高调做事的人丰收砝码的人生理念。其实一个人一生当中有很多事情可以实现，但人生中有更多的事情需要长久的坚持才能成功，没有这个长久坚持的过程，永远也难以达到理想的彼岸。所以，毛泽东说过，坚持就是胜利。

第六，敢于向命运挑战。一个人只要有胸怀远大的理想和奋斗目标，高调做事，就会有无穷无尽的力量，就不会被客观条件所束缚，他创造性工作的空间就会显得越大，创造性工作的内容越多，越能得到领导和同事们的认可，试想，创造性工作的结果是你自己主宰了自己的命运。其实，人生就是一次次的拼搏，拼搏是现代人的一种生活态度，现代社会是一个充满竞争的社会，人们所需要的一切都要通过奋斗才能得到。但现代社会同时又是一个充满机会的社会，有了机会，你就得去拼一拼、搏一搏，否则将永无出头之日。

　　说到底，高调做事，就要主动思考，设法借物。机遇是不会自动找上门来的，它只会青睐那些高调做事的人。我们都可以认真思考，什么东西还能让我们凭借，只要细心去找就能找到。只要不屈服，希望就在前方，成功就在前头。

怎样做新时代的好员工

每一个时代都有每一个时代鲜明的特征，新中国成立后，以反帝反封建，建设社会主义为先进思想，20 世纪 60 年代以大公无私为先进思想，70 年代以助人为乐为先进思想，80 年代敢想敢干为先进思想，90 年代以科技领先为先进思想，到了 21 世纪，社会全面进入国际市场，以适应全球化的经济时代；以适应市场经济，创造性工作；以保持持久的学习力，参与市场竞争；以与时俱进、共建和谐的态度面对生活、投入工作，为这一时期的先进思想。谁具备了这样的思想，谁就是这个时代的新宠。其实，人人都想成为这个时代的新宠，然而，怎么才能成为新时代的宠儿？笔者认为，一个人要始终保持思想的先进性。才有可能成为一个富裕的员工，一个新时代的好员工。

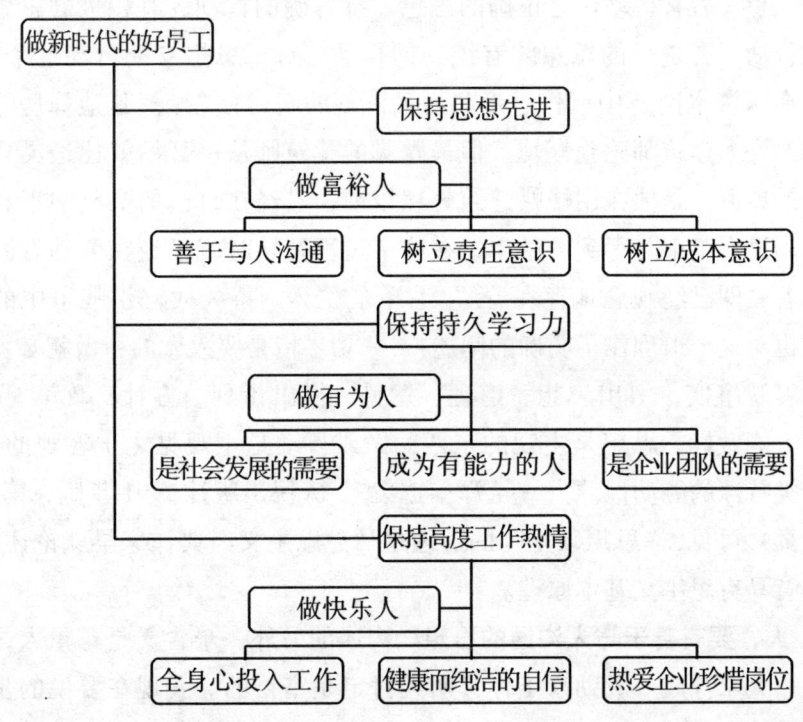

一、保持思想先进，做富裕人

人们常说的，思路决定出路，观念决定贫富，说的就是人的思想。思想富是大富，走到哪儿都不受穷。有思想，才会有观念。一个人只有想不到，没有做不到。你想到了，你才有出路，你连想都想不到，你怎么会有出路呢？过去古人想：有顺风耳该多好，现在就有了手机；有千里眼该多好，现在就有了望远镜。第一个制造手机和卖手机的人，第一个制造望远镜和卖望远镜的人，现在肯定都是大富人。过去有人骂人时说：你还想上天，意思是说上天是不可能的，但如果你要是上天了，你肯定就是仙人了，要风有风，要雨得雨。这话给了人们一种启发，想富，上天去！今天，人们就真的上天了。大跃进时说：人有多大胆，地有多大产。那时候人们就有了一个朦胧的想法，一亩地能产一千斤粮食。现在通过科学种植就实现了。可见，一个人要能够跟上时代，并走在时代前面，必须时刻要有新思想。新思想才是先进的思想。有了新的思想，你才可能成为富裕员工。

思想是行动的先导。一个人有什么样的思想就会有什么样的行动。其基本含义是：思想支配行动，是行动的先导和动力。人们无论做任何事情，都是先有思想、后有行动。有正确的思想才有正确的行动，有积极的思想才有积极的行动，有统一的思想才有统一的行动。对于思想支配行动这个道理，马克思在《资本论》中就作过形象而又深刻的阐述："蜜蜂建造蜂房的本领使人间的许多建筑师感到惭愧。但最蹩脚的建筑师从一开始就比最灵巧的蜜蜂高明的地方，是他在用蜂蜡建筑蜂房以前，已经在自己的头脑中把它建成了。劳动过程结束时得到的结果，在这个过程开始时就已经在劳动者的表象中存在着，即已经观念地存在着。"毛泽东在《论持久战》讲战争中的能动性时，也对这个道理作了明确的阐述："一切事情是要人做的，做就必须先有人根据客观事实，引出思想、道理、意见，提出计划、方针、政策、战略、战术，方能做好。思想是主观的东西，做或行动是主观见之于客观的东西，都是人类特殊的能动性。"（《毛泽东选集》，人民出版社1991年版，第2卷，第477页）可见，"思想领先"的道理是马克思主义经典作家早就论述过的，并不违背马克思主义基本原理。

1. 人，要有善于与人沟通的思想。沟通的另外一个含义是尊重人，也是团结人，大家拧成一股劲来工作，明天肯定是富裕的。我现在要说的是，我们从四面八方走到一起，同在一个组织中工作，这是我们的缘分，我们都应该有这个思想，并珍惜这个缘分。如果有人不这么想，他的人缘肯定不会好，如果大家都这么想，我们的工作环境肯定是和谐的。我希望人人都要这么想，因为你首先这么想了你才会在工作中、生活中想到珍惜别人的劳动，珍惜相处的岁月，即使有人一时说话、做事过了头，你也会原谅他。然后他也这么想，他也这么做，等明白过来后，觉得自己以前说话、办事过了头，真不好意思，他会自觉地改变他的行为，补偿对你的损失。这样一来，我们的工作环境就和谐了。

大家在一起工作，就要珍惜这个"一起"，有事大家一块做，有困难大家一起扛，有福的时候大家一块享。就拿干工程来说吧，世界上没有任何一项工程是哪一个人干出来的，它需要众人来完成。但众人中各有各的分工，企业领导人是想事的，想怎么把这项工程搞好；管理人员是抓落实的，是想怎么把领导的每一条思路落实到位；而企业员工是具体操作的，是想怎么把自己正在做的工作做到最好。各想各的事，工作就会井井有条。如果该你想的事你不去想，老想人家这儿没做好，那儿没做好，从来不想自己哪儿没做好，这样的工作环境就不和谐了，就有矛盾了，就有了人们常说的争权夺利，无事生非。所以，始终想着干好自己的工作，不去议论他人，这是一种文明的表现。大家都要做文明人，办文明事。一定要有这样一个思想始终装在脑海里。

企业领导人做事要想到这个事儿是要大家来一块做的，不能你一个人想好了，一个人知道，光派张三去打水，李四去扫地不行，你应该告诉他们为什么要打水，为什么要扫地，而且是在这个时候打水扫地，而不是那个时候。你给大家讲清了，大家就会去主动工作，并且会创造性地去工作。如果你不给大家讲清楚，操作手就像一台没有思想的机器，扫地就扫地，对于其他三个角落要不要也扫到，他不去思考，也可以扫，也可以不扫，因为他不知道他为什么来扫地，所以，他不会将工作发挥到极致。为此，企业领导人告诉大家为什么要扫地，为什么要打水的过程就是一个统一思想的过程，提高认识的过程，不能剥夺员工的知情权，也不利于搞好你已经想好的工作。

比如，年初我们在检查基层工作时，就一个单位一个单位地讲，要树立"一靠两抓三强化"思想，而且讲了为什么这样搞，不这样搞为什么不行，这样搞对企业有什么好处。这是一个宣传的过程，也是一个统一思想的过程，大家对这个问题认识达成统一了，今年在抓任务承揽上拧成了一股绳，在调整经营部人员时也没什么意见，在抓项目管理中也达成了一致的思想，在企业选拔干部时都到台前来竞职演说，矛盾就少了，如果有想法你不说，大家不知道，你尽管是在为大家办好事，但大家不理解，你就是好事也办不好。在半年工作会上，领导又提出了"三个有利于"思想，即，有利于企业长远发展的事鼓励去做，有利于企业经济效益的事大胆去做，有利于改善职工生活和工作环境的事支持去做。就是要让每个人都知道、都理解、都支持，都来做。只有这样，人们的思想才能贯彻下去，事情才有可能办好。如果这一思想大家都不知道，也不理解，只有几个人知道，少数人理解，那么在处理这些事情上就会出现各种各样的想法：我们为什么不按照常规做而要这样做，是不是里面有什么猫腻？然后就有可能出现匿名信，上访人，到处议论随处可闻。这里只是比一个例子，说的是办事要和大家通气，也就是人们常说的沟通。经理要有这样的思想，项目长要有这样的思想，分公司经理也要有这样的思想，队长、班组长也要有这样的思想，只要是由大家一块来干的事，领头人就要有这样的思想。因为沟通——是企业前进的命脉。这种方法说起来是一种老传统了，但是，现在的大环境变了，在市场经济体制条件下，怎么学会与人沟通，这恐怕就是一个新课题。你觉得你是领导，你的想法没必要告诉大家，那你就错了。这就是一个思想问题，观念问题。有了这种思想，你就会去主动与人沟通，没有这种思想，你就想不到要与人去沟通。思想是行动的先导。有了主动与人沟通的思想，把大家拧成一股绳，奔向一个共同的目标，把工作做好了，企业信誉有了，经济效益也有了，企业发展了，福利自然就好，员工的收入自然就高了，最终这个组织中的人就都会成为富有的人。

2. 人人都要树立责任意识。因为工作本身就意味着责任，只有敢于负责人的人才是成熟的人，只有敢于负责任的人才能把握自己的行为，做自我的主宰。有一个流传很久的故事：说伊甸园中的亚当被发现偷吃了禁果之后，把责任推给了夏娃，这是不成熟的表现。在审问夏娃时，夏娃又随之开罪于骗人的毒蛇，这也是欠成熟之举，当把他们两个都叫到一起让他们承认错误时，他说是他让我干的，而他又说是他让我干的。大家想一想，这样的明天他们还会有一个什么样的工作环境？四川彩虹桥的垮塌，1998年南方大坝出现管涌被洪水冲开绝口。假如工程在建时的负责人说不能这么干，会有后来的"豆腐渣"工程吗？退一步想，假如这项工程干完后，有人想到这样不合适，敢于负责地站出来说，我承担责任，也不会给党和国家的财产造成那么大的损失。再退一步说，假如有在那里施工的人员敢于站出来举报，也不会有后来的结果。但是，没有一个负责任的人，所以，事发后，不但给国家和人民的财产造成极大的损失，而且他们也都受到了比敢于承认错误之前更大的惩罚。所以说，在市场经济条件下，责任缺失的现象极为严重，树立责任思想就显得尤为重要。

想想看，一个人对家庭负责任，却对社会不负责任行吗？一个人对自己的儿女负责任，却对养育自己的父母不负责任行吗？一个人只对自己利益负责任，却对企业的利益不负责任，合适吗？在很多人看来，自己是企业里的一名普通员工，叫干啥就干啥，没有什么责任，只有那些管理人员才要承担工作上的责任，其实，大家没有意识到，工作本身就意味着职责和义务。每个人的肩上都扛着责任。就连写文字的人的肩上也扛着一定的经济责任。例：美国旧金山的一个商人给他的上司萨克拉门托发电报，报出货物价格，问，"一万吨大麦，每吨400美元。价格高不高？买不买？"萨克拉门托觉得价格太高不想要这批货物，可他在回电报时却漏了一个句号，写成了"不太高"，应该是"不。太高！"结果变成了要买这批大麦，使自己最后损失了好几千美元。其实，这只是一场简单的交易，一个人的不负责任就可能使企业失去几十万，几百万，甚至几千万。他们现在最有感受的是签订经济合同，稍有不慎，就会遭来索赔。现在有许多人就专门吃这饭，钻国家企业一些人在文字上的不负责任空子，而且还发了大财。却让国家的企业蒙受了极大的损失。

可见，责任无处不在，不能理解为管理人员才有责任，其他人就没有责任。这都是错误的。再如，在一家医院的手术室里，有一位年轻的护士第一次担任责任护士。当手术完成时，外科医生开始准备给病人缝合伤口，这位小护士忙说："大夫，你只取出来11块纱布，他们用的是12块。"外科医生似乎没有听见她的话，说："我已经全部取出来了，现在开始缝合伤口。"这位小护士表示强烈抗议"不行，还有一块纱布没有取出来！"医生蛮横地说："由我来负责，快点缝合。"小护士都快要急哭了，"大夫，你不能这样做，你要为病人负责！"这时，外科医生突然微微一笑，展开右手，让她看到了第12块纱布，"好了，你现在已经是一名合格的护士了。"原来，医生是在考验她是否有责任感，是否能对自己的工作从一开始就尽心尽责，看来她具备了这一点。可见，医生在医院里固然重要，但作为普通护士也同样需要具有高度的责任感。在他们的企业里也是一样，无论在什么岗位，都要具有强烈的责任感思想。只有有了这个思想，他们的工作才有可能做好，否则，你即使说得再好，谁又敢相信你就一定能做好自己的工作？

有一天，我在超市里买东西，突然发现一位服务员对顾客不但非常冷淡，而且对顾客在挑拣食品时十分反感,不仅不帮助顾客,反而还冲着顾客发脾气:你到底买不买?不买别乱翻!这令顾客很不满意,但这位服务员却不以为然。这事刚好被他们的经理看见了。经理非常生气训斥(他)她:"你的责任就是为顾客服务,令顾客满意,并让顾客下次还到我们这里来,但你的所作所为恰恰是在赶走我们的顾客。你这样做是在推卸责任,我们企业没法再信任你这样的人,你可以走了!"这位服务员本来是想在这里干一番事业的,因为她对自己的行为不负责任,使她自己失去了工作,也失去了干事业的平台,可以说这是自作自受。这也叫自己对自己不负责任,你不能对企业负责,也就等于你自己不为自己负责。

可见,责任是成就事业的可靠途径。责任出勇气,出智慧,出力量。有了责任心,再危险的工作也能减少风险;没有责任心,再安全的岗位也会出现险情。责任心强,再大的困难也可以克服;责任心差,很小的问题也可能酿成大祸。有一个建筑,在施工中发生事故,一下死了四个人。经调查,为材料不合格所致。假如进材料的人就把住了质量关,那种伪劣产品就进入不了他们的施工现场;假如项目经理把住了采购材料人的思想关,他也就不会进那样的材料;假如收材料的人把住了材料入库关,不合格的材料一律不许入库房,也不会出现后来的事情;假如施工人员发现这样的材料不合乎规范拒绝使用,并要求更换合格的材料,也不会出现后来的事故。所以,人人都有责任,人人都没有负好责。他们当年有望使经济形势好转,给大家办点福利,可是,年初这个事故一出,光赔偿和处理后事就是几百万,上级处罚又是几百万,如果负责任地讲,为了把这个影响控制在最小的范围内,为了使驻地城市对他们的制裁时间缩短再缩短,为了保住他们的资质不被降级,他们又花了很多钱。同时,由于这次事故的发生,直接影响到他们当年在当地中标数亿元。假如他们人人都有责任心,这件事就不会发生,这些冤枉钱就不用花。其实,这说来也是一个小事,但是小事不负责任,最后就酿成了大事故。如果把这些钱年底拿来给大家办福利,或者发给大家,他们的日子是不是好过了;如果拿这些钱来送职工出去培训,让每个员工都学到更多的技能,他们是不是今后的日子会更加富有了。

所以,责任是实现人的全面发展的必由之路。有理想、有道德、有文化、有纪律,都以责任相联结,都通过履行责任来体现,来升华。每个人只有在全面履行责任中,才能使自己的潜在能力得到充分的挖掘和发挥。每个人只有在推动社会发展、促进企业进步中,才能实现个性的丰富和完善。何况我中华民族本来就是一个勇于承担责任的民族，勇于承担责任是中华民族的优良传统。大禹治水"三过家门而不入"，范仲淹挥写"先天下之忧而忧，后天下之乐而乐"，文天祥高歌"人生自古谁无死，留取丹心照汗青"，林则徐铭志"苟利国家生死以，岂因祸福避趋之"。挺身而出，尽忠职守，利居众后，责在人先，是志士仁人薪火相传的思想标杆，是华夏子孙生生不息的精神动力。"天下兴亡，匹夫有责"，企业兴衰，人人有责。现在的隧道施工光线阴暗，线路纵横，这是一个矛盾；隧道里场地狭窄，石质又多变，这也是一个矛盾；还有现在施工的房建、桥梁，都属于高空作业；人们在完成这些任务时是不是需要倍加小心，高度负责？煤矿的采煤坑道阴暗，含有不同程度的瓦斯，每个工作人员是不是都要小心谨慎？还有现在的质量体系，一个工程搞砸了，名声坏了，以后就很难再揽到相应的工程。一个产品不合格，到市场上去卖，被顾客使用后出事了，这样的产品就很难再恢复名声。一个企业的名声坏了，就像一个人的名声坏了一样，别想再得到上司的重用和提拔。毁了自己的名声个人觉得是大事，而毁掉企业的名声，这个企业里的所有人都会受到直接影响。所以，责任教育要讲"大道理"。着眼于理想和信念，引导人们树立正确的世界观、人生观和价值观，把个人的前途命运融入企业的发展。责任教育也要讲"小道理"。责任与每一个人的工作、生活都不可分离，与每一个单位的生存、发展都密切相关。一个有责任感的人，从容而不浮躁，充实而不空虚，真诚而不虚荣。一个有责任感的企业，既要讲效率和利益，也要讲义务和公益，承担起生产安全、职工健康、环境保护等社会责任。敬业才能成就事业，尽责才能赢得尊严。有了强烈的责任感，上司就会欣赏，员工就会有可靠的岗位，还有可能得到更多的奖赏，富裕的生活就会离你越来越近。

3. 做工作一定要树立成本意识。培养人有成本，使用人也有成本，安全有成本，质量也有成本。这里先说说节约成本。

（1）要有为公司省一块就有我一分的思想。谁都知道，在工地省一块钱看不见，而多花一块钱也看不见，所以，许多钱就是从这些看不见的指缝中溜走了。我有一次采访住在工地，早晨起来到洗脸池与大家一块洗脸，有一个年轻人打开水笼头任其流，脸盆里的水已经溢出来了，他也不关，照常在刷牙。我没好意思说，只顺手帮他关了。我想，一年四季，他每天洗脸、刷牙时都这样，一年要白白流掉多少钱？而他的这种行为旁边的人没有一个站出来制止，大家想想，这流出的钱中也有你一分，如果他一天这样早中晚洗三次，你一天就少了三分，如果在这个项目上有这样10个或20个人，你一年就少了几百块。还有的人早上上班到办公室打开灯，一天都记不住关，工业用电是几块，我知道，这样成天亮着，烧掉的是大家的钱，我不相信哪个人在自己家里会点着长明灯，我也不相信哪个人在家洗脸时，是长流水。这虽然都是些小事，但从小事中可以看出一个人的素质。从节约成本这个概念上说，不是一说成本就只是项目，省材料、抢工期、少返工。这些讲得多了，大家都知道了，我想今天不讲大家也心中有数，我说的成本包含着方方面面，比如办公室用纸，司机用油，来人接待等等。每个人都要有这个节约的意识。因为，只有有了这个意识，你才会在行动中自觉地履行节约。现在我们都实行新单项项目核算，节约了就是你的，项目结束了，把钱发给大家，让每个人都从节约中获得收益，这是多好的事情。在这里，我给大家讲个鲜为人知的故事：法国巴黎曾有一位很有名的银行家叫席尔瓦，早年他其实很穷，只是有一次他突然发现市场上有人回收啤酒瓶上的木塞（那时啤酒瓶上用的都是木塞）。他就想，自己也偶尔喝一瓶啤酒，为什么就不可以把那个软木塞收集起来呢？于是，从那以后，他也开始每天到饭店去把能找到的所有软木塞收集起来，8年之后，他用这些软木塞卖了8个金路易，而这8个金路易就成了他发家的资本。后来他投资股票，盈利后又搞银行，到他死的时候竟然留下约300万法郎的遗产。由此看来，要想更好的获利必须节流，尽量减少不必要的开支。如果大家都有一定的克制能力，都有了节约的思想，那么他会终身受益。我们中国现在的建筑工地上其实到处都是钱，铺在地上的沙石料，收起来下次用，这就是钱，沙子越铺越散，最后就收不起来了，钱就没了。不注意工程质量，干了一遍又返工一遍，这就等于把钱扯碎扔了。那看上去扔掉的是企业的效益，其实其中也含有企业中的每个员工一份。有一家企业的招待处年初提出能不花的钱尽量不花，能少花的钱尽量少花，招待客人时，旨在沟通，而不必摆阔。仅此，当年就比上年同期节约了16%。他们每年要完成几个亿的工程，那年提出要完成产值20亿。这么大的投资，稍微节约一下，那恐怕就是几千万省下来了。把这些钱都发给大家，是不是他们的生活就会富裕一些。引导员工走富裕之路，领导有责任，每一个员工首先也要有这个意识，要有这样的思想。因此，一个优秀的员工要主动为公司节约每一分钱，更不浪费公司的每一分钱才是。这要形成一种习惯。

有一位年轻人到一家大公司应聘，当他走进办公室时看到门角处有一张白纸，出于习惯，他弯腰拣起来并把它交给台前小组，结果，在众多应聘者中,他脱颖而出,战胜了其他条件比他更好的人,成为公司的一员。那家公司的老总在给他分配工作时说,其实那张白纸是我故意放在门后的,那是对所有应聘者的一个考试,只有你懂得珍惜公司最细微的财物,你也最有可能给公司创造更多的财富。果然,后来这位年轻人为公司创造了巨大的经济效益。

同样是招聘员工,有两位女行政人员都通过了考试,她们在试用期,其中一个女员工发现自己的办公桌底下有一叠便笺,她对另一位女员工说,咱们拿点回去用吧,于是,她拿走了一些,而另一位没有拿。这一切都让企业老总知道了,试用期满后,那位拿回家用了便笺的女士走了,而另一位却留了下来。试想,那位拿走公司便笺用的人留在公司只会给公司带来损失。所以,每个人都要常常回头看看自己,是否有贪图公司的资源行为,是否故意将工作产生的可报销的发票虚假高报,是否在公司的业务往来中收受贿赂或者回扣。要记住不可为小利而损害了公司的大利,也不可为眼前的利益毁了自己的大好的前程。他们单位负责进材料的人员有没有为企业负责,从节约处着想?他们的企业在用工上,找队伍上有没有站在企业的角度考虑问题等等。现在是市场经济时代,你损害了企业的利益,企业就可以开除你,不用你,因为由于你的失误或贪图小利让大家的利益蒙受损失,这是大家都不同意的。

(2)树立节约成本要运用科技手段的思想。现在网络世界的到来给他们提供了一个很广泛的平台,许多东西他们可以通过网络平台来解决。如查阅资料、查阅市场对某一原材料的报价价格、每年每季的财务报表等等都可以从网上传递。看起来他们一次性投入了购置电脑的费用,可他们后来就省了许多,算下来,今天的投入是为了明天省更多的钱。这样的事他们一定做。可是,这一点他们今天做得还不够,利用网络技术还不到位,主要问题是他们的思想没跟上,今后要在这方面加速跟上时代的发展。

他们常说的谁谁有点子,一个点子就挣了好多钱。说的就是他有思想。只要有了先进的思想,就不愁没有好点子,有了好点子,就不愁他们富不起来。在市场经济条件下,社会用工制度已经基本改革到位,你为企业着想,你就是企业的好员工,你不为企业着想,企业就有权不用你。所以,在企业里工作,就要与企业的要求保持高度一致,只有统一思想,他们才能共同干好事业,干成事业,实现大家的共同富裕。

二、保持持久学习力,做有为人

学习是成长的方式,没有学习力就没有竞争力。选择学习就是选择进步,提高学习力就是增强生命力、创造力和竞争力。要努力养成不懈追求新知识、不断研究新情况、努力探索解决新问题的好习惯，形成人人学习、自觉学习、团队学习、终身学习、学以致用的好风气，做提高学习力的实践者。

1. 保持持久的学习力是社会发展的需要。 我们今天所赖以生存的知识、技能和车子房子一样，会随着岁月的不断流逝而折旧。几年前，中国的一些学者就断言，知识经济的时代已经到来，如果一个大学生毕业后，五年内不充实新内容，五年后，他就不再是大学文化了，因为那会随着时代的进步而将他五年前所学的知识折旧完。这绝不是危言耸听。美国职业专家指出，现在职业半衰期越来越短，所有高薪者若不学习，无需五年就会变成低薪。大家可以想一想，电脑在中国发展起来才几年，现在已经到了什么水平？当10个人中只有1个人取得初级电脑证书时，他的优势是明显的，而当10个人中有9个人取得了这种证书时，那么他原来的优势就不存在了。适时的符合时代发展要求更新观念，它的基础是学习。观念是在人的头脑中形成的支配其行为的巨大精神力量。莎士比亚说："事情没有好与坏，只在于你如何看待。"社会时时刻刻地发生着变化，你的思想就是你最大的敌人。这就要求人们要时刻转变思维和观念，尤其是一些旧的传统的思维和观念，只有如此，人们才能顺应时代的发展。回首改革开放以来走过的路，也是转变观念的路，从"以阶级斗争为纲""抓革命促生产"到"一切以经济建设为中心"；从"全能政府"到"有限政府、责任政府、服务政府、法治政府"；从GDP到"绿色GDP"，等等，社会在前进，思想在深化，观念在转变。"转变观念才能转变一生"。如果我们仍沿用计划经济的观念指导当前的市场经济建设，显然会事与愿违。同样，如果我们用陈旧的过时的观念指导新形势下的各项工作，显然也是不可思议的。宋代文学家朱熹"问渠哪得清如许，为有源头活水来"的诗句，揭示的就是这样一个深刻的道理。只有不断注入新知识、新文化、新观念的"活水"，才会有"清如许"的崭新的生命力。

我给大家举个例子，看看时代发展的脚步。

例一、当年鲁迅说："人世间本来没有路，人们走得多了，就成了路"。

路——马路——公路——铁路——高速公路——高速铁路——信息高速公路。

人——马车——汽车——火车——磁悬浮列车——电脑。

农业时代，人们哄抢土地；工业时代，人们哄抢能源、自然资源；科技时代，人们哄抢信息。因为当人类进入了信息化时代，就会由信息来控制资源。

例二、毛泽东时代——土地革命——劳动致富；
邓小平时代——工业革命——大胆致富；
江泽民时代——信息革命——知识致富。
当今新时代——知识革命——智慧致富。

例三、毛泽东时代人见人时留个地址；邓小平时代人见人时留个电话；江泽民时代人见人时留个呼机号，留个手机号，现在人见人时留个 Email、留个 QQ 号，明天人见人时就会留个个人网址，那就是你空中的家。

由此可见，不学习就跟不上时代，不学习就会落后于时代。

例四、有一个同志探亲回家了，想给父亲多留点钱，但父亲在农村，家里兄弟也多，儿孙也多，怕老人家拿着这点钱不知道该往哪儿放，塞在鞋里怕老鼠咬了，塞在墙缝里怕下雨漏弄湿了，放在枕头下怕儿媳妇拿了，每天都攥在手里又怕孙子抢了。这位同事就给老爷子办了一张卡，说，老爸，我常也不回来，这次好不容易回来了，多给你留点钱，给，这是五千块钱，你留着，想什么时候花，就什么时候花。可老人家接过这张卡后，瞪大着眼，这是什么 5000 块，这哪里写着 5000 块，儿啊，你别哄我了，出去几年不见你怎么学得虚起来了，你还是实实在在给我 500 块吧，你让我看见、摸得着，别来这套虚的。他最后给了父亲 500 元，老人家很高兴。说：就是嘛，这多实在。

由此可以看到，今天不抓紧学习，明天都无法享受现代生活。可是，在我们的实际生活中，有许多人就是不愿意学习，尤其是人到中年，以为自己什么都懂了，经验也有了，不学习也可以生活了。有时候还觉得自己比别人都强，拒绝接受新知识；不想改变自己，光想改变别人。这是一种错误的想法，更是一种错误的选择。试想一下，如果我们不去时时求得新知识，又如何保持党员的先进性呢？其实，一个人的物质需求总有满足的时候，而物质需求其实是很小的，比如，吃饭总有吃饱的时候，穿衣总有穿够的时候，住房总有感到面积够用的时候，但精神的需求却无止境，比如，对知识的需求，就永无止境，永不满足。

社会已经发展到了网络社会、数码社会了，而我们现在还有许多同志在为吃饭而发愁，想一想，这是为什么？是生存能力差所致。现代人都不考虑吃饭问题了，而是考虑有钱问题，因为要饭的人现在都不要饭了，要钱了，而我们还考虑吃饭问题，实在是太落后了。要生存，最主要的因素是能力。

比如，现在年轻人大多都不待见老人们。为什么？那是因为他们没了生存的能力。掌握能力的前提是储备智慧——学习是唯一储备智慧的办法。在企业的岗位上是一样的，你有知识，你才有技术；你有技术，你就有干不完的活；你没知识，你也就没技术；你没技术，今天要别人照顾，明天别人可能就照顾不过来，你就没有了岗位，你也就没有了收入，你的生活就会显得困难。你想让别人总是照顾你，你就得老是和别人说好话，求别人可怜你，你就会觉得你的生活过得很艰难。

2. 保持持久的学习力能让你成为有能力的人。我们大家现在平时谈得最多的是岗位。由于中国正处在一个高速发展期，越是快速发展时期越是需要人才。而中国的特色是人不缺，人才缺。企业走向市场后，各家企业都在竞争有能力的人，没有能力的人就成了被社会淘汰的对象。所以，大家都不愿意息工，都不愿意待岗，更不愿意失业。我们知道，处于人生的中年是上有老，下有小的时候，是一个家庭的支柱，如果我们没有了岗位，就等于失去了经济来源。可是我们现在的企业里和社会各企业一样都逃避不了竞争的现实，这个企业想要不被市场挤出去，就需要大量人才来支撑这个企业。谁有能力独当一面，谁就是企业的好员工。而能成为这样的好员工，必须要有一技之长，而这一技之长只有从学习中来。别以年龄大了记不住了为借口，也别以文化低了基础差了为借口。青岛港吊车司机许振超，仅有初中文凭，但他坚信"知识改变命运，岗位成就事业"。通过刻苦努力，他练就"无声响操作""一钩准"等令人啧啧称赞的绝活，成为一名掌握现代技术的"桥吊专家"，被誉为当代"知识型"工人的楷模。从他们企业自身说，秦宝珠多年自学钢筋制作，成为总公司的技术能手，王河兵多年自学电工，成为北京市的劳动模范，他们当年自费买过许多学习资料，但他们都从中丰富了自己，如今在企业里谁下岗，他们也下不了岗，因为每个项目都争着要他们，有时候还得领导出面协调他们的时间。而且，他们在一个地方干完了，项目长不但感谢他们，而且还给他们格外考虑一定数量的特殊奖励。几年前，我在报纸上看到，上海一家企业以年薪10万元、送1台汽车，招聘一名高级钳工，深圳以年薪10万元、一套房子，招聘一名高级钳工。谁有能力，谁就可以独享。想得到这笔可贵的财富，那只有学，学文化、学技术，这是唯一的出路。另外，要把学习当成一种兴趣。如果把学习当成负担，你会活得很吃力。如果把学习当兴趣，你就活得很轻松。古人说："书中自有黄金屋。"说的就是这个道理。让你越学越有技能，越学越加富有。

3. **企业需要高效、开放的团队学习**。创建学习型企业是时代的使命，也是职工的愿望。面对日新月异的技术变革、突如其来的规则改变、瞬息万变的市场格局、愈演愈烈的竞争重压，企业靠什么获得发展的动力？实践证明，学习，全面而持久的学习。有人做过统计，名列10年前《财富》500强的企业，已有近40%销声匿迹；而30年前的《财富》500强企业中的60%已被收购或破产。1990年入围道琼斯指数的12家企业，只有美国通用电器（GE）一家笑到现在。分析那些企业失败的原因，具体情况千差万别，但根本的一条是不善于学习，不能通过学习适应快速变革的环境。这些企业在变大的同时，也在不断滋生着"大企业病"。企业部门林立，繁文缛节，官僚之风盛行，行动缓慢，拒绝接受新生事物，对外界变化反应迟钝，结果就像一只被投入温水的青蛙，对缓慢升高的水温毫无觉察，一旦到了无法承受的时候，却早已失去了跳出开水的能力。美国通用公司之所以笑到现在，就在于它大力倡导建设学习型组织，倡导团队学习，营造学习、交流的开放平台。被喻为"全球第一CEO"的杰克·韦尔奇1981年执掌GE的时候，发现企业染上了严重的"大企业病"：公司内部的高层经理从不与直接下级以外的其他人交流，而在与外界的交流中，公司员工大都认为从公司以外学习东西是没用的。为此，韦尔奇决心将公司变成一个"无界限"企业，消除影响沟通协作的各种无形的"界限"，让GE能够像小公司一样高效、灵活地运作。他特别强调企业应保持自由宽松的氛围，对所有想法保持开放的态度，不管点子来自何方，鼓励部门之间的技术、信息和思想交流，号召员工向GE之外的企业学习。积极学习的文化精神，自由通畅的沟通渠道，使GE成为世界上最伟大的企业之一。在当今的知识经济时代，学习、沟通对企业的发展起着越来越重要的作用。随着技术的发展和社会的进步，人类创造的知识总量急剧增加，更新速度也越来越快。资料显示，每5年人类的知识总量便翻一番，一个大学生4年所学的知识，半年之后便已经老化。要适应快速变化的社会，人们除了积极学习，没有更好的选择。企业更是如此——在瞬息万变的技术和市场面前，只有不断学习，不断更新知识，才能保持旺盛的生命力。有人说，企业未来唯一持久的优势，就是有能力比你的竞争对手学习得更快。这样的学习对于企业是这样，对于个体也是这样，你比别人学习得快，你就有更大的竞争优势。而要想让企业拧成一股绳，必须为了一个目标共同学习。你一个人学好了，大多数人没有跟上，企业还是强大不真起来。所以，我们不仅要强调个人树立终身学习的理念，还要树立团队学习的理念。不但要强调通过个人修炼来激活组织的细胞;还要强调通过团队学习将个人的力量凝聚为组织的力量;崇尚开放自由的深度交流来检视和修炼组织的心志模式,谋求组织智慧的升华;描绘组织的共同愿景来激发个人和组织神圣的使命感。其目的在于依托个人和团队的知识,增强组织主动适应外部变化和自我发展的能力。一个企业只有当它成为学习型组织的时候,才能获得绵延不绝的发展动力,才能促使创新源源不断地出现,才能具备快速应变市场的能力,才能充分发挥员工知识资本的作用,也才能实现企业满意、顾客满意、员工满意、投资者满意和社会满意的最终目标。时代已经步入了学习型组织的轨道,除了顺应,我们别无选择。虽然我们在这方面也做了许多努力,但许多人的思想观念还较为落后,第一,我们的各级领导要从企业衡量员工的标准、绩效考核制度、组织架构的设计、提升员工总体素质等诸多方面入手给予引导,为企业建设学习型组织创造一个良好的制度框架和文化环境,帮助员工提高沟通的技巧,克服其学习和沟通的障碍,而不是像盲人摸象般片面地看问题或采取"头疼医头,脚疼医脚"的解决方式。而员工从今天起也要转变观念,跟上时代的发展,在市场经济社会里找准自己的定位,尽快步入学习型企业的行列。

三、保持高度工作热情,做快乐人

热情是不断鞭策和激励人们向前奋进的动力,对工作充满高度的热情,可以使人们不畏惧所遇到的重重困难和阻碍。可以说,热情是工作的灵魂,甚至就是工作本身。当人们怀着热情去工作,并努力使自己的上司和客户满意时,人们所获得的利益会增加。而工作中最巨大的奖励还不是来自于财富的积累和地位的提升,而是由热情带来精神上的满足。

1. **热情就是全身心地投入工作。** 热情能产生不断创新的活力。比尔·盖茨在谈到优秀员工的十特征时说:在与你的工作对象交流工作时,你需要以极大的兴趣和传道士般的热情与执著打动对方。说的就是用你的热情去感染对方。我们在工作中加入热情的调料将会使我们的身心都大有裨益。你首先能将自己的能量释放出来,投入的过程便是身体自然循环加快的过程,这使身体的机能总是保持相当的活力。热情消耗人的能量,这些能量却能换来血液流动的加快,心情也在这种快节奏的感染下向愉快的方向发展。如果因为你的投入工作更加出色的话,那种愉悦的心情将是不可言传的。

热情并不是只产生在一些具有挑战性或好奇心的工作领域,在普通、简单的工作中也能产生高度的热情,只是需要你的性格更加乐观,你的感情更加细致。在捣固一方混凝土中，在绑扎一片钢筋中，在竖立一片脚手架中，你的热情必然来自于你对它们的关注，比如，对混凝土凝固的速度，凝固后的强度，表现出多少人生的坚强；钢筋像一片人生的网，网住了多少亲情、多少友谊、多少财富；脚手架架起多少人生的桥梁，架设多少人生的梦想，立起了多少人生的信念。正是这样的态度调动了你所有的想象，勾起你多少工作的热情，使你愿意投入到这样的工作中来。许多伟大的工作都是平凡的，平凡中见伟大那才是真正的伟大。并非伟大的工作都是伟人做的，你是木工，你做好木工工作，你就是伟大的人；你是炊事员你做好饭菜，让所有人吃着都说好，你就是伟大的人；你是钢筋绑扎工，你绑好了钢筋，你就是伟大的人；你是管理人员，你管理好了项目，你就是伟大的人。我们每年评比的有功之臣，他们就是伟大的人，是杰出的人。

有时候热情简直就是一种魔力，它能够促使你去完成一件你以前根本无法想象的事情，从那儿获得的灵感源源不断。在热情的支持下，你的工作势如破竹，许多困难迎刃而解。事后，当你回头一看，有时候你会怀疑这些事究竟是自己的才能所致吗？热情就是这样，能让你的成绩达到顶峰。

那么，如何保持热情使之成为常态？心理学家相信不断的刺激。而我觉得一个人的世界观、性格更值得关注。如果一个人没有健康的心态，没有对事物、对世界积极的态度，看什么都觉得不顺眼，看什么都觉得是黑暗，对于改革过程中的许多事都觉得不合理，即使他的热情被激发出来，也会很快失去活力。人们应该这样看待事物：存在的就一定是客观的，客观的就一定是合理的，比如改革让一些人下岗，你不理解，但它确实存在，既然存在，必有它的道理。你想不通，那是因为你看问题的角度有误。你要用积极的态度去对待，你可能就会有新的出路，或者说你可能就不会下岗。在这个经济体制多元化的时代，有的人富了，有的人还受穷。有的穷人就痛骂这个社会的不公。其实你换个积极的角度看，他们为什么富了，我为什么还没富起来？你悟透了，你就富了，如果你早一天想透彻了，你可能就不会穷。所以，用积极的态度对待人生，是激发热情的先导。有了足够的工作热情，人们的工作就会由被动变为主动，主动的工作肯定是轻松而快乐的。

2. 健康而纯洁的自信能够产生高昂的热情。一个人的自信必须是健康而纯洁的，是没有任何阴险动机的。一个人在做事之前就想着要把谁挤下去，自己上来；还没有开始工作，就想着这次一定要把谁谁整一下，他在工作时心中就怀着太多的压力，要时时事事小心，唯恐出了一点差错，误了自己的整个计划。这样工作起来是极累心的，心累了，身体会感到更加疲惫。健康而纯洁的自信是对自己能够改变事物所持的乐观态度，他相信自己做好这份工作有利于企业、有利于大家，心中没有伤害任何人的任何压力，只为着自己的工作目标前进，所以，他的热情只会在不断的工作中增强。

　　成功人士提出，自信从心理学的角度看是一种人格状态。它取决于三种人格力：智慧力、道德力、意志力。大凡真正自信的人，其三种人格力都是调整得比较好的。最重要的似乎是在道德力，因为自信意味着自我评价。道德力健全的人会对自我评价更合理些，因为过低地估计自己就不自信了，而过高地估价自己就会狂妄，那也是不行的。道德力最明显的表现是，它使人产生健康而纯洁的自信，这样的自信没有挑衅。它是成熟的，没有某个具体的功利目的。这种自信一旦投入到工作中，便会激发出持久的热情，而且不会被某一挫折打击而失去方向。而有些人确立的自信带有明显的攻击性，它总是伴随着时刻打击别人，与别人一争高下的心态，别人的失败会让自身的优势凸现，似乎自己存在的价值也便于此了。这样的自信不可取，即使不考虑对别人造成伤害，对自身来说，有一天自己也会处于某种竞争失利的境地，此时不仅是自信无法维持，一些畸形的情感也会在心中萌芽，最终吞噬自己的健康与安宁。怀有这种自信的人实际上是将自尊与自信绑定在一起了。自己的尊严完全由外界的变化所控制，成功则荣，失败则辱。这种心态的发展会使人总是处于竞争与好斗之中，无法投入正常的工作。所以，自信必须是健康而纯洁的，是一种纯粹的状态，是对自己能够改变事物所持的乐观态度。在这里我给大家介绍一种建立这样的自信的方法来尝试一下。

　　首先我们要明白一点：世界上没有任何一个人在各个方面都有自信。一个走钢丝的人在高空有自信，可他在打水泥、架桥铺路方面就没有自信，一个人在搞人际关系方面有自信，可在文字表达方面就不见得有自信。所以，当你在某一方面不行时，你就仔细想一想，谁比我强，强在那里，观察他在这方面是怎么做的，你也试着做几遍。如此下去，你肯定今天比昨天要强，明天比今天要好。因为你投入了热情，所以你在快乐地进步。

　　3. 敬业，就要热爱企业、珍惜岗位。敬业是投入热情工作的重要因素。一个不热爱自己的企业，不热爱自己岗位的人是无法谈敬业的。这里给大家讲一个故事：过去有一个乞丐觉得自己生活很不得意，有一天他遇到了上帝，请求上帝满足他三个愿望，上帝说行。乞丐第一个愿望是要变成一个有钱人，上帝立刻满足了他。乞丐又希望自己年轻四十岁，想好好享受一下生活，说自己这些年活得太苦了，想补偿回逝去的时光，上帝挥挥手，老乞丐就变成了二十多岁的小伙子。乞丐兴奋极了，接着又向上帝提出第三个愿望：一辈子不要工作。上帝又答应了，但是这次乞丐立刻又变回了原来的他——一个在路边街角又脏又臭的乞丐。乞丐很是不解，这是为什么？上帝说："工作是我能给你的最大幸福了。你想一想，如果你什么都不做，整天无所事事，那将是多么可怕的事？只有不断投入工作，你的生命才有活力，你的人生才有意义。你居然什么都不要，连我给你最大的恩赐都扔掉了，当然就像以前了。"

我们的今天可能不会像老乞丐那样一贫如洗，但那些光想拿钱不想干活的人本来就不该有什么。我们可以想一想，不劳而获，本身就是对劳动的蔑视，他忽视了职业是生命的重要历程。其实，劳动是生活的重要组成部分，高尚的劳动应该是值得人们尊重的，只有辛勤的劳动才能证明人生的价值。一个人要是不用劳动，天天坐着享受，他会感到极端的无聊。佛也说过，人生来就是要劳动。也许劳动的时候他感到了苦难，但不让他劳动他又会发疯。只有到了人再也不能劳动的那一刻起，他才会感到劳动的美丽。我说这是人的本性。

劳动是人的本性，岗位就是企业赋予大家的神圣权利和义务。它是人们走向幸福、走向成功的通行证，没有劳动，我们什么也不会有。所以，企业赋予我们的岗位，我们应该无比珍惜，珍惜企业给了我们一个施展自身才能的平台，给我们铺设了一个走向成功，走向幸福的通道。我们应该怀着感恩的思想来对待这份工作，不但要把这份工作做好，而要想办法把工作做到极致。父母生养了我们，我们不感恩父母对吗？那会受到社会道德的谴责，可我们的子女如果长大后不感恩我们，我们也会很生气。可是企业给了我们平台，们又不珍惜，企业领导会怎么想？假如你当一名企业领导，你所在企业员工都不努力工作，你又会怎么想？企业领导都希望自己的员工能干，人人都是人才，那样他才会有成就感。每个企业员工也都应该有我就是人才，我能干好我正在干着的工作，那样，员工本人也有成就感。如果你不在意自己的岗位，无法按期完成上级交办的工作，你自己抬不起头来，也没有成就感，不但自身价值无法实现，收入也不会无缘无故地增加。企业领导为了企业的整体利益不得不对你的岗位进行调换，或者让你下岗。其实，我们都静下心来想一想，让你下岗是谁的错？是你平时不注重学习，不努力工作，对工作没有热情，不能与时俱进，被时代所淘汰。是你自己对你自己的行为不负责任，同时也对企业的工作不负责任，才造成了失去岗位的结局。所以，假如你现在还没有达到对工作的高度敬业，那么你可以将工作看成是一种人生的历练，是人生实现目的唯一方式，不断为此奋斗，你最后必将成功。职业信仰，其实就是信仰生命本身。如果你把工作看做自己的生命，你把岗位看做自己通向幸福的道路，你就会对工作产生高度的热情，用热情去工作，你就会觉得无比轻松而快乐。

关于管理的简短论述

　　管理，分为大管理与小管理，人们平常所说的制度管理、目标管理、经济管理、模块管理等都是小管理，是想通过强行制约来约束人的行为，其实现目的为：让他人不做什么，如同国家的法律，如果你违犯了这样的规定，就要受到制度的处罚。正是因为更多的时候一些管理者只采用这样的管理方法，结果导致许多人们都想着法儿钻制度的空子，来满足自己的私欲或实现自己的其他想法。为此，管理者感叹：管理难，管理是一门很深的学问。

　　为什么管理者会有这样的叹息？是因为这些管理者没有认识到小管理与大管理的区别。

　　明次伯格曾说过这样一句话："因为管理，社会已经变得难以管理。"

　　就这句话，让我们来分析一下，为什么管理会让社会更加难以管理呢？试想，你总是希望通过各种手段把别人管住，那么，谁又会发自内心地希望让你管住他呢？自然，谁也不想让别人管住自己，而且都想去管住别人，但又没有能力或没有条件去管别人。于是就有人高举着"追求自由"的大旗奋勇向前。可见，这种硬性管理就显得更加困难。其实，管理者与被管理者客观上就是一对矛盾体。

　　而大管理是管聪明人的，小管理是管傻子的。聪明人胆大，管理者不能一下看清聪明人是听你的还是不听你的，这需要通过实践来检验他的行为才能判断；而傻子一般都胆小，你只要吓唬他一下，他就会听你的指挥，他的行为你一下就可以看出来，所以用不了费太多的神。由于我们的现实生活中聪明人占了绝大多数，于是，管理聪明人最好是采用大管理，然后辅之以小管理的方法。

　　那么，什么是大管理？大管理就是管人的灵魂，管住人的灵魂就管住了人的行为。所以说，大管理是引，小管理是卡。大管理研究引导，小管理研究制度。引导式的管理容易使人接受，在管理的过程中更显得轻松而和谐。而制度式的管理是被迫使人接受，在管理的过程中多显得严肃而生硬。大管理强调的是人的思想，小管理约束的是人的行为。其实管住了人的思想也就管住了人的行为，而只管住了人的行为时，却并不一定也管住了人的思想。因为管住了人的思想时，人的行为是主动的，而只管住了人的行为时，人的行为是被动的。

中国式的管理更多强调大管理，这符合中国的国情，孔子文化影响中国人的行为几千年，靠的就是教化；毛泽东领导全中国人民一心一意闹革命，靠的也是教育引导；今天，我们的国家想要取得全国同心，全民同心，也要靠教育引导，而后辅之以制度的约束，否则，仅仅靠改革开放了，带来了西方人靠制度管理就可以平天下，那恐怕只是一种美好的想象。中国就是中国，中国文化根深蒂固，想要用西方的硬性管理方式来套在中国文化氛围中生长起来的人的习惯，恐怕只能是一种愿望。